网页制作与网站组建

（CC 2015中文版）从新手到高手

杨继萍　睢丹　等编著

清华大学出版社

北京

内 容 简 介

本书由浅入深地介绍了使用 Photoshop CC、Flash CC、Dreamweaver CC 等软件进行网页制作和网站组建的基础知识和实用技巧，全书共分为 16 章，内容涵盖了网页设计基础、网页图像设计基础、网页图像处理、网页界面设计、网页动画设计、交互动画设计、设置网页文本、设置网页图像元素、设置网页链接、设计多媒体网页、传统布局方式、设计表单元素、XHTML 标记语言、设计网页元素样式、布局网页、网页行为特效等内容。

本书图文并茂，实例丰富、内容丰富、结构清晰、实用性强，配书光盘提供了语音视频教程和素材资源。本书适合网页设计人员及大中院校师生使用，也是网页制作与网站建设爱好者的必备参考书。

图书在版编目（CIP）数据

网页制作与网站组建（CC 2015 中文版）从新手到高手/杨继萍等编著. —北京：清华大学出版社，2016
（从新手到高手）

ISBN 978-7-302-42765-0

Ⅰ．①网…　Ⅱ．①杨…　Ⅲ．①网页制作工具②网站 – 建设　Ⅳ．①TP393.092

中国版本图书馆 CIP 数据核字（2016）第 025637 号

责任编辑： 冯志强　薛　阳
封面设计： 杨玉芳
责任校对： 胡伟民
责任印制： 李红英

出版发行： 清华大学出版社
　　　　　网　　　址：http://www.tup.com.cn, http://www.wqbook.com
　　　　　地　　　址：北京清华大学学研大厦 A 座　　　　邮　　编：100084
　　　　　社 总 机：010-62770175　　　　　　　　　　邮　　购：010-62786544
　　　　　投稿与读者服务：010-62776969，c-service@tup.tsinghua.edu.cn
　　　　　质量反馈：010-62772015，zhiliang@tup.tsinghua.edu.cn
印 刷 者： 北京鑫丰华彩印有限公司
装 订 者： 三河市溧源装订厂
经　　销： 全国新华书店
开　　本： 190mm×260mm　**印　张：** 22.5　**插　页：** 2　**字　数：** 565 千字
　　　　　（附光盘 1 张）
版　　次： 2016 年 10 月第 1 版　　　　　　　　　**印　次：** 2016 年 10 月第 1 次印刷
印　　数： 1～3000
定　　价： 59.80 元

产品编号：058299-01

光盘界面

案例欣赏

案例欣赏

素材下载

视频文件

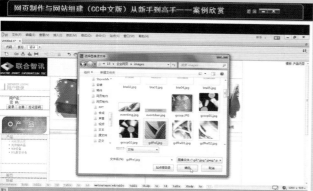

案例欣赏

喷溅边框

网页首页

个人博客网页界面

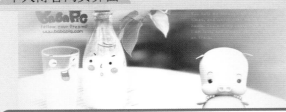

邮票

儿童动画剧场

古诗欣赏界面

图片新闻页

购物车页

问卷调查表

网页导航

网站引导页

DREAM COME TRUE

梦想成真

音乐播放网页

页面导航条

翔宇科技,
追求卓越技术

案例欣赏

环境保护

全景图片欣赏页面

招商信息网页

家居网页

多彩时尚网页

企业首页

导航条板块

前　　言

网站作为面向世界的窗口，其设计和制作包含多种技术，例如平面设计技术、动画制作技术、CSS技术、XHTML 技术等。本书以 Photoshop、Flash、Dreamweaver 等软件为基本工具，详细介绍如何通过 Photoshop 设计网站的界面和图像、通过 Flash 制作网站动画，以及通过 Dreamweaver 编写网页代码和设计网页布局。除此之外，本书还介绍了 Web 标准化规范的相关知识，包括 HTML 标记语言、CSS样式表等。

本书面向网络行业并立足于 Photoshop CC、Flash CC、Dreamweaver CC 实用知识点，配以大量实例，采用知识点讲解与动手练习相结合的方式，详细介绍了网页设计和网站组建的制作方法，以及各种网站栏目的设计方法。每一章都配合了丰富的插图说明，生动具体、浅显易懂，使用户能够迅速上手，轻松掌握功能强大的 Photoshop CC、Flash CC、Dreamweaver CC 在网页设计与制作中的应用，为工作和学习带来事半功倍的效果。

1．本书内容介绍

全书系统全面地介绍网页制作和网站组建的应用知识，每章都提供了丰富的实用案例，用来巩固所学知识。本书共分为 16 章，内容概括如下。

第 1 章：全面介绍了网页设计基础，包括网站设计概述、网页设计与开发技术、网页构成与布局、网页配色等内容。

第 2 章：全面介绍了网页图像设计基础，包括 Photoshop CC 简介、文件操作、图像操作、使用选框工具、使用套索工具、选区基本操作等内容。

第 3 章：全面介绍了网页图像处理，包括应用图层、绘制与修复图像、使用路径效果、创建图像文本等内容。

第 4 章：全面介绍了网页界面设计，包括应用蒙版、应用滤镜、应用 3D 效果、优化设置等内容。

第 5 章：全面介绍了网页动画设计，包括 Flash CC 简介、管理库资源、绘制矢量图形、对象的基本操作、设置动画文本等内容。

第 6 章：全面介绍了交互动画设计，包括 Flash 滤镜和色彩、补间形状动画、传统补间动画、运动引导动画、遮罩动画、补间动画设计等内容。

第 7 章：全面介绍了设计网页文本，包括 Dreamweaver CC 简介、设置网页文档、设置网页文本、设置文档列表、设置文本格式等内容。

第 8 章：全面介绍了设置网页图像元素，包括网页图像格式、插入图像、设置图像属性、编辑图像、插入图像对象等内容。

第 9 章：全面介绍了设置网页链接，包括创建文本链接、创建图像链接、编辑链接、创建电子邮件链接、创建脚本链接、创建空链接、创建锚记链接等内容。

第 10 章：全面介绍了设置多媒体网页，包括插入 Flash 动画、插入 Flash 视频、插入 HTML 5 媒体、HTML 5 媒体属性、插入媒体插件等内容。

第 11 章：全面介绍了传统方式布局，包括创建表格、编辑表格、设置表格、排序数据、导入/导出表格数据、应用 IFrame 框架等内容。

第 12 章：全面介绍了设计表单元素，包括添加表单、添加文本和网页元素、添加日期和时间元素、添加选择与按钮元素等内容。

第 13 章：全面介绍了 XHTML 标记语言，包括 XHTML 基本语法、XHTML 语法规范和属性、XHTML 常用元素等内容。

第 14 章：全面介绍了设计网页元素样式，包括 CSS 样式概述、使用【CSS 设计器】面板、CSS 选择器和方法、设置 CSS 样式、使用 CSS 过渡效果等内容。

第 15 章：全面介绍了布局网页，包括应用 Div 标签、CSS 盒模型、流动布局、浮动布局、绝对定位布局等内容。

第 16 章：全面介绍了网页行为特效，包括网页行为概述、设置文本信息行为、设置网页信息行为、设置 jQuery 效果等内容。

2．本书主要特色

- ❑ **系统全面，超值实用**。全书提供了 30 个练习案例，通过示例分析、制作过程讲解网页制作与网站组建的应用知识。每章穿插大量提示、分析、注意和技巧等栏目，构筑了面向实际的知识体系。采用了紧凑的体例和版式，相同的内容下，篇幅缩减了 30%以上，实例数量增加了 50%。

- ❑ **串珠逻辑，收放自如**。统一采用三级标题灵活安排全书内容，摆脱了普通培训教程按部就班讲解的窠臼。每章都配有扩展知识点、便于用户查阅相应的基础知识。内容安排收放自如，方便读者学习书中内容。

- ❑ **全程图解，快速上手**。各章内容分为基础知识和实例演示两部分，全部采用图解方式，图像均做了大量的裁切、拼合、加工，信息丰富，效果精美，阅读体验轻松，上手容易。让读者在书店中一翻开本书就会有强烈的视觉冲击感，与同类书在品质上拉开距离。

- ❑ **书盘结合，相得益彰**。本书使用 Director 技术制作了多媒体光盘，提供了本书实例完整素材文件和全程配音教学视频文件，便于读者自学和跟踪练习图书中内容。

- ❑ **新手进阶，加深印象**。全书提供了 60 多个基础实用案例，通过示例分析、设计应用全面加深 Photoshop CC、Flash CC、Dreamweaver CC 的基础知识应用方法的讲解。在新手进阶部分，每个案例都提供了操作简图与操作说明，并在光盘中配以相应的基础文件，以帮助用户完全掌握案例的操作方法与技巧。

3．本书使用对象

本书以 Photoshop CC、Flash CC、Dreamweaver CC 软件的基础知识入手，全面介绍了面向网页制作和网站组建应用的知识体系。本书制作了多媒体光盘，图文并茂，能有效吸引读者学习。本书适合高职高专院校学生学习使用，也可作为计算机办公应用用户深入学习网页制作及网站组建的培训和参考资料。

本书由杨继萍、睢丹等主编，其中睢丹老师编写了第 1~4 章。参与本书编写的人员，还有张慧、张书艳、葛春雷、马海霞、于伟伟、王翠敏、吕咏、冉洪艳、刘红娟、谢华、卢旭、扈亚臣、程博文等人。由于作者水平有限，书中疏漏之处在所难免，欢迎读者朋友登录清华大学出版社的网站 www.tup.com.cn 与我们联系，帮助我们改进提高。

编　者

2016 年 8 月

目　录

第 **1** 章

网页设计基础

　　随着互联网的逐渐发展,网站已成为企业发展战略中的重要内容之一。而随着市场竞争的激烈增长,越来越多的网站开始更注重网页的界面设计,以期通过优化和美化界面取得竞争的主动权,达到吸引更多用户的目的。网页是浏览器与网站开发人员沟通交流的窗口,一个美观且易于与用户交互的图形化网页,除了方便用户浏览网页内容和使用各种网页功能之外,还可以为用户提供一种美的视觉享受。本章主要介绍网页设计之前的网页构成、网页配色、网站布局等一些基础知识,以及设计网页所需要进行的各种准备工作。

1.1 网站设计概述

互联网的各种应用，都是基于网站进行的。而网站又是由各种网页组成的，必须通过网页传递其信息。因此，用户在设计和创建网页之前，还需要先来了解以下网站的设计概述，包括网站的整体策划、网页的设计任务等内容。

1.1.1 网站整体策划

网站的整体策划是一个系统工程，是在组建网站之前进行的必要工作。

1．市场调查

市场调查提供了网站策划的依据。在市场分析过程中，需要先进行三个方面的调查，即用户需求调查、竞争对手情况调查以及企业自身情况的调查。

2．市场分析

市场分析是将市场调查的结果转换为数据，并根据数据对网站的功能进行定位的过程。

3．制订网站技术方案

在建设网站时，会有多种技术供用户选择，包括服务器的相关技术（NT Server/Linux）、数据库技术（Access/My sql/SQL Server）、前台技术（XHTML+CSS/Flash/AIR）以及后台技术（ASP/ASP.NET/PHP/JSP）等。

> **注意**
>
> 在制订网站技术方案时，切忌一切求新，盲目采用最先进的技术。符合网站资金实力和技术水平的技术才是合适的技术。

4．规划网站内容

在制订网站技术方案之后，即可整理收集的网站资源，并对资源进行分类整理、划分栏目等。

网站的栏目划分，标准应尽量符合大多数人理解的习惯。例如，一个典型的企业网站栏目，通常包括企业的简介、新闻、产品，用户的反馈，以及

联系方式等。产品栏目还可以再划分子栏目。

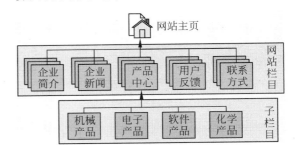

5．前台设计

前台设计包括所有面向用户的平面设计工作，例如网站的整体布局设计、风格设计、色彩搭配以及 UI 设计等。

6．后台开发

后台开发包括设计数据库和数据表，以及规划后台程序所需要的功能范围等。

7．网站测试

在发布网站之前需要对网站进行各种严密的测试，包括前台页面的有效性、后台程序的稳定性、数据库的可靠性以及整体网站各链接的有效性等。

8．网站发布

在制订网站的测试计划后，即可制订网站发布的计划，包括选择域名、网站数据存储的方式等。

9．网站推广

除了网站的规划和制作外，推广网站也是一项重要的工作，例如，登记各种搜索引擎、发布各种广告、公关活动等。

10．网站维护

维护是一项长期的工作，包括对服务器的软件、硬件维护，数据库的维护，网站内容的更新等。多数网站还会定期改版，保持用户的新鲜感。

1.1.2 网页设计任务

在设计网页时，需要首先了解网页设计的任务以及网页设计的最终目的。

网页设计是艺术创造与技术开发的结合体。其任务是吸引用户,为用户创造良好的体验,在此基础上为网页的所有者提供收益。任何网页设计的行为,都是围绕这一最终目的进行的。

在设计网页时,可将网页根据网页的内容,即网页为用户提供的服务类型分为三类,并根据网页的类型设计网页的风格。

1. 资讯类网站

资讯类站点通常是比较大型的门户网站。这类网站需要为用户提供海量的信息,在用户阅读这些信息时寻找商机。

在设计这类站点时,需要在信息显示与版面简洁等方面找到平衡点,做到既要以用户阅读信息的便捷性为核心,又要保持页面的整齐和美观,防止大量的信息造成用户视觉疲劳。

在设计文本时,可着力对文本进行分色处理,将各种标题、导航、内容按照不同的颜色区分。同时要对信息合理地分类,帮助用户以最快的速度找到需要的信息。

以美国最大的在线购物网站亚马逊的首页为例。其在设计中,使用了较为传统的国字型布局。

其网站的三类导航使用了三种字体颜色,在同一版块内的导航标题使用橙色粗体,而导航内容则使用普通的蓝色字体。在刺激用户感官的同时避免

视觉疲劳。

在亚马逊首页中,每一条详细信息都保证有一张预览图片,防止大段乏味的文字使用户厌烦。

2. 艺术资讯类网站

艺术资讯类站点通常是中小型的网站,例如一些大型公司、高校、企业的网站等。互联网中的大多数网站都属于这一类型。

这类网站在设计上要求较高,既需要展示大量的信息,又需要突出公司、高校和企业的形象,还需要注重用户的体验。

设计这类网站时,尤其需要注意图像与文字的平衡,背景图像的选用以及整体网站色调的搭配等。

在这类网站的首页不应放置过多的信息。清晰有效的分类远比铺满屏幕的产品资料更容易吸引用户的注意力。

以著名的软件和硬件生产商苹果为例,其首页设计上以追求简洁为主,以简明的导航条和大片的留白给用户较大的想象空间。

苹果公司在网站设计上非常有心得,其擅长使用简单的圆角矩形栏目和渐变的背景色使网站显得非常大气,对一些细节的把握非常到位。

3. 艺术类网站

艺术类站点通常体现在一些小型的企业或工作室设计中。这类网站向用户提供的信息内容较

少，因此设计者可以将较多的精力放在网站的界面设计中。

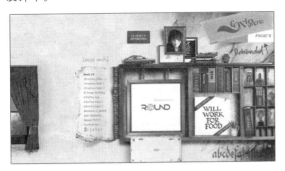

上图为俄罗斯设计师 foxie 的个人主页，通过大幅的留白以及简明的色彩，模拟了一个书架，并以书架上的书本和相框作为导航条。

其在设计中发布的信息并不多，因此整站以 Flash 制作而成，大量使用动画技术，通过绚丽的色彩展示个性。

1.1.3 网页设计实现

在了解了设计的目的后，即可着手进行设计。网页设计是平面设计的一个分支，因此在设计网页时，有一定的平面设计基础可以帮助设计者更好更快地把握设计的精髓。

1. 设计结构图

首先，应规划网站中栏目的数量及内容，策划网站需要发布哪些东西。

然后，应根据规划的内容绘制网页的结构草图，这一部分既可以在纸上进行，也可以在计算机上通过画图板、inDesign，或者其他更专业的软件进行。

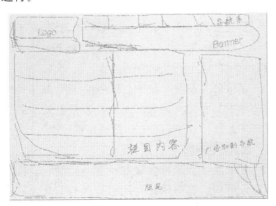

结构草图不需要太精美，只需要表现出网站的布局即可（关于布局，请参考本章之前的内容。）

2. 设计界面

在纸上或电脑上绘制好网页的结构图之后，即可根据网站的基本风格，在计算机上使用 Illistrator 或 CorelDraw 等矢量图形软件或 Photoshop、Fireworks 等位图处理软件绘制网页的 Logo、按钮和图标。

Logo、按钮、图标等都是网页界面设计的重要组成部分。设计这些内容时需要注意整体界面的风格一致性，包括从色调到图形的应用、圆角矩形与普通矩形的分布等。

其中，设计 Logo 时，可使用一些抽象的几何图形进行旋转、拼接，或将各种字母和文字进行抽象变化。例如，倾斜、切去直角、用线条切割、连接笔画、反色等。

按钮的设计较为复杂。常见的按钮主要可分为圆角矩形、普通矩形、梯形、圆形以及不规则图形等。

在网页中，水平方向导航菜单的按钮设计比较随意，可以使用各种形状。而垂直方向的导航菜单则多使用矩形或圆角矩形，以使各按钮贴得更加紧密，给用户以协调的感觉。

图标是界面中非常重要的组成部分，可以起到画龙点睛的作用。在绘制图标时，需要注意图标必

须和其代表的内容有明显的联系。

例如，多数网站的首页图标都会绘制一栋房子，而多数网站的联系方式图标都是电话、信纸等通信的方式，这样的图标会使用户一眼就看出其作用。

而如果使用过于抽象的图标，则容易被用户误解，或影响用户使用网站的功能。

3．设计字体

字体是组成网页的最主要元素之一。合理分配字体，可以使网站更加美观，也更便于用户阅读。

在设计网页的字体时，应先对网页进行分类处理。

对于多数浏览器和操作系统而言，汉字是非常复杂的文字，多数中文字体都是无法在所有字号下正常清晰显示的。

以宋体字为例，10px 以下的宋体通常会被显示为一个黑点（在手持设备上这点尤为突出）。而 20px 大小的宋体，则会出现明显的锯齿，笔画粗细不匀。

即使是微软设计的号称最清晰的中文字体微软雅黑，也无法在所有的分辨率及字号下清晰地显示。

经过详细的测试，中文字体在 12px、14px、16px（最多不超过 18px）的字号下，显示得最为清晰美观。

因此，多数网站都应使用 12 像素大小的字体作为标准字体，而将 14px 的字体作为标题字体。

在设计网页时，尽量少用 18px 以上的字体（输出为图像的文本除外）。

在字体的选择上，网站的文本是给用户阅读的。越是大量的文本，越不应该使用过于花哨的字体。

如针对的用户主要以使用 Windows XP 系统和纯平显示器为主，则应使用宋体或新宋体等作为主要字体。如果用户是以使用 Vista 系统和液晶显示器为主，则应使用微软雅黑字体，以获得更佳的体验。

4．制作网页概念图

在设计完成网页的各种界面元素后，即可根据这些界面元素，使用 Photoshop 或 Fireworks 等图像处理软件制作网页的概念图。

网页概念图的分辨率应照顾到用户的显示器分辨率。针对国内的用户的显示器设置，大多数用户使用的都是 17 英寸甚至更大的显示器，分辨率大多为 1024×768 以上。去除浏览器的垂直滚动条后，页面的宽度应为 1003 像素。高度则尽量不应超过屏幕高度的 5 倍到 10 倍（即 620×5=3100 像素到 6200 像素之间）。

> **提示**
>
> 如果有条件的话，还应该针对多种分辨率的人群（例如，宽屏显示器的 1440×960、上网本的 1280×720，老旧的台式机或笔记本的 800×600，以及各种手持设备的 720×480）设计多种概念图。针对各种用户群体进行界面设计。

概念图的作用主要包括两个方面。一方面，设计者可以为用户或网站的投资者在网页制作之前先提供一份网页的预览，然后根据用户或投资者的意见，对网页的结构进行调整和改良。

另一方面，设计者可以根据概念图制作切片网页，然后再根据切片快速为网站布局，提高网页制作的效率。

5．切片的优化

切片的优化是十分必要的。优化后的切片，可以减小用户在访问网页时消耗的时间，同时提高网页制作的效率。

对于早期以调制解调器用户为主的国内网络而言，需要尽量避免大面积的图像，防止这些图像在未下载完成时网页出现空白。通常的做法是通过切片工具将图像切为多块，实现分块下载。

然而随着网络传输速度的发展，用户用于下载各种网页图像的时间已经大为缩短，请求下载图像的时间已超过了下载图像本身的时间。下载 1 张 100kb 的图像，消耗的时间要比下载 10 张 10kb 的图像更少。

因此，多数网站都开始着手将各种小图像合并为大的图像，以减少用户请求下载的时间，提高网页的访问速度。

6．编写网页代码

在 Photoshop 或 Fireworks 中设计完成网页的概念图，并制作切片网页后，最终还是需要输出为 XHTML+CSS 的代码。

网页技术的发展，使网页的制作越来越像一个系统的软件工程。从基础的 XHTML 结构到 CSS 样式表的编写，再到 JavaScript 交互脚本的开发，是网页制作的收尾工程。

7．优化页面

在设计完成网页后，还需要对网页进行优化，提高页面访问速度，以及页面的适应性。

设计者应按照 Web 标准编写各种网页的代码，并对代码进行规范化测试。通过 W3C 的官方网站验证代码的准确性。

同时，还应根据当前主流的各种浏览器（IE9、IE10、IE11，以及 FireFox、Safari、Opera、Chrome 等）和各种分辨率的显示设备测试兼容性，编写 CSS Hack 和 JavaScript 检测脚本，以保证网页在各种浏览器中都可正常显示。

1.2 网页设计与开发技术

网页的设计与开发是一项复杂的工程，在设计与开发的过程中，可使用多种技术。总体而言，网页的设计与开发可分为前台技术和后台技术两大类。

1.2.1 前台技术

前台技术是指在整个网站体系中，用于实现显示层的技术，或者面向网站用户的技术。目前应用于前台的技术包括如下几种。

1．XHTML 技术

XHTML（eXtensible Hyper Text Markup Language，可扩展的超文本标记语言）是由 HTML 语言发展起来的一种标记语言。

在 W3C 的网页标准化体系中，XHTML 属于网页的结构技术。

2．CSS 技术

CSS（Cascading Style Sheets，层叠样式表）是一种数据表文件，在该类数据表中，存储了网页结构语言的各种样式，以及显示方式等内容，并通过表的 ID、标签以及类等选择器供 XHTML 调用。

在 W3C 的网页标准化体系中，CSS 属于网页的表现技术。

3．ECMAScript 技术

ECMAScript 技术是由 ECMA 国际（European Computer Manufacturers Association International，欧洲计算机制造商协会，一个由各厂商组成的国际商业化标准组织）制定的标准化脚本语言，其前身为 JavaScript 脚本语言。

ECMAScript 脚本语言包含多种子集，例如，微软的 JScript 和 JScript.NET、Adobe 的 AcrionScript 以及 Digital Mars 的 DMDScript 等。

在 W3C 的网页标准化体系中，ECMAScript 属于网页的行为技术。

4．Ajax 技术

Ajax（Asynchronous JavaScript and XML，异步 JavaScript 与 XML）是一种由 JavaScript 脚本语言扩展而来的网页前台开发技术。

Ajax 允许客户端进行简单的数据处理，并与服务器端进行异步通信，因此可以在不刷新页面的情况下维护数据，减小了服务器程序的负担，并提高了页面的执行效率，降低了网络带宽的占用。

5．E4X 技术

E4X（ECMAScript for XML，ECMAScript 对 XML 的扩展）是一种 ECMAScript 的扩展技术。其提供了一种更直观、语法更简洁的 DOM 接口，帮助 ECMAScript 代码访问 XML 数据，实现更快的访问速度及更好的支持。

6．切片技术

切片技术是应用于网页图形处理的一种技术，其最早出现于 Adobe 公司的 ImageReady 软件中，可将整张图片切割为几张图片，并输出一个网页，将图片作为网页表格或层中的内容。

切片技术的出现，提高了平面设计转换为网页设计的效率。目前，可以使用切片技术的图像处理软件包括 Photoshop（ImageReady 目前已被整合到 Photoshop 中）、Fireworks、Illustrator 以及 CorelDRAW（在 CorelDRAW 中称作裁切工具）。

1.2.2 后台技术

后台技术是指在整个网站体系中，用于实现控制层或模型层的技术，或者面向网站数据管理的技术。目前应用于后台的技术包括如下几种。

1．ASP 技术

ASP（Active Server Pages，动态服务网页）是微软公司开发的一种由 VBScript 脚本语言或 JavaScript 脚本语言调用 FSO（File System Object，文件系统对象）组件实现的动态网页技术。

ASP 技术必须通过 Windows 的 ODBC 与后台数据库通信，因此只能应用于 Windows 服务器中。ASP 技术的解释器包括两种，即 Windows 9X 系统的 PWS 和 Windows NT 系统的 IIS。

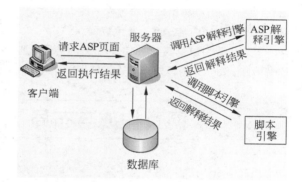

2．ASP.NET 技术

ASP.NET 是由微软公司开发的 ASP 后续技术，其可由 C#、VB.net、Perl 及 Python 等编程语言编写，通过调用 System.Web 命名空间实现各种网页信息处理工作。

ASP.NET 技术主要应用于 Windows NT 系统中，需要 IIS 及 .NET Framework 的支持。通过 Mono 平台，ASP.NET 也可以运行于其他非 Windows 系统中。

> **提示**
>
> 虽然 ASP.NET 程序可以由多种语言开发，但是最适合编写 ASP.NET 程序的语言仍然是 C#语言。

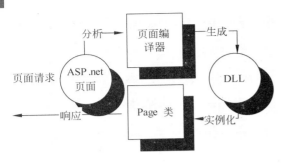

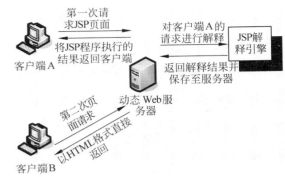

较快。

3．JSP 技术

JSP（JavaServer Pages，Java 服务网页）是由 Sun 公司开发的，以 Java 编写、动态生成 HTML、XML 或其他格式文档的技术。

JSP 技术可应用于多种平台，包括 Windows、Linux、UNIX 及 Solaris。

JSP 技术的特点在于，如果客户端第 1 次访问 JSP 页面，服务器将出现解释源程序的 Java 代码，然后执行页面的内容，因此速度较慢。

而如果客户端是第 2 次访问，则服务器将直接调用 Servlet，无需再对代码进行解析，因此速度

4．PHP 技术

PHP（Personal Home Page，个人主页）也是一种跨平台的网页后台技术。其最早由丹麦人 Rasmus Lerdorf 开发，并由 PHP Group 和开放源代码社群维护，是一种免费的网页脚本语言。

PHP 是一种应用广泛的语言，其多在服务器端执行，通过 PHP 代码产生网页并提供对数据库的读取。

1.3 网页构成与布局

通过前面的内容，用户已了解了网站的整体策划、网页的设计任务和技术。本小节将重点介绍网页的版块构成和布局内容。

1.3.1 网页版块构成

网页是由各种版块构成的。Internet 中的网页内容各异。然而多数网页都是由一些基本的版块组成的，包括 Logo、导航条、Banner、内容版块、版尾和版权等。

1．Logo 图标

Logo 是企业或网站的标志，是徽标或者商标的英文说法，起到对徽标拥有公司的识别和推广的作用，通过形象的 Logo 可以让消费者记住公司主体和品牌文化。网络中的 Logo 徽标主要是各个网站用来与其他网站链接的图形标志，代表一个网站或网站的一个版块。例如，微软的 Logo。

2．导航条

导航条是网站的重要组成标签。合理安排的导航条可以帮助浏览者迅速查找到需要的信息。例如，新浪网的导航条。

3．Banner

Banner 的中文直译为旗帜、网幅或横幅，意

译则为网页中的广告。多数 Banner 都以 JavaScript 技术或 Flash 技术制作的，通过一些动画效果，展示更多的内容，并吸引用户观看。

4．内容版块

网页的内容版块通常是网页的主体部分。这一版块可以包含各种文本、图像、动画、超链接等。例如，蔡司光学网站的内容版块。

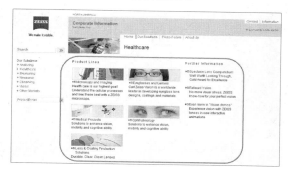

5．版尾版块

版尾是网页页面最底端的版块，通常放置网站的联系方式、友情链接和版权信息等内容。

1.3.2　网页布局

网页布局是指对网页中的文字、图形等内容，也就是网页中的元素进行统筹计划与安排。无论是在纸上布局，还是通过软件进行布局，都需要了解网页中最基本的布局方式。

1．"国"字型

"国"字型网页布局又称"同"字型网页布局，其最上方为网站的 Logo、Banner 及导航条。接下来是网站的内容版块。

在内容版块左右两侧通常会分列两小条内容，可以是广告、友情链接等，也可以是网站的子导航条。中间是主要部分，与左右一起罗列到底，最下面则是网站的版尾或版权版块。

2．拐角型

拐角型布局也是一种常见的网页结构布局，其与"国"字型布局只是在形式上有所区别，实际差异不大。

上面是标题及广告横幅，接下来的左侧或者右侧是一窄列链接等，正文是在很宽的区域中，下面也是一些网站的辅助信息。在这种类型中，一种很常见的类型是：最上面是标题及广告，右侧是导航链接或者广告。这种布局的网页比"国"字型布局的网页稍微个性化一些，常用于一些娱乐性网站。

3．左右框架型

这是一种被垂直划分为两个或更多个框架的网页布局结构，类似于将上下框架型布局旋转90°之后的效果。

左右框架型网页布局一般左面是导航链接，有时最上面会有一个小的标题或标志，右侧是正文。通常会被应用到一些个性化的网页或大型论坛网页等，具有结构清晰、一目了然的优点。

4．封面型

这种类型的网页，通常作为一些个性化网站的首页，以精美的动画，加上几个链接或"进入"按钮，甚至只在图片或动画上做超链接。

这种类型大部分出现在企业网站和个人主页，如果处理得好，会给人带来赏心悦目的感觉。

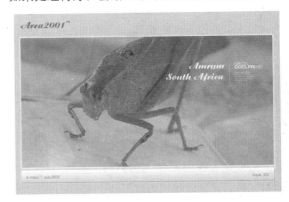

1.4 网页配色

网页设计是平面设计的一个分支，和其他平面设计类似，对色彩都有较大的依赖性。色彩作为网页视觉元素的一种，不仅情感丰富，其形式的美感也使浏览者得以视觉和心理的享受。将色彩成功地运用在网页创意中，可以强化网页的视觉张力。

1.4.1 色彩的基础概念

色彩是网站最重要的一个部分，在学习如何为网站进行色彩搭配之前，首先要来认识颜色。

1．色彩与视觉原理

色彩的变化是变幻莫测的，这是因为物体本身除了其自身的颜色外，有时也会因为周围的颜色，以及光源的颜色而所有改变。

❑ 光与色

光在物理学上是电磁波的一部分，其波长为700~400nm，在此范围称为可视光线。当把光线引入三棱镜时，光线被分离为红、橙、黄、绿、青、蓝、紫，因而得知自然光是七色光的混合。这种现象称作光的分解或光谱，七色光谱的颜色分布是按光的波长排列的，如下图所示，可以看出红色的波长最长，紫色的波长最短。

光是以波动的形式进行直线传播的,具有波长和振幅两个因素。不同的波长长短产生色相差别。不同的振幅强弱大小产生同一色相的明暗差别。光在传播时有直射、反射、透射、漫射、折射等多种形式。

光直射时直接传入人眼,视觉感受到的是光源色。当光源照射物体时,光从物体表面反射出来,人眼感受到的是物体表面色彩。当光照射时,如遇玻璃之类的透明物体,人眼看到是透过物体的穿透色,光在传播过程中,受到物体的干涉时,则产生漫射,对物体的表面色有一定影响。如通过不同物体时产生方向变化,称为折射,反映至人眼的色光与物体色相同。

❑ **物体色**

自然界的物体五花八门、变化万千,它们本身虽然大都不会发光,但都具有选择性地吸收、反射、透射色光的特性。当然,任何物体对色光不可能全部吸收或反射,因此,实际上不存在绝对的黑色或白色。

物体对色光的吸收、反射或透射能力,很受物体表面肌理状态的影响。但是,物体对色光的吸收与反射能力虽是固定不变的,而物体的表面色却会随着光源色的不同而改变,有时甚至失去其原有的色相感觉。所谓的物体"固有色",实际上不过是常光下人们对此的习惯而已。例如在闪烁、强烈的各色霓虹灯光下,所有建筑几乎都失去了原有本色而显得奇异莫测。

2.色彩三要素

自然界的色彩虽然各不相同,但任何有彩色的色彩都具有色相、亮度、饱和度这三个基本属性,也称为色彩的三要素。

❑ **色相**

色相指色彩的相貌,是区别色彩种类的名称。是根据该色光波长划分的,只要色彩的波长相同,色相就相同,波长不同才产生色相的差别。红、橙、黄、绿、蓝、紫等每一个都代表一类具体的色相,它们之间的差别就属于色相差别。当用户称呼到其中某一色的名称时,就会有一个特定的色彩印象,这就是色相的概念。正是由于色彩具有这种具体相貌特征,用户才能感受到一个五彩缤纷的世界。如果说亮度是色彩隐秘的骨骼,色相就很像色彩外表华美的肌肤。色相体现着色彩外向的性格,是色彩的灵魂。

如果把光谱的红、橙黄、绿、蓝、紫诸色带首尾相连,制作一个圆环,在红和紫之间插入半幅,构成环形的色相关系,便称为色相环。在6种基本色相各色中间加插一个中间色,其首尾色相按光谱顺序为:红、橙红、橙、黄、黄绿、绿、青绿、蓝绿、蓝、蓝紫、紫、红紫,构成十二基本色相,这十二色相的彩调变化,在光谱色感上是均匀的。如果进一步再找出其中间色，便可以得到二十四个色相。

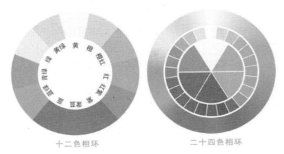

十二色相环　　　　　二十四色相环

❏ 饱和度

饱和度是指色彩的纯净程度。可见光辐射，有波长相当单一的，有波长相当混杂的，也有处在两者之间的，黑、白、灰等无彩色就是波长最为混杂，纯度、色相感消失造成的。光谱中红、橙、黄、绿、蓝、紫等色光都是最纯的高纯度的色光。

饱和度取决于该色中含色成分和消色成分（黑、白、灰）的比例，含色成分越大，饱和度越大；消色成分越大，饱和度越小，也就是说，向任何一种色彩中加入黑、白、灰都会降低它的饱和度，加得越多就降得越低。

当在蓝色中混入了白色时，虽然仍旧具有蓝色相的特征，但它的鲜艳度降低了，亮度提高了，成为淡蓝色；当混入黑色时，鲜艳度降低了，亮度变暗了，成为暗蓝色；当混入与蓝色亮度相似的中性灰时，它的亮度没有改变，饱和度降低了，成为灰蓝色。采用这种方法有十分明显的效果，就是从纯色加灰渐变为无饱和度灰色的色彩饱和度序列。

黑白网页与彩色网页之间存在着非常大的差异。大多数情况下黑白网页给浏览者的视觉冲击力不如彩色网页效果强烈，同时对作品网页的风格也有着一些局限性。而色彩的选择不仅仅决定了作品的风格，同时也使得作品更加饱满、富有魅力。

❏ 亮度

亮度是色彩赖于形成空间感与色彩体量感的主要依据，起着"骨架"的作用。在无彩色中，亮度最高的色为白色，亮度最低的色为黑色，中间存在一个从亮到暗的灰色系列。

亮度在三要素中具有较强的独立性，它可以不带任何色相的特征而通过黑白灰的关系单独呈现出来。

色相与饱和度则必须依赖一定的明暗才能显现，色彩一旦发生，明暗关系就会同时出现，在用户进行一幅素描的过程中，需要把对象的有彩色关系抽象为明暗色调，这就需要有对明暗的敏锐判断力。用户可以把这种抽象出来的亮度关系看作色彩的骨骼，它是色彩结构的关键。

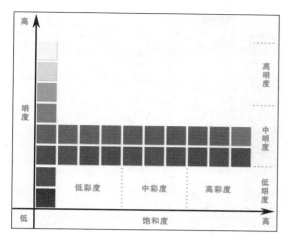

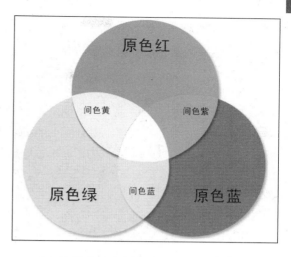

3．色彩的混合

客观世界中的事物绚丽多彩，调色板上色彩变化无限，但如果将其归纳分类，基本上就是两大类：一类是原色，即红、黄、蓝；另一类就是混合色。而使用间色再调配混合的颜色，称为复色。从理论上讲，所有的间色、复色都是由三原色调和而成的。

在构成网页的色彩布局时，原色是强烈的，混合色较温和，复色在明度上和纯度上较弱，各类间色与复色的补充组合，形成丰富多彩的画面效果。

❏　原色理论

所谓三原色，就是指这三种色中的任意一色都不能由另外两种原色混合产生，而其他颜色可以由这三原色按照一定的比例混合出来，色彩学上将这三个独立的颜色称为三原色。

❏　混色理论

将两种或多种色彩互相进行混合，造成与原有色不同的新色称为色彩的混合。它们可归纳成加色法混合、减色法混合、空间混合三种类型。

加色法混合是指色光混合，也称第一混合，当不同的色光同时照射在一起时，能产生另外一种新的色光，并随着不同色混合量的增加，混色光的明度会逐渐提高，将红（橙）、绿、蓝（紫）三种色光分别作适当比例的混合，可以得到其他不同的色光。反之，其他色光无法混出这三种色光来，故称其为色光的三原色，它们相加后可得白光。

减色法混合即色料混合，也称第二混合。在光源不变的情况下，两种或多种色料混合后所产生的新色料，其反射光相当于白光减去各种色料的吸收光，反射能力会降低。故与加色法混合相反，混合后的色料色彩不但色相发生变化，而且明度和纯度都会降低。所以混合的颜色种类越多，色彩就越暗越混浊，最后近似于黑灰的状态。

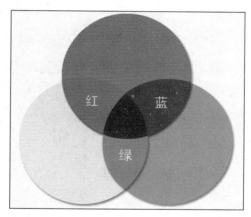

空间混合法亦称中性混合、第三混合。将两种或多种颜色穿插，并置在一起，于一定的视觉空间之外，能在人眼中造成混合的效果，故称空间混合。其实颜色本身并没有真正混合，它们不是发光体，而只是反射光的混合。因此，与减色法相比，增加了一定的光刺激值，其明度等于参加混合色光的明度平均值，既不减也不加。

由于它实际比减色法混合明度显然要高，因此色彩效果显得丰富、响亮，有一种空间的颤动感，表现自然物体的光感，更为闪耀。

1.4.2 色彩的模式

简单地讲，颜色模式是一种用来确定显示和打印电子图像色彩的模型，即一幅电子图像用什么样的方式在计算机中显示或者打印输出。Photoshop 中包含了多种颜色模式，每种模式的图像描述和重现色彩的原理及所能显示的颜色数量各不相同。常见的有如下 4 种模式。

1．RGB 颜色模式

RGB 色彩模式是工业界的一种颜色标准，是通过对红（Red）、绿（Green）、蓝（Blue）三个颜色通道的变化以及它们相互之间的叠加来得到各式各样的颜色的。RGB 代表红、绿、蓝三个通道的颜色，这个标准几乎包括了人类视力所能感知的所有颜色，是目前运用最广的颜色系统之一，如下图所示。其中每两种颜色之间的颜色是等量，或者非等量相加所产生的颜色。

其中，每两种不同量度相加所产生的颜色，如下表所述。

混合公式	色板
RGB 两原色等量混合公式：	
R（红）＋G（绿）生成 Y（黄）（R＝G）	
G（绿）＋B（蓝）生成 C（青）（G＝B）	
B（蓝）＋R（红）生成 M（洋红）（B＝R）	
RGB 两原色非等量混合公式：	
R（红）＋G（绿↓减弱）生成 Y→R（黄偏红） 红与绿合成黄色，当绿色减弱时黄偏红	

续表

混合公式	色板
R（红↓减弱）＋G（绿）生成 Y→G（黄偏绿） 红与绿合成黄色，当红色减弱时黄偏绿	
G（绿）＋B（蓝↓减弱）生成 C→G（青偏绿） 绿与蓝合成青色，当蓝色减弱时青偏绿	
G（绿↓减弱）＋B（蓝）生成 C→B（青偏蓝） 绿和蓝合成青色，当绿色减弱时青偏蓝	
B（蓝）＋R（红↓减弱）生成 M→B（品红偏蓝） 蓝和红合成品红，当红色减弱时品红偏蓝	
B（蓝↓减弱）＋R（红）生成 M→R（品红偏红） 蓝和红合成品红，当蓝色减弱时品红偏红	

对 RGB 三基色各进行 8 位编码，这三种基色中的每一种都有一个从 0（黑）~255（白色）的亮度值范围。当不同亮度的基色混合后，便会产生出 $256 \times 256 \times 256$ 种颜色，约为 1670 万种，这就是我们常说的"真彩色"。电视机和计算机的显示器都是基于 RGB 颜色模式来创建颜色的。

2．CMYK 颜色模式

CMYK 颜色模式是一种印刷模式。其中，4 个字母分别指青（Cyan）、洋红（Magenta）、黄（Yellow）、黑（Black），在印刷中代表 4 种颜色的油墨。CMYK 基于减色模式，由光线照到有不同比例 C、M、Y、K 油墨的纸上，部分光谱被吸收后，反射到人眼的光产生颜色。在混合成色时，随着 C、M、Y、K 4 种成分的增多，反射到人眼的光会越来越少，光线的亮度会越来越低。

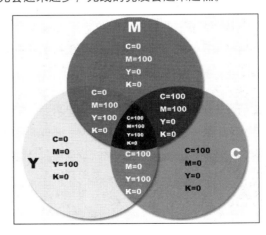

3．HSB 颜色模式

色泽（Hue）、饱和度（Saturation）和明亮度（Brightness）也许更合适人们的习惯，它不是将色彩数字化成不同的数值，而是基于人对颜色的感觉，让人觉得更加直观一些。其中色泽（Hue）是基于从某个物体反射回的光波，或者是透射过某个物体的光波；饱和度（Saturation），经常也称作 chroma，是某种颜色中所含灰色的数量多少，含灰色越多，饱和度越小；明亮度（Brightness）是对一个颜色中光的强度的衡量。明亮度越大，则色彩越鲜艳。

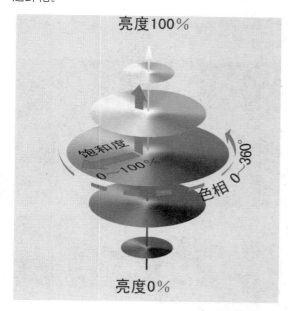

技巧

在 HSB 模式中，所有的颜色都用色相、饱和度、亮度三个特性来描述。它可由底与底对接的两个圆锥体形象的立体模型来表示。其中轴向表示亮度，自上而下由白变黑；径向表示色饱和度，自内向外逐渐变高；而圆周方向，则表示色调的变化，形成色环。

4．Lab 颜色模式

Lab 色彩模式是以数学方式来表示颜色，所以不依赖于特定的设备，这样确保输出设备经校正后所代表的颜色能保持其一致性。其中 L 指的是亮度；a 是由绿至红；b 是由蓝至黄。

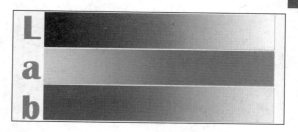

1.4.3　自定义网页颜色

一般情况下，访问者的浏览器 Netscape Navigator 和 Internet Explorer 选择了网页的文本和背景的颜色，让所有的网页都显示这样的颜色。但是，网页的设计者经常为了视觉效果而选择了自定义颜色。自定义颜色是一些为背景和文本选取的颜色，它们不影响图片或者图片背景的颜色，图片一般都以它们自身的颜色显示。自定义颜色可以为下列网页元素独自分配颜色。

❑ **背景**　网页的整个背景区域可以是一种纯粹的自定义颜色。背景色总是在网页的文本或者图片的后面。

❑ **普通文本**　网页中除了链接之外的所有文本。

❑ **级链接文本**　网页中的所有文本链接。

❑ **已被访问过的链接文本**　访问者已经在浏览器中使用过的链接。访问过的文本链接以不同的颜色显示。

❑ **当前链接文本**　当一个链接被访问者单击的瞬间，它转换了颜色以表明它已经被激活了。

制作网页的初学者可能更习惯于使用一些漂亮的图片作为自己网页的背景，但是，浏览一下大型的商业网站，你会发现他们更多运用的是白色、蓝色、黄色等，使得网页显得典雅、大方和温馨，如下图所示的网页中，主要由白色背景和蓝色、黄色、粉红色以及黑色笔触组成，能够加快浏览者打开网页的速度。

一般来说，网页的背景色应该柔和一些、素一些、淡一些，再配上深色的文字，使人看起来自然、舒畅。而为了追求醒目的视觉效果，可以为标题使用较深的颜色。其中，一些经常用到的网页背景颜色列表，如下表所述。

颜色图标	十六进制值	文字色彩搭配
	#F1FAFA	做正文的背景色好，淡雅
	#E8FFE8	做标题的背景色较好
	#E8E8FF	做正文的背景色较好，文字颜色配黑色
	#8080C0	上配黄色白色文字较好
	#E8D098	上配浅蓝色或蓝色文字较好
	#EFEFDA	上配浅蓝色或红色文字较好
	#F2F1D7	配黑色文字素雅，如果是红色则显得醒目
	#336699	配白色文字好看些
	#6699CC	配白色文字好看些，可以做标题
	#66CCCC	配白色文字好看些，可以做标题
	#B45B3E	配白色文字好看些，可以做标题
	#479AC7	配白色文字好看些，可以做标题
	#00B271	配白色文字好看些，可以做标题
	#FBFBEA	配黑色文字比较好看，一般作为正文
	#D5F3F4	配黑色文字比较好看，一般作为正文
	#D7FFF0	配黑色文字比较好看，一般作为正文
	#F0DAD2	配黑色文字比较好看，一般作为正文
	#DDF3FF	配黑色文字比较好看，一般作为正文

此表只是起一个"抛砖引玉"的作用，大家可以发挥想象力，搭配出更有新意、更醒目的颜色，使网页更具有吸引力。

1.4.4　色彩推移

色彩推移是按照一定规律有秩序地排列、组合色彩的一种方式。为了使画面丰富多彩、变化有序，网页设计师通常采用色相推移、明度推移、纯度推移、互补推移、综合推移等推移方式组合网页色彩。

1．色相推移

选择一组色彩，按色相环的顺序，由冷到暖或者由暖到冷进行排列、组合。可以选用纯色系或者灰色系进行色相推移。

2．明度推移

选择一组色彩，按明度等差级数的顺序，由浅到深或者由深到浅进行排列，组合的一种明度渐变组合。一般都选用单色系列组合。也可以选用两组色彩的明度系列按明度等差级数的顺序交叉组合。

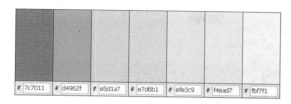

| # 7c7011 | # d4962f | # e5d1a7 | # e7d6b1 | # efe3c9 | # f4ead7 | # fbf7f1 |

3．纯度推移

选择一组色彩，按纯度等差级数或者比差级数的顺序，由纯色到灰色或者由灰色到纯色进行排列组合。

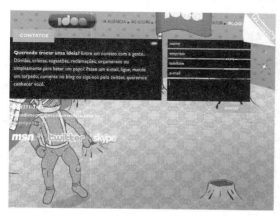

4．综合推移

选择一组或者多组色彩按色相、明度、纯度推移进行综合排列、组合的渐变形式，由于色彩三要素的同时加入，其效果当然要比单项推移复杂、丰富得多。

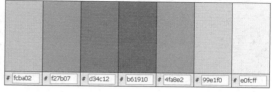

| # fcba02 | # f27b07 | # d34c12 | # b61910 | # 4fa8e2 | # 99e1f0 | # e0fcff |

1.5　网页的艺术表现与风格设计

网页设计属于平面设计的范畴，所以网页效果同样包含色彩与布局这两种元素。网页设计虽然具有其自身的结构布局方式，但是平面设计中的构成原理和艺术表现形式也适用于网页设计。并且当两者成功结合时，制作的网页才会受浏览者喜爱。

1.5.1　网页形式的艺术表现

平面构成的原理已经广泛应用于不同的设计领域，网页设计也不例外。在设计网页时，平面构成原理的运用能够使网页效果更加丰富。

1．分割构成

在平面构成中，把整体分成部分，叫做分割。在日常生活中这种现象随时可见，如房屋的吊顶、地板都构成了分割。下面介绍几种常用的分割方法。

❏　等形分割

该分割方法要求形状完全一样，如果分割后再把分割界线加以取舍，会有良好的效果。

❏　自由分割

该分割方法是不规则的，将画面自由分割的方法，它不同于数学规则分割产生的整齐效果，但它的随意性分割，给人活泼不受约束的感觉。

❏ 比例与数列

利用比例完成的构图通常具有秩序、明朗的特性，给人清新之感。分割给予一定的法则，如黄金分割法、数列等。

2．对称构成

对称具有较强的秩序感。可是仅仅居于上下、左右或者反射等几种对称形式，便会产生单调乏味。所以，在设计时要在几种基本形式的基础上，灵活加以应用。以下是网页中常用的几种基本对称形式。

❏ 左右对称

左右对称是平面构成中最为常见的对称方式，该方式能够将对立的元素平衡地放置在同一个平面中。如下图所示，为某网站的进站首页。该页面通过左右对称结构，将黑白两种完全不同的色调融入同一个画面。

中轴对称布局比较简单，所以在修饰方面也要采用简单大方的元素。

❏ 回转对称

回转对称构成给人一种对称平衡的感觉，使用该方式布局网页，打破导航菜单一贯长条制作的方法，又从美学角度使用该方法平衡页面。

3．平衡构成

在造型的时候，平衡的感觉是非常重要的，由于平衡造成的视觉满足，使人们能够在浏览网页时产生一种平衡、安稳的感受。平衡构成一般分为两种：一是对称平衡，如人、蝴蝶，一些以中轴线为中心左右对称的形状；另一种是非对称平衡，虽然没有中轴线，却有很端正的平衡美感。

❏ 对称平衡

对称是最常见、最自然的平衡手段。在网页中局部或者整体采用对称平衡的方式进行布局，能够得到视觉上的平衡效果。下图就是在网页的中间区域采用了对称平衡构成，使网页保持了平稳的效果。

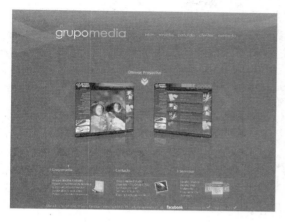

❏ 非对称平衡

非对称其实并不是真正的"不对称"，而是一种层次更高的"对称"，如果把握不好页面就会显得乱，因此使用起来要慎重，更不可用得过滥。如下图所示，通过左上角浅色图案堆积与右下角深色填充的非对称设计，形成非对称平衡结构。

1.5.2 网页构成的艺术表现

重复、渐变以及空间构成都是色彩构成的方式，它们同样也适用于网页。运用这些形式不仅可以使网页具有充实、厚重、整体、稳定的视觉效果，而且能够丰富网页的视觉效果，尤其是空间构成的运用，能够产生三维的空间，增强网页的深度感以及立体感。

1．重复构成

重复是指同一画面上，同样的造型重复出现的构成方式，重复无疑会加深印象，使主题得以强化，也是最富秩序的统一观感的手法。在网站构成中使用重复可以分成背景和图像两种形态出现，在背景设计中就是形状、大小、色彩、肌理完全重复。

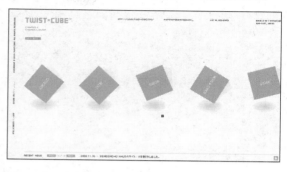

2．渐变构成

渐变是骨骼或者基本形循序渐进的变化过程中，呈现出阶段性秩序的构成形成，反映的是运动变化的规律。例如按形状、大小、方向、位置、疏密、虚实、色彩等关系进行渐次变化排列的构成形式。

3．空间构成

用户一般所说的空间，是指的二维空间。在日常生活中用户可以看见，物体在空间给人的感觉总是近大远小。例如在火车站，月台上的柱子近的高、远的低，铁轨是近的宽、远的窄，对这些特性加以研究探索，分析立体形态元素之间的构成法则，提高在平面中创建三维形态的能力。

❏ 平行线的方向

改变排列平行线的方向，会产生三次元的幻象。下图为具有空间感的网页效果。

❑ **折叠表现**

在平面上一个形状折叠在另一个形状之上，会有前后、上下的感觉，产生空间感。

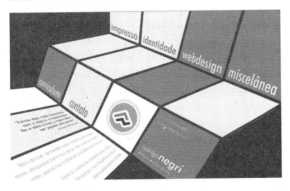

❑ **阴影表现**

阴影的区分会使物体具有立体感觉和物体的凹凸感。如下图所示，为通过阴影得到的立方体效果的网页。

1.5.3 网页纹理的艺术表现

纹理归根结底是色彩。它是网页的重要视觉特

征。在网页设计时，使用不同的纹理，配以适当的内容，能够让浏览者记忆深刻，尤其当运用牛皮纸、木纹等图案时，使得在网页中具有更强的真实感。此外，发射与密集构成的图案，能够增强网页的空间感，将浏览者的思维转换到三维空间，充分发挥其想象力。

1．肌理构成

肌理又称质感，由于物体的材料不同，表面的排列、组织、构造上不同，因而产生粗糙感、光滑、软硬感。在设计中，为达到预期的设计目的，强化心理表现和更新视觉效应，必须研究创造更新更美的视觉效果。

现代计算机、摄影和印刷技术的发展更加扩大了肌理、材质的表现性，成为现代设计的重要手段。抽象主义和其他现代艺术流派创造的各种表现技法，是艺术设计师必须研习的课题。肌理即形象表面的纹理特征，用户可以通过多种方法创建不同的肌理。

❑ **纸类肌理**

各种不同的纸张，由于加工的材料不同，本身在粗细、纹理、结构上不同，或人为的折皱，揉搓产生特殊的肌理效果。

物体表面的编排样式不仅反映其外在的造型特征，还反映其内在的材质属性，如下图所示，该网页以布料肌理为背景。

❑ **利用喷绘**

使用喷笔、金属网、牙刷将溶解的颜料刷下去后，颜料如雾状地喷在纸上，也可以创造出个性的肌理。如下图所示，为毛笔纹理的网页。

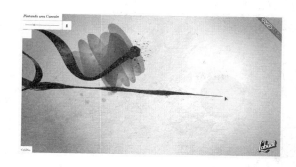

❑　渲染

这种方法是在具有吸水性强的材料表面，通过液体颜料进行渲染、浸染，颜料会在表面自然散开，产生自然优美的肌理效果。

❑　自然界元素

现在网站设计对背景的重视程度越来越高，因为网站要给人一种整体效果。如下图所示，为木纹与绿叶肌理形成的网页背景。

❑　发射构成

发射的现象在自然界中广泛存在，太阳的光芒、盛开的花朵、贝壳和螺纹和蜘蛛网等形成发射图形。可以说发射是一种特殊的重复和渐变，其基本形和骨骼线均环绕着一个或者几个中心。发射有强烈的视觉效果，能引起视觉上的错觉，形成令人眩目的、有节奏的、变化不定的图形。

❑　中心点式发射构成

该构成方式是由中心向外或由外向内集中地发射。发射图案具有多方的对称性，有非常强烈的焦点，而焦点易于形成视觉中心，发射能产生视觉的光效应，使所有形象有如光芒从中心向四面散射。

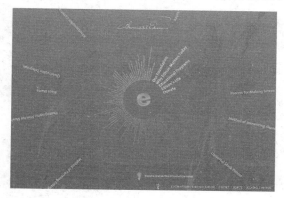

❑　螺旋式发射

它是以旋绕的排列方式进行的，旋绕的基本形逐渐扩大形成螺旋式的发射。

❑　同心式发射

同心式发射是以一个焦点为中心，层层环绕发射。如下图所示，为同心式发射网页背景效果。

2．密集构成

密集在设计中是一种常用的组图手法，基本形在整个构图中可自由散布、有疏有密。最疏松或者最紧密的地方常常成为整个设计的视觉焦点。在图面中造成一种视觉上的张力，向磁场一样，具有节奏感。密集也是一种对比的情况，利用基本形数量排列的多少，产生疏密、虚实、松紧的对比效果。如下图所示，为双色圆环图案的网页背景。

1.5.4　网页设计风格类型

随着审美要求的提高，网页视觉效果越来越被重视。由于网页设计隶属于平面设计，所以平面设计中的绘画风格同样能够应用于网页设计。

1．平面风格

平面风格是通过色块或者位图等元素形成二维的效果，这种效果最常出现在网页设计中。

2．矢量风格

矢量风格的网页是通过矢量图像组合而成的，这种风格的网页图像效果可以任意地放大与缩小，而不会影响查看效果，所以经常应用于动画网站中。

3．像素风格

像素画也属于点阵式图像，但它是一种图标风格的图像，更强调清晰的轮廓、明快的色彩，几乎不用混叠方法来绘制光滑的线条，所以常常采用.gif格式，同时它的造型比较卡通，得到很多朋友的喜爱。如下图所示的网页中，就是采用像素画与真实人物结合的方式制作而成的。

4．三维风格

三维是指在平面二维系中又加入了一个方向向量构成的空间系。三维风格中的三维空间效果，在网页中的运用，能够使其效果无限延伸。

则能够在显示立体空间的同时突出其主题。

而三维风格中的三维对象，在网页中的应用，

第 **2** 章

网页图像设计基础

  在设计网页时，如果只是单纯地用线条和文字制作，则整个页面会显得过于单调。此时，用户可通过为网页插入图像的方法，来增加网页的丰富多彩性。对于网页中的图像，一般使用 Photoshop 软件对其进行处理。而最新的 Photoshop CC 2015 中文版是 Adobe 公司开发的数字图像编辑软件，是目前最流行的图像处理软件之一。它具有强大的图像编辑、制作、处理功能，操作简便实用，备受各行各业的青睐，广泛应用于平面设计、数码照片处理、广告摄影、网页设计等领域。本章主要介绍网页可用的图像类型、设置图像和画布、选取区域的使用方法，以及添加设置图层等基础内容，使读者能够在 Photoshop 中为网页设计所需的图像。

2.1 Photoshop CC 2015 简介

Photoshop 软件作为专业的图像编辑工具，可以制作适用于打印、Web 和其他任何用途的最佳品质的图像。而这些图像都可以通过 Photoshop 中的各种工具与命令来完成，下面介绍 Photoshop CC 2015 的基本功能、新增功能以及窗口界面。

2.1.1 Photoshop 基本功能

Photoshop 以其强大的位图编辑功能、灵活的操作界面、开发式的结构，早已渗透到图像设计的各个领域。除此之外，Photoshop 支持几乎所有的图像格式和色彩模式，能够同时处理多图层。其强大的图像变形功能、调色功能、自动化操作，以及便捷的图像选取和绘画等功能深受用户青睐。

1．图层功能

对 Photoshop 的图层有效地管理，可以为图像制作提供极大的方便。对于不同的元素，用户可以将其分配到不同的图层中，这样对单个元素进行修改时不会影响到其他元素。例如对图层进行合并、合成、翻转、复制和移动等操作；局部或者全部使用特殊效果；在不影响图像的同时，使用调整图层功能控制图层的色相、渐变和透明度等属性。

2．绘画功能

Photoshop 作为一款专业的图像处理软件，其绘画功能非常强大。通常情况下，在空白画布中，

通过使用【钢笔工具】、【画笔工具】、【铅笔工具】、【自定形状工具】可以直接绘制图形，使用文字工具可以在图像中添加文本，或者进行不同形式的文本编排，如下图所示为使用【钢笔工具】、【画笔工具】与填充工具等绘制出来的精绘图像。

3．选取功能

使用 Photoshop 中的规则选取工具、不规则选取工具与选取命令等，可以选择不同形状、不同尺寸选区，以及对选区进行移动、增减、变形、载入和保存等操作。如下图所示，为通过通道选取的花卉。

4．调色功能

Photoshop 中的各种颜色调整命令，可以根据不同的要求，或者设置色彩命令中的不同选项，调整不同效果的图像，例如将一幅图像的色调转换为另一种色调，或者是局部更改颜色等，如下图所示，转换整幅图像的色调。

5. 变形功能

使用【自由变换】命令，可以将图像按固定方向进行翻转和旋转，也可以按不同角度进行旋转，或者对图像进行拉伸、倾斜与自由变形等处理。如下图所示，是利用变形功能调整后的效果。

2.1.2 Photoshop CC 2015 新增功能

Adobe 公司推出的 Photoshop 软件是目前图像处理界中最受青睐的产品，继 2014 年出 Photoshop CC 2014、之后，Adobe 于 2015 年再度发布了 Photoshop CC 2015 版本。相比于此前的众多版本，Photoshop CC 2015 的改版力度之大前所未有，包括多画板支持、新设计空间、去雾工具等新功能。

1. 多画板支持

随着 App 设计的极速发展，固定的屏幕尺寸远远无法满足设计师保存多个 PSD 以适应不同屏幕尺寸的需求了。而 Photoshop CC 2015 中新增的多面板支持新功能，便可以完美解决设计师的需求。相对于旧版本中保存多个尺寸的 PSD 来讲，新的多画板功能可以使用多个不同的画板将原本多个尺寸的 PSD 保存为一个 PSD。

对于多画板支持新功能来讲，用户只需执行【新建】|【文件】命令，在弹出的对话框中，将【文件类型】设置为【画板】，单击【确定】按钮即可。

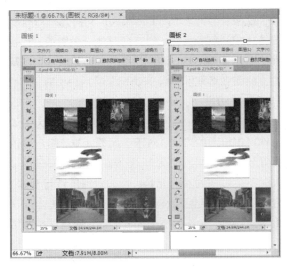

2. 新设计模式：PS 设计空间

新设计的 PS 设计空间，是 Adobe 面向网页设计、UX、App 设计的一次尝试，它只是一个预览版，目前仅支持 Mac OS X 10.10、64 位 Windows 8.1 或更高版本的操作系统。该设计空间拥有一个 UI 设计的专属操作界面，包括标准接口和代替 HTML5/CSS/JS 的图层等内容。

如需使用该功能，用户可执行【编辑】|【首选项】|【技术预览】命令，启用【启用设计空间（预览）】复选框，并单击【确定】按钮。

此时，系统将自动切换到设计空间界面中，并显示英文状态下的操作命令和操作工具。

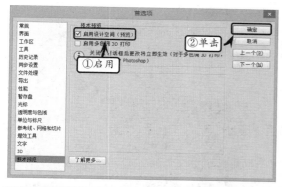

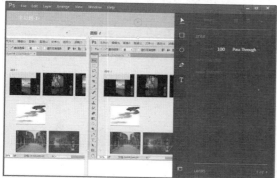

3．Adobe 图库

无论是独立的设计师还是大型的设计结构，图库对其来讲都是必需品。Photoshop CC 2015 中的 Adobe 图库作为在线服务再次回归，以解决使用者对图库的需求。目前，Adobe 拥有多达 4 千万图片的素材库，用户可将 Adobe 图库中漂亮的图片通过创意云导入一个低分辨率带水印的版本，并可以通过直接调用这些图片，来设计网页和 APP。而当用户使用这些图片确定了网页和 APP 的设计方案之后，便可以再以内购的方式来购买高清无码版本的图片素材。

4．新增"导出"功能

Photoshop CC 2015 中新增的"导出"功能替代了旧版本中的"存储为 Web 所用格式"功能，其"导出"功能可使用户针对特定的图层和画板进行导出，导出格式可以是 JPEG、GIF、PNG、PNG-8 和 SVG（可缩放矢量图形）。在 Photoshop CC 2015 中，用户只需执行【文件】|【导出】命令，在其级联菜单中选择相应的导出选项即可。

5．移动设备的实时预览

Photoshop CC 2015 新增加了移动设备的实时预览功能，可以在 IOS 设备上实时预览 App 设计效果。目前为止，该功能只支持 IOS 8 或更高版本，并不支持 Android 设备。

6．更多 PS 图层混合模式效果

Photoshop 旧版本中只能使用一种 PS 图层混合模式，而在 Photoshop CC 2015 中不仅可以针对图层和分组添加多种突出混合模式，而且还可以调整混合模式的叠加顺序。

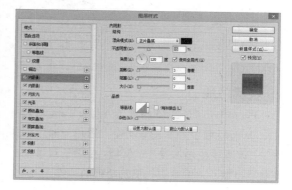

7．模糊画廊的改进

Photoshop CC 2015 改进了模糊画廊功能，在模糊画廊中的模糊效果中新增了不少淡色和彩色噪点，从而杜绝了旧版本中模糊滤镜中所出现的不够自然的感觉。

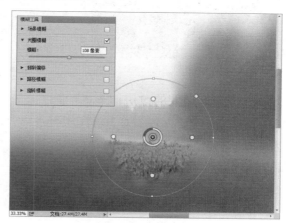

8．字符面板中更容易找到字形

Photoshop CC 2015 版本中新增字形面板，通过该面板可以查找到用户所需要的字符字形，而无需再通过电脑字符查看器来查找一些特殊字符了。

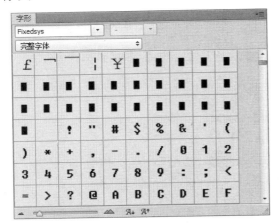

9．去雾功能

Photoshop CC 2015 内置了 Adobe Camera Raw 9.1，从而新增了一个去雾功能。用户可通过调整滑块，来减少或增加照片的雾霾；或者通过手动调整各项参数，对图片进行更加精确的调整。

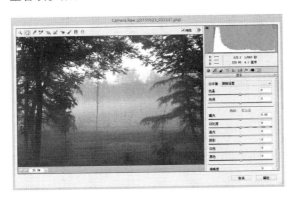

10．大量 3D 功能的改进

Photoshop CC 2015 针对 3D 打印功能进行了大量的改进，用户不仅可以将 3D 模型导出为 SVX 或 PDF 文件，而且还可以简化网格，以及调整凹凸贴图的最大和最小深度。

除此之外，Photoshop CC 2015 对 3D 图形的功能也进行了不少的改进。其中，最为醒目的一点便是增加了新的 3D 简化网络功能，以用于合理减少网格中三角形的数量。

另外，在 Photoshop CC 2015 中，还改进了下列 3D 图形功能。

- ❏ 改进导出属性用户界面。
- ❏ 可以导出单一的网格，而不是整个场景。
- ❏ 可通过新凹凸/普通地图滤镜来调整凹凸贴图。
- ❏ 可以从四散的纹理中创建凹凸贴图。
- ❏ 可以在 PLY 文件中将顶点颜色转换为纹理颜色。

> **提示**
>
> 除了上述所介绍的 10 种新增功能之外，Photoshop CC 2015 还新增了实时修复预览效果、改进内容感知移动工具、改进内容感知填充工具、调整层组织等新功能。

2.1.3　Photoshop 窗口界面

Photoshop CC 2015 中全新的界面操作方式，与以往版本工作界面所不同的是，新版本在工具条与面板布局上引入了全新的可伸缩的组合方式，使编辑操作更加方便、快捷。

1．Photoshop 工作界面

启动 Photoshop CC 2015，工作界面中的工具箱、工作区域与控制面板有其固定的位置，当然三者也可以成为浮动面板或者浮动窗口。

其中，工作界面中主要的组成部分如下表所示。

区域	简　介
工具箱	工具箱中列出了 Photoshop 中常用的工具，单击工具按钮或者选择工具快捷键即可使用这些工具。对于存在子工具的工具组（在工具右下角有一个小三角标志说明该工具中有子工具）来说，只要在图标上右击或按住鼠标左键不放，就可以显示出该工具组中的所有工具
菜单栏	Photoshop 的菜单栏中包括 9 个菜单，分别是【文件】、【编辑】、【图像】、【图层】、【选择】、【滤镜】、【视图】、【窗口】和【帮助】。使用这些菜单中的菜单选项可以执行大部分 Photoshop 中的操作
控制面板	面板控制面板的功能很全面，主要用于基本操作的控制和进行参数的设置。在面板上右击有时还可以打开一些快捷菜单进行操作
选项栏	选项栏是从 Photoshop 6.0 版本开始出现的，用于设置工具箱中当前工具的参数。不同的工具所对应的工具栏也有所不同
标题栏	标题栏位于窗口的顶端，左侧显示 Adobe Photoshop 图标和字样，右侧有程序窗口控制按钮，从左到右依次是【最小化】按钮 ▬ 、【最大化】按钮 ◻ 、【关闭】按钮 ✕ ，这三个按钮是 Windows 窗口共有的

续表

区域	简　介
图像窗口	在打开一幅图像的时候就会出现图像窗口，它是显示和编辑图像的区域
状态栏	状态栏中显示的是当前操作的提示和当前图像的相关信息

2．工具箱

　　工具箱是每一个设计者在编辑图像过程中必不可少的，工具箱在 Photoshop 界面的左侧，当单击并且拖动工具箱时，该工具箱成半透明状。

　　另外，工具箱中的每一个工具都具有相应的选项参数，激活某个工具后，该工具相应的选项参数显示在工具选项栏中，用户可根据需要随时对选项或参数设置进行调整。

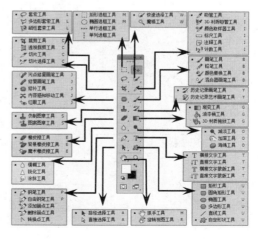

其中，工具箱中所有工具的名称、快捷键以及功能介绍，如下表所述。

图标	工 具 名 称	快捷键	工具功能介绍
	移动工具	V	移动图层和选区内图像像素
	矩形选框工具	M	创建矩形或者正方形选区
	椭圆形选框工具	M	创建椭圆或者正圆选区
	单行选框工具	无	创建水平 1 像素选区
	单列选框工具	无	创建垂直 1 像素选区
	套索工具	L	根据拖动路径创建不规则选区
	多边形套索工具	L	连续单击创建直边多边形选区
	磁性套索工具	L	根据图像边缘颜色创建选区
	魔棒工具	W	创建与单击点像素色彩相同或者近似的连续或者非连续的选区
	快速选择工具	W	利用可调整的圆形画笔笔尖快速"绘制"选区。拖动时，选区会向外扩展并自动查找和跟随图像中定义的边缘
	裁切工具	C	裁切多余图像边缘，也可以校正图像
	透视裁剪工具	C	可以透视变形图像
	切片工具	C	将图像分隔成多个区域，方便成组按编号输出网页图像
	切片选择工具	C	选取图像中已分隔的切片图像
	吸管工具	I	采集图像中颜色为前景色
	3D 材质吸管工具	I	采集 3D 对象中的材质属性
	颜色取样器工具	I	结合【信息】面板查看图像内颜色参数
	标尺工具	I	结合【信息】面板测量两点之间的距离和角度
	注释工具	I	为文字添加注释
	计数工具	I	用作度量图像的长、宽、高、起点坐标、终点坐标、角度等数据
	污点修复画笔工具	J	对图像中的污点进行修复
	修复画笔工具	J	对图像的细节进行修复
	修补工具	J	用图像的某个区域进行修补
	内容感知移动工具	J	可在无需复杂图层或慢速精确的选择选区的情况下快速地重构图像
	红眼工具	J	修改数码图像中的红眼缺陷
	画笔工具	B	根据参数设置绘制多种笔触的直线、曲线和沿路径描边
	铅笔工具	B	设置笔触大小，绘制硬边直线、曲线和沿路径描边
	颜色替换工具	B	对图像局部颜色进行替换
	混合器画笔工具	B	将照片图像制作成绘画作品
	仿制图章工具	S	按 Alt 键定义复制区域后可以在图像内克隆图像，并可以设置混合模式、不透明度和对齐方式的参数
	图案图章工具	S	利用 Photoshop 预设图像或者用户自定义图案绘制图像
	历史记录画笔工具	Y	以历史的某一状态绘图
	历史记录艺术画笔	Y	用艺术的方式恢复图像
	橡皮擦工具	E	擦除图像
	背景橡皮擦工具	E	擦除图像显示背景
	魔术橡皮擦工具	E	擦除设定容差内的颜色，相当于魔棒+Del 键的功能
	渐变工具	G	填充渐变颜色，有 5 种渐变类型

续表

图标	工 具 名 称	快捷键	工具功能介绍
	油漆桶工具	G	填充前景色或者图案
	3D 材质拖放工具	G	填充材质至 3D 对象中
	模糊工具	无	模糊图像内相邻像素颜色
	锐化工具	无	锐化图像内相邻像素颜色
	涂抹工具	无	以涂抹的方式修饰图像
	减淡工具	O	使图像局部像素变亮
	加深工具	O	使图像局部像素变暗
	海绵工具	O	调整图像局部像素饱和度
	钢笔工具	P	绘制路径
	自由钢笔工具	P	以自由手绘方式创建路径
	增加锚点工具	无	在已有路径上增加节点
	删除锚点工具	无	删除路径中某个节点
	转换点工具	无	转换节点类型,例如可以将直线节点转换为曲线节点进行路径调整
	横排文字工具	T	输入编辑横排文字
	竖排文字工具	T	输入编辑垂直文字
	横排文字蒙版工具	T	直接创建横排文字选区
	竖排文字蒙版工具	T	直接创建垂直文字选区
	路径选择工具	A	选择路径执行编辑操作
	直接选择工具	A	选择路径或者部分节点调整路径
	矩形工具	U	绘制矩形形状或者矩形路径
	圆角矩形工具	U	绘制圆角矩形形状或者路径
	椭圆工具	U	绘制椭圆、正圆形状或者路径
	多边形工具	U	绘制任意多边形形状或者路径
	直线工具	U	绘制直线和箭头
	自定形状工具	U	绘制自定义形状和自定义路径
	抓手工具	H	移动图像窗口区域
	视图旋转工具	R	旋转视图显示方向
	缩放工具	Z	放大或者缩小图像显示比例
	设置前景色,背景色	无	设置前景色和背景色,按 D 键恢复为默认值,按 X 键切换前景色和背景色
	以快速蒙版模式编辑	Q	切换至快速蒙版模式编辑
	更改屏幕模式	F	切换屏幕的显示模式

技巧

当选中一个工具后,想在该工具组中来回切换,使用快捷键 Shift+该工具快捷键即可。

3. 控制面板

　　Photoshop 中的控制面板综合了 Photoshop 编辑图像时最常用的命令和功能,以按钮和快捷键菜单的形式集合在控制面板中。在 Photoshop CC 中,所有控制面板以图标形式显示在界面右侧。

　　当用户单击其中一个面板图标后,该面板会自动展开,显示其内容。而当用户打开另外一个面板组中的面板时,系统会自动显示该面板组,而原来显示的面板组自动缩小为图标。

2.2　Photoshop 基本操作

在 Photoshop 中，无论是绘制图像，还是编辑图像，最基本的操作方法必须首先掌握，例如打开或者保存不同格式的图像文件、设置图像大小、调整图像窗口的大小或位置等。

2.2.1　文件操作

在 Photoshop 中，文件管理主要包括新建、打开及存储等操作。

1．新建文件

在 Photoshop 中，执行【文件】|【新建】命令，在弹出的【新建】对话框中，设置新文件的大小、颜色模式以及背景图层等选项，并单击【确定】按钮。

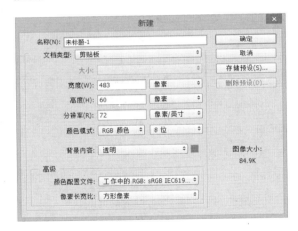

【新建】对话框中，各选项的具体功能如下表所述。

选项	功　　能
名称	为新建的文件命名，如果不输入，则以默认名"未标题 1"为名
预设	在下拉列表中包括了一系列常用尺寸规格的空白文档模板，例如，选择【国际标准纸张】选项，那么新建文件的大小为 105×148mm。如果选择【自定】，可以自己设置图像的宽度和高度

续表

选项	功　　能
颜色模式	在下拉列表中可以选择【位图】、【灰度】、【RGB 颜色】、【CMYK 颜色】和【Lab 颜色】等多种颜色模式。默认为【RGB 颜色】模式。在颜色后面可以选择 8 位颜色，也可以选择 16 位颜色，一般选择 8 位
背景内容	设置新建图像背景图层的颜色，有三个选项：选择【白色】时，新建文件背景图层为白色；选择【背景色】时，新建文件背景与工具箱中设置的背景颜色一致；选择【透明】时，则新建一个完全透明的普通图层文档
高级	可以选取一个颜色配置文件，或选择不对文档进行色彩管理。对于【像素长宽比】，除非用于视频图像，一般选取【方形】
存储预设	对于经常使用的参数设置，可以单击该按钮存储起来。下次新建文件时，可以从【预设】下拉列表中找到上次存储的设置

> **技巧**
>
> 当用户经常创建同样大小的文档时，第一次创建时设置好各选项后，在第二次新建时，按快捷键 Ctrl+Alt+N，可创建与第一次设置完全一样的文档。

2．保存文件

保存文件是将制作好的文件存储到计算机上，以避免因为停电、死机或 Photoshop 出错自动关闭等情况所导致的文件丢失的情况。

执行【文件】|【存储】或【存储为】命令，在弹出的【存储为】对话框中，设置保存位置、保存名称和保存类型，单击【保存】按钮即可。

2.2.2　图像操作

Photoshop 作为一种流行的图像处理软件，在图像处理方面做得相当出色。但是初学者在掌握这些技能之前，首先要熟悉 Photoshop 的基本操作，例如设置图像大小、画布大小、图像的复制、粘贴和清除等。

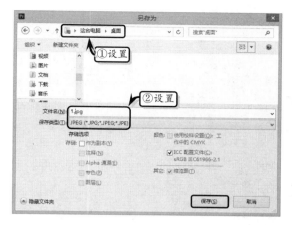

1. 设置图像大小

执行【图像】|【图像大小】命令，在弹出的【图像大小】对话框中，设置各项选项，单击【确定】按钮即可。

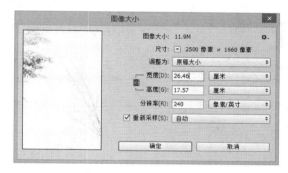

在【图像大小】对话框中，主要包括下列选项。

❑ **图像大小**　用于显示图像的原始大小。

❑ **尺寸**　用于设置图像像素尺寸的度量单位，可以单击【尺寸】下拉按钮，从下拉列表中选择相应的度量单位。

❑ **调整为**　用于设置调整图像的大小类型，包括原始图像、自动分辨率、960×640 像素 144ppi 等类型。

❑ **宽度和高度**　用于指定图像的宽度和高度值，启用【约束比例】选项可保持最初的宽高度量比。

❑ **分辨率**　用于设置图像的分辨率，包括像素/尺寸和像素/厘米两种方式。

❑ **重新采样**　重定图像像素的方式。

而【重新采样】选项中，又包括下列 7 个选项。

❑ **自动化**　Photoshop 根据文档类型以及是放大还是缩小文档来选取重新取样方法。

❑ **保留细节（扩大）**　选取该方法，可在放大图像时使用【减少杂色】滑块消除杂色，在放大图像时提供更优锐度的方法。

❑ **两次立方（较平滑）（扩大）**　一种基于两次立方插值且旨在产生更平滑效果的有效图像放大方法。

❑ **两次立方（较锐利）（缩小）**　一种基于两次立方插值且具有增强锐化效果的有效图像减小方法。此方法在重新取样后的图像中保留细节。如果使用【两次立方（较锐利）】会使图像中某些区域的锐化程度过高，可以尝试使用【两次立方】。

❑ **两次立方（平滑渐变）**　一种将周围像素值分析作为依据的方法，速度较慢，但精度较高。【两次立方】使用更复杂的计算，产生的色调渐变比【邻近】或【两次线性】更为平滑。

❑ **邻近（硬边缘）**　一种速度快但精度低的图像像素模拟方法。该方法会在包含未消除锯齿边缘的插图中保留硬边缘并生成较小的文件。但是，该方法可能产生锯齿状效果，在对图像进行扭曲或缩放时或在某个选区上执行多次操作时，这种效果会变得非常明显。

❑ **两次线性**　一种通过平均周围像素颜色值来添加像素的方法。该方法可生成中等品质的图像。

2. 设置画布大小

对于平面设计工作，无论是原来的手工创作，还是现代的电脑数字创作，都离不开画布这个平台。在手工创作时，创作者将画布平铺在画板上；而电脑数字创作，设置了一个虚拟的背景层来作为画布，但二者的工作方式是一样的。

执行【图像】|【画布大小】命令，在弹出的【画布大小】对话框中设置相应选项，单击【确定】按钮即可。

该对话框中，无论是扩大缩小画布尺寸，不仅可以绝对或相对进行尺寸设置，还可以自定义画布中心位置。用户只要单击【定位】选项中的箭头按钮，即可得到不同的效果。

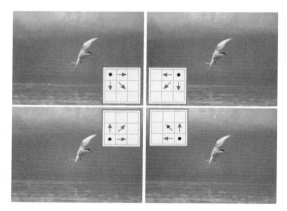

3．复制图像

执行【图像】|【复制】命令，在弹出的【复制图像】对话框中输入图像名称，单击【确定】按钮。

> **技巧**
>
> 用户也可以选择图像某个区域，使用组合键 Ctrl+C 复制图像区域，然后使用组合键 Ctrl+V 粘贴图像。或者，使用组合键 Ctrl+X 剪切图像区域，然后使用组合键 Ctrl+V 粘贴图像。

2.3　选取区域与绘制

图像处理过程中，需要对许多图形进行局部编辑或修改，这时图像的选取操作就显得尤为重要。选取范围的优劣性、准确与否，都与图像编辑的成败有着密切的关系。因此，在最短时间内进行有效的、精确的范围选取，能够提高工作效率和图像质量，为以后的图像处理工作奠定基础。

2.3.1　使用选框工具

Photoshop 中的选框工具包括【矩形选框工具】、【椭圆选框工具】、【单行选框工具】与【单列选框工具】。这 4 种工具的使用方法很简单，只需在画面中单击并拖动鼠标拉出一个矩形或椭圆选框，松开鼠标即可创建选区。

1. 矩形/椭圆选框工具

【矩形选框工具】 是 Photoshop 中最常用的选取工具。选择工具箱中的【矩形选框工具】 ，在画布上面单击并拖动鼠标，绘制出一个矩形区域，释放鼠标后会看到区域四周有流动的虚线。

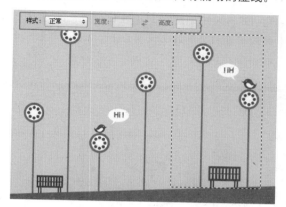

工具选项栏中包括三种样式：正常、固定比例和固定大小。在【正常】样式下，可以创建任何尺寸的矩形选区，该样式也是【矩形选框工具】的默认样式。

选择【矩形选框工具】 后，在工具选项栏中设置【样式】为【固定比例】，其默认参数值【高宽】与【宽度】为 1:1，这时创建的选区不限制尺寸，但是其宽度与高度相等，为一个正方形。

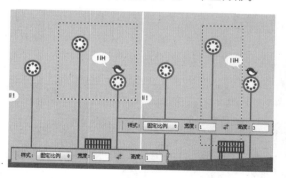

如果设置【样式】为【固定大小】，在【宽度】和【高度】文本框中输入所要创建选区的尺寸，在画布中单击即可创建固定尺寸的矩形选区，这使得选取网页图像中指定大小的区域非常方便。

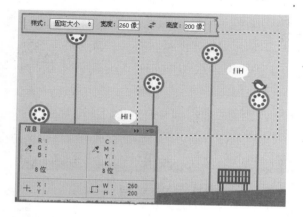

2. 椭圆选框工具

如果想要获取网页图像中圆形的区域，可以使用【椭圆选框工具】 。其创建选区的方法与【矩形选框工具】 相同，不同的是在工具选项栏中还可以设置椭圆选区的【消除锯齿】选项，该选项用于消除曲线边缘的马赛克效果。

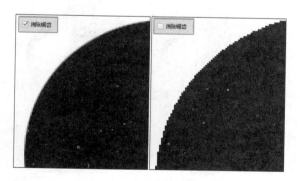

3．单行/单列选框工具

工具箱中的【单行选框工具】 和【单列选框工具】 ，可以选择一行像素或一列像素。如果为这两个选区填充颜色，则可以在网页图像中制作一 px 的细线。

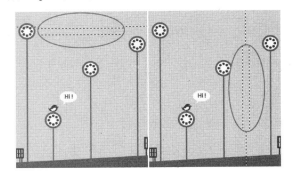

2.3.2　使用套索工具

Photoshop 中的套索工具组包括【套索工具】 、【多边形套索工具】 和【磁性套索工具】 。

1．套锁工具

【套索工具】 也可以称为曲线套索，使用该工具可以在网页图像中创建不规则的选区。

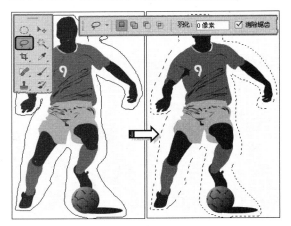

> **提示**
>
> 使用【套索工具】创建曲线区域时，如果鼠标指针没有与起点重合，释放鼠标后，会自动与起点之间生成一条直线，封闭未完成的选择区域。

2．多边形套锁工具

【多边形套锁工具】 是通过鼠标的连续单击

创建多边形选区的，例如五角星等区域。该工具选项栏与【套索工具】完全相似。在画布中的不同位置单击形成多边形，当指针带有小圆圈形状时单击，可以生成多边形选区。

> **提示**
>
> 选取中按下 Shift 键可以保持水平、垂直或者 45°角地绘制选区。如在同一选区中创建曲线与直线，那么在使用【套索工具】与【多边形工具】时，按下 Alt 键可以在两者之间快速切换。

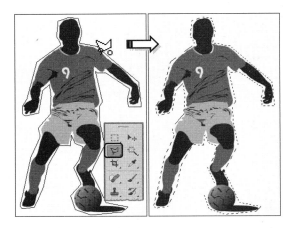

3．磁性套锁工具

在背景与主题色调对比强烈，并且主题边缘复杂的情况下，使用【磁性套索工具】 可以方便、准确、快速地选取主体图像。只要在主体边缘单击即可沿其边缘自动添加节点。

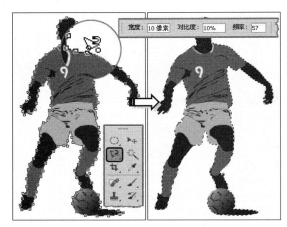

选择【磁性套索工具】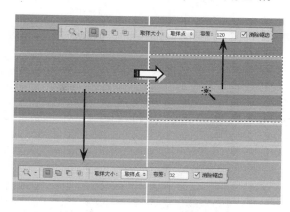后，工具选项栏中将显示其选项，选项名称及功能如下所述。

够选中整幅图像中符合该像素要求的所有区域。

- ❏ **宽度**：用于设置该工具在选取时，指定检测的边缘宽度，其取值范围是 1～40 像素，值越小检测越精确。

- ❏ **边对比度**：用于设置该工具对颜色反差的敏感程度，其取值范围是 1%～100%，数值越高，敏感度越低。

- ❏ **频率**：用于设置该工具在选取时的节点数，其取值范围是 0～100，数值越高选取的节点越多，得到的选区范围也越精确。

- ❏ **钢笔压力**：用于设置绘图板的钢笔压力。该选项只有安装了绘图板及驱动程序时才有效。

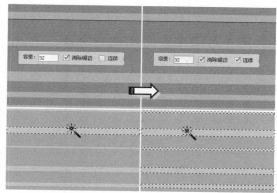

2.3.3　使用魔棒工具

【魔棒工具】与选框工具、套索工具不同，它是根据在图像中单击处的颜色范围来创建选区的，也就是说某一颜色区域为何形状，就会创建该形状的选区。选择【魔棒工具】后，会在工具选项栏中出现一些与其他工具不同的选项，其中一些注意选项的设置和使用方法如下所述。

1．取样大小

该选项包括【取样点】、【3×3 平均】、【5×5 平均】、【11×11 平均】、【31×31 平均】、【51×51 平均】和【101×101 平均】选项。这些选项限制了读取所单击区域内指定数量像素的平均值。

2．容差

设置选取颜色范围的误差值，取值范围在 0～255 之间，默认的容差数值为 32。输入的数值越大，则选取的颜色范围越广，创建的选区就越大；反之选区范围越小。

3．连续

默认情况下为启用该选项，表示只能选中与单击处相连区域中的相同像素；如果禁用该选项则能

4．对所有图层取样

当图像中包含多个图层时，启用该选项后，可以选中所有图层中符合像素要求的区域；禁用该选项后，则只对当前作用图层有效。

2.3.4　【色彩范围】命令

创建选区除了使用选取工具外，还可以使用命令来创建。Photoshop 在【选择】菜单中设置了【色彩范围】命令用来创建选区，该命令与【魔棒工具】类似，都是根据颜色范围创建选区。

1．选取颜色

执行【选择】|【色彩范围】命令，在弹出的【色彩范围】对话框中，使用【取样颜色】选项可以选取图像中的任何颜色。在默认情况下，使用【吸管工具】在图像窗口中单击选取一种颜色范围。

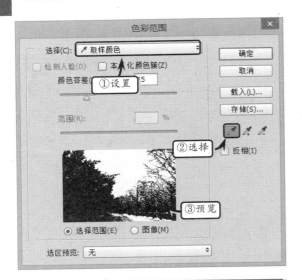

2．颜色容差

【色彩范围】对话框中的【颜色容差】与【魔棒工具】中的【容差】相同，均是选取颜色范围的误差值，数值越小，选取的颜色范围越小。

4．反相

当图像中的颜色复杂时，想要选择一种颜色或者其他 N 种颜色像素，就可以使用【色彩范围】命令。在该对话框中选中较少的颜色像素后，启用【反相】选项，单击【确定】按钮后得到反方向选区。

3．添加与减去颜色数量

【颜色容差】选项更改的是某一颜色像素的范围，而对话框中的【添加到取样】与【从取样中减去】是增加或者减少不同的颜色像素。

2.3.5 选区基本操作

在实际的操作过程中,会遇到许多选区的基本操作,掌握这些操作不但可以增加图像的更多细节,还可以快速提高工作效率。

1. 全选与反选

不同形状的选区可以使用不同选取工具来创建,要是以整个图像或者画布区域建立选区,那么可以执行【选择】|【全选】命令。

当已经在图像中创建选区后,想要选择该选区以外的像素时,可以执行【选择】|【反向】命令,即可反向选择图像。

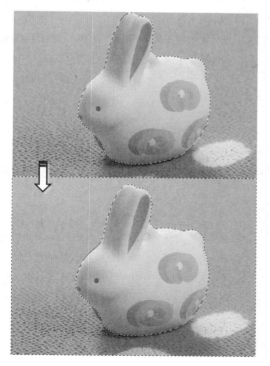

2. 移动选区

当创建选区后,可以随意移动选区以调整选区位置,移动选区不会影响图像本身效果。使用鼠标移动选区是最常用的方法,确保当前选择了选取工具,将鼠标指向选区内,按下鼠标左键拖动即可。

在创建选区的同时也可以移动选区,方法是按下空格键并且拖动鼠标即可。

> **技巧**
>
> 想要精确地移动选区,可以通过键盘上的 4 个方向键。如果移动 10px 的距离需要结合 Shift 键。

3. 保存选区

在完成创建选区后,如果需要多次使用该选区,可以将其保存起来,以便在需要时载入重新使用,提高工作效率。

使用选区工具或者命令创建区后,执行【选

择】|【存储选区】命令，在弹出的【存储选区】对话框中设置相应的选项，单击【确定】按钮即可。

其中，在【存储选区】对话框中，主要包括下列一些选项。

- ❏ **文档** 设置选区文件保存的位置，默认为当前图像文件。
- ❏ **通道** 在 Photoshop 中保存选区实际上是在图像中创建 Alpha 通道。如果图像中没有其他通道，将新建一个通道；如果存在其他通道，那么可以将选区保存或者替换该通道。
- ❏ **名称** 当【通道】选项为新建时，该选项被激活，为新建通道创建名称。
- ❏ **新建通道** 当【通道】选项为新建时，操作为该选项。
- ❏ **添加到通道** 当【通道】选项为已存在的通道时，选中该选项是将选区添加到所选通道的选区中，保存为所选通道的命令。
- ❏ **从通道中减去** 当【通道】选项为已存在的通道时，选中该选项是将选区从所选通道的选区中减去后，保存为所选通道的命令。
- ❏ **与通道交叉** 当【通道】选项为已存在的通道时，选中该选项是将选区与所选通道的选区相交部分，保存为所选通道的名称。

4．载入选区

将选区保存在通道后，可以将选区删除进行其他操作。当想要再次借助该选区进行其他操作时，执行【选择】|【载入选区】命令，在弹出的【载入选区】对话框中，设置各项选项，单击【确定】按钮即可。

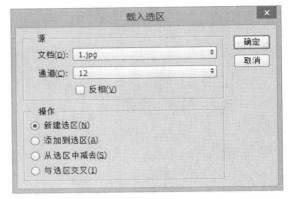

其中，在【载入选区】对话框中，主要包括下列一些选项。

- ❏ **文档** 选择已保存过选区的图像文件名称。
- ❏ **通道** 选择已保存为通道的选区名称。
- ❏ **反相** 启用该选项，载入选区将反选选区外的图像。相当于载入选区后执行【选择】|【反向】命令。
- ❏ **新建选区** 在图像窗口中没有其他选区时，只有该选项可以启用，即为图像载入所选选区。
- ❏ **添加到选区** 当图像窗口中存在选区时，选中该选项是将载入的选区添加到图像原有的选区中，生成新的选区。
- ❏ **从选区中减去** 当图像窗口中存在选区时，选中该选项是将载入的选区与图像原有选区相交副本删除，生成新的选区。
- ❏ **与选区交叉** 当图像窗口中存在选区时，选中该选项是将载入的选区与图像原有选区相交副本以外的区域删除，生成新的选区。

2.4 练习：设计网站 Logo

对于网站来讲，Logo 即是标志、徽标。而对于一个追求精美的网站来讲，Logo 则是它的灵魂所在。一个好的 Logo 不仅可以让人对它所代表的网站类型和内容一目了然，而且还可以增加网站的标志性和美观度。在本练习中，将通过制作一个商业网站的 Logo，来详细介绍网站 Logo 的制作方法和实用技巧。

练习要点

- 新建文档
- 新建图层
- 添加矢量蒙版
- 添加图层样式
- 使用文字工具
- 使用钢笔工具
- 使用渐变工具
- 使用选择工具
- 设置文本格式

操作步骤 ▶▶▶▶

STEP|01 执行【文件】|【新建】命令，在弹出的【新建】对话框中设置文档参数，并单击【确定】按钮。

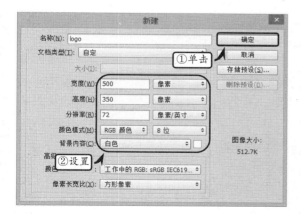

STEP|02 在【图层】面板中，单击底部的【新建图层】按钮，创建名为"图层 1"的图层。

STEP|03 单击【工具箱】面板中的【渐变工具】按钮，同时单击【工具选项】栏中的【渐变色块】区域。

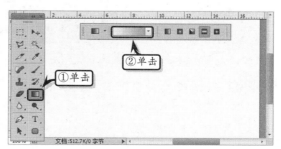

STEP|04 在【渐变编辑器】对话框中，单击渐变条下方边缘，添加色标，并将其【位置】分布设置为 32、51 和 73。

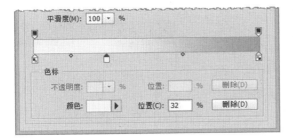

STEP|05 双击左侧第 1 个色块，在弹出的【拾色器（色标颜色）】对话框中，将颜色设置为#2f9ae6，单击【确定】按钮即可。使用同样的方法，分别将剩余色块依次设置为#3fb0ff、#177ac0、#6fb9ff 和 #ffffff。

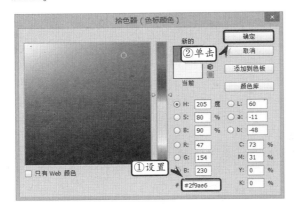

STEP|06 最后，将【名称】设置为 logo，单击【新建】按钮，保存渐变设置。

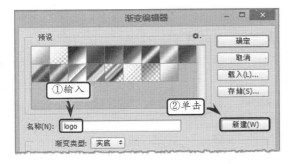

STEP|07 单击【工具选项】栏中的【对称渐变】按钮，在"图层 1"图层中，从左上角向右下角拖动鼠标，绘制出一条斜线。

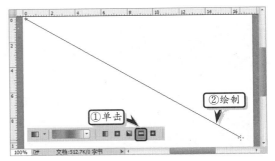

STEP|08 松开鼠标后，将显示渐变背景图像。单击【图层】面板中的【添加图层蒙版】按钮，为图层 1 添加图层蒙版。

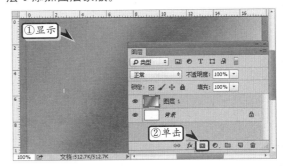

STEP|09 然后，执行【图层】|【矢量蒙板】|【隐藏全部】命令，隐藏蒙版。此时，图层 1 中将会显示空白页面。

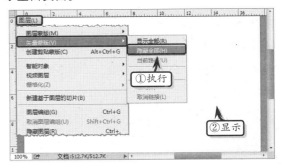

STEP|10 在【工具箱】面板中单击【钢笔工具】按钮，在"图层 1"图层中，绘制一个"三角形"图像。

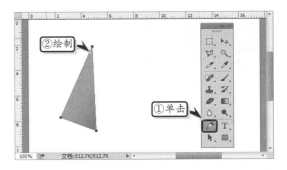

STEP|11 在【工具箱】面板中单击【直接选择工具】按钮，选择"三角形"图像，进行调整。

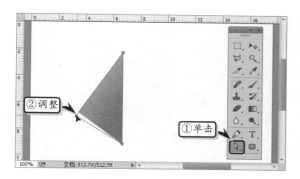

STEP|12 然后，单击【工具箱】中的【渐变工具】按钮，在图像上从左上角向右下角拖动鼠标，绘制渐变斜线。

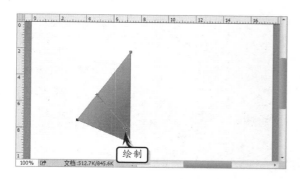

STEP|13 复制"图层 1"图层，在新复制的"图层 1 拷贝"图层中，调整三角形图像的位置。

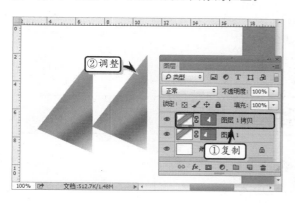

STEP|14 执行【编辑】|【变换】|【水平翻转】命令，翻转三角形并调整其位置。

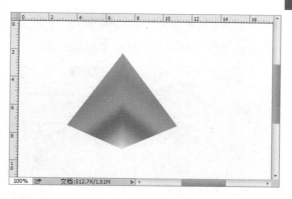

STEP|15 在【工具箱】面板中单击【渐变工具】按钮，从右下方向左上方倾斜拖动鼠标，设置渐变颜色。

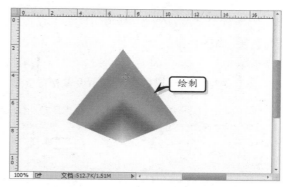

STEP|16 选择"图层 1"图层，单击【图层】面板中的【添加图层样式】按钮，在弹出的菜单中选择【斜面和浮雕】选项。

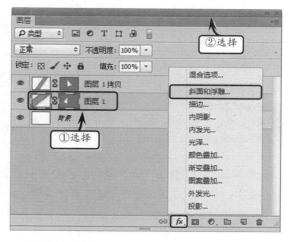

STEP|17 在弹出的【图层样式】对话框中，设置

斜面和浮雕图层样式的各项参数，将【阴影模式】的颜色设置为#2a9bdc，并单击【确定】按钮。

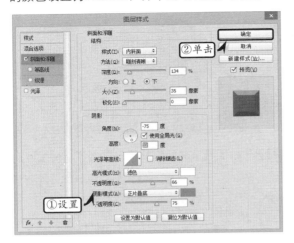

STEP|18 选择"图层 1 拷贝"图层，单击【图层】面板中的【添加图层样式】按钮，选择【斜面和浮雕】选项，在弹出的对话框中设置相应参数即可。

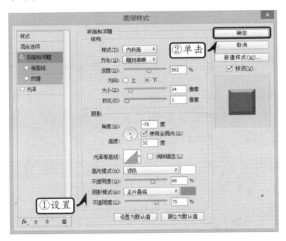

STEP|19 在【工具箱】面板中，单击【横排文字工具】按钮，输入文本并设置文本的字体格式。

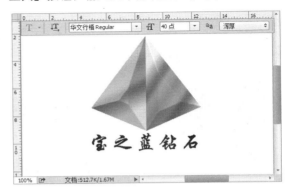

STEP|20 单击【图层】面板中的【添加图层样式】按钮，选择【渐变叠加】选项，在弹出的对话框中单击【渐变】下拉按钮，在其下拉列表中选择一种渐变色，单击【确定】按钮即可。

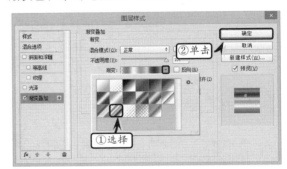

2.5 练习：制作个人博客网页界面

　　博客是个人媒体、个人网络导航和个人搜索引擎，它是以个人为角度，以整个互联网为视野，精选和记录自己所看到的精彩内容，并为他人提供帮助，使其具有更高的共享价值。在本练习中，将通过制作一个个人博客网页界面，来详细介绍图层、选择工具、渐变工具等基本操作工具的使用方法和操作技巧。

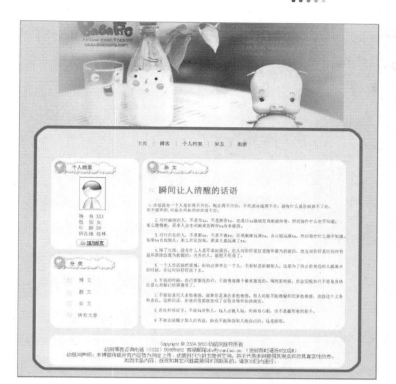

练习要点

- 新建文档
- 新建图层
- 使用矩形选框工具
- 使用渐变工具
- 使用移动工具
- 添加矢量蒙版
- 输入文本
- 设置文本格式
- 设置描边样式

操作步骤 ▶▶▶▶

STEP|01 执行【文件】|【新建】命令，在弹出的【新建】对话框中，设置文档参数，并单击【确定】按钮。

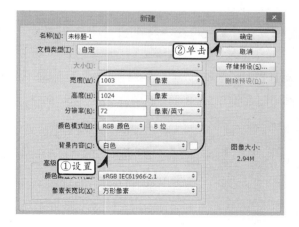

STEP|02 在【图层】面板中，单击底部的【新建图层】面板，创建名为"图层 1"的图层。

STEP|03 单击【工具箱】面板中的【矩形选择工具】按钮，绘制一个与画面大小相同的矩形。同时，右击画面执行【填充】命令。

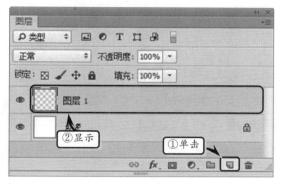

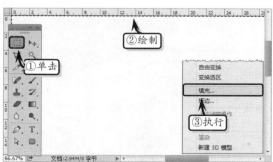

STEP|04 然后，在弹出的【填充】对话框中，将【内容】设置为"颜色"。在弹出的【拾色器（填充

颜色）】对话框中，将填充色设置为#cee6b4。

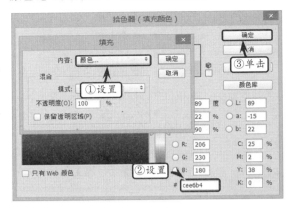

STEP|05 打开图像素材"top.jpg"文件，并将其拖到当前文档中。选择"图层 2"图层，单击【图层】面板底部的【添加矢量蒙版】按钮。

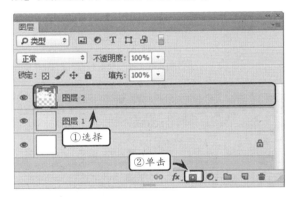

STEP|06 单击【工具箱】面板中的【渐变工具】按钮，同时单击【工具选项栏】中的【渐变色块】区域。

STEP|07 在弹出的【渐变编辑器】对话框中，设置黑白黑 3 个色标，并单击【确定】按钮。

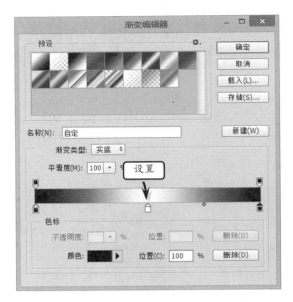

STEP|08 然后，在【工具选项栏】中单击【线性渐变】按钮，并在图像上从左到右拖动鼠标，添加渐变色。

STEP|09 新建图层 3，单击【工具箱】面板中的【矩形选框工具】按钮，在图层中绘制一个矩形。

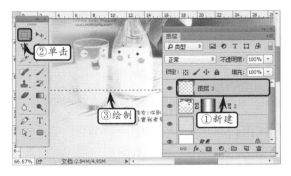

STEP|10 然后，执行【选择】|【修改】|【平滑】命令，在弹出的【平滑选区】对话框中，将【取样

半径】设置为"25 像素"。

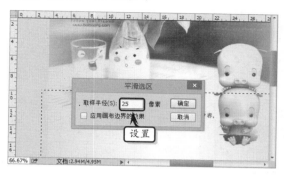

STEP|11 右击区域执行【填充】命令，在弹出的【填充】对话框中，将【内容】设置为"颜色"。然后，在弹出的【拾色器（填充颜色）】对话框中，将填充色设置为#eeeeee。

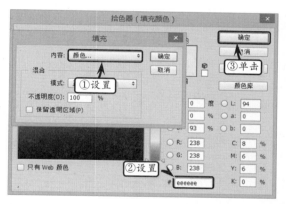

STEP|12 选择"图层 3"图层，按下 Ctrl+T 组合键，将矩形大小调整为"905×690 像素"，并按下 Enter 键完成转换。

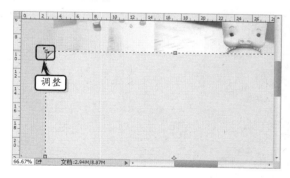

STEP|13 单击【图层】面板底部的【添加图层样式】按钮，选择【描边】选项，在弹出的【图层样式】对话框中，设置描边样式即可。

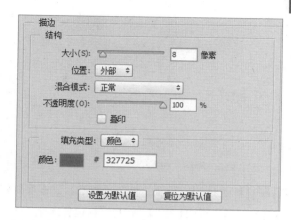

STEP|14 单击【横排文字工具】按钮，输入"主页"文本，并在【字符】面板中，设置文本的字体格式。使用同样方法，输入其他文本，并设置其字体格式。

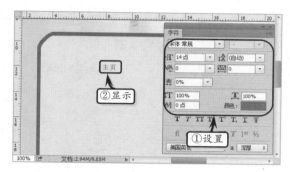

STEP|15 分别新建"图层 4"～"图层 7"图层，绘制一个【取样半径】为"15"像素，其大小分别为"246×264 像素"、"246×264 像素"、"271×488 像素"、"829×90 像素"、的矩形，并填充为"白色"。

STEP|16 选择"图层 4"图层，将相应的图片素材拖入到"图层 4"图层中，并排列其具体位置。

STEP|17 选择头像图像，单击【图层】面板底部的【添加图层样式】按钮，选择【描边】选项，在弹出的对话框中设置描边参数。

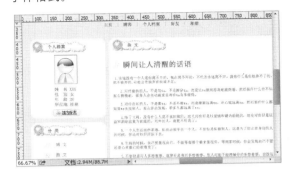

STEP|18 使用同样方法，分别为其他图层添加图片。同时，在相应图层中输入文本，并设置文本的字体格式。

2.6 新手训练营

练习1：制作软件下载站导航页界面

downloads\2\新手训练营\软件下载站导航页界面

提示：本练习中，首先运用【渐变工具】设置背景图层的渐变填充颜色，新建图层并使用【矩形选框工具】绘制选区，同时使用【渐变工具】填充选区。然后，新建图层，使用【矩形选框工具】绘制选区并设置其图层样式和填充颜色；同时，使用【横排文字工具】输入 logo 文本，并设置文本图层样式。最后，新建图层，添加图层素材，使用【矩形选框工具】绘制选区并设置选区图层样式；同时输入相应的文本并设置文本格式。

练习2：制作导航图标

downloads\2\新手训练营\制作导航图标

提示：本练习中，首先新建图层，运用【矩形选框工具】选区区域，并通过【图层样式】功能为选区添加样式，设置选区效果，以制作导航图标的基础图形。然后，通过为图形添加图片，并盖印图层的方法，来制作导航图标的显示内容。

练习 3：制作独立按钮

downloads\2\新手训练营\制作独立按钮

提示：本练习中，首先新建文档，并填充背景图层的颜色。新建图层，使用【圆角矩形工具】绘制形状，并将形状填充为白色。然后，新建图层，同样使用【圆角矩形工具】绘制一个比上个图层形状小的圆角矩形形状，并为其添加【描边】、【内发光】和【渐变叠加】图层样式。最后，新建 2 个图层，分别绘制相应的形状，并设置形状的填充颜色。同时，输入横排文本并设置文本的字体格式。

练习 4：制作雨中的江南园林

downloads\2\新手训练营\雨中的江南园林

提示：本练习中，首先打开素材图片，复制"背景"图层，设置"背景 副本"图层的曲线效果；同时，将前景色设置为黑色，使用【画笔工具】涂抹"背景 副本"图层；并使用【通道】面板调整图层效果。然后，添加"乌云"素材，设置其【混合模式】选项并调整图层位置。最后，复制图层，并使用滤镜功能设置"下雨"效果。

练习 5：制作水中倒影效果

downloads\2\新手训练营\水中倒影

提示：本练习中，首先打开素材图像，使用【矩形选框形状】绘制选区。复制图层，隐藏背景图层，同时复制当前图层并垂直翻转新图层。然后，移动图层位置，调整图层副本的大小，并调整期亮度/对比度。最后，使用"模糊"滤镜设置图像的模糊程度，实现虚幻的倒影效果。

练习 6：制作神秘的古堡效果

downloads\2\新手训练营\神秘的古堡

提示：本练习中，首先打开素材图像，创建新的填充或调整图层，并设置【通道混合器】参数。使用【钢笔工具】创建天空之外的路径，转换选区，复制图层并隐藏"背景"填充。然后，添加"乌云密布"素材图像，调整其大小和图层位置，使用【魔棒工具】和【扩展】命令设置图像效果。最后，使用【椭圆选框工具】绘制圆形，并使用"渲染"滤镜和图层样式制作圆月效果。同时，使用【钢笔工具】和"渲染"滤镜功能制作门窗亮光。

练习 7：制作缥缈晨雾效果

downloads\2\新手训练营\渐缥缈晨雾

提示：本练习中，首先打开素材图像，新建空白图层，按 D 键还原默认的前景色和背景色，并运用"渲染"滤镜渲染图像。然后，执行【编辑】|【渐隐云彩】命令，并调整【不透明度】为 70%，设置图像效果。最后，运用"模糊"滤镜效果增加图像的模糊效果，同时将"图层 1"的图层混合模式调整为"滤色"。

练习 8：制作梦幻瀑布效果

downloads\2\新手训练营\梦幻瀑布

提示：本练习中，首先打开素材图像，调整图像的阴影和高光效果，复制图层并使用"模糊"滤镜功能增加图像的模糊效果。然后，设置副本图层的混合模式，使用"渲染"滤镜渲染图像效果，使用【从选区生成工作路径】和【钢笔工具】制作图像路径。最后，将路径转换为选区，并进行羽化选区，以及新建白色填充图层和设置图层不透明度等操作。

第3章

网页图像处理

　　Photoshop 以编辑和处理图像著称，它也具有矢量图形软件的某些功能，可以使用路径功能对图像进行编辑和处理。图像的所有编辑几乎都依赖于图层，通过图层可以方便地修改图像，简化图像操作，使图像编辑更具有弹性。此外，Photoshop 还为用户提供了强大的文字功能和 10 多种专门用于修饰和修复问题照片的工具，它们不仅可以为图像添加复杂多彩的文字效果，还可对一些破损或有污点的图像进行精确而全面的修复。本章将通过 Photoshop 软件的图层和文本的应用，以及绘制与修复图像等知识点，来详细介绍网页图像处理的实用方法和操作技巧。

3.1 应用图层

Photoshop 中的图层就像一张张堆叠在一起的透明纸，每张透明纸就是一个图层，这多张透明纸将图像分出层次，上面的在前面，下面的在后面。并且透过图层的透明区域，可以观察到下面的内容。

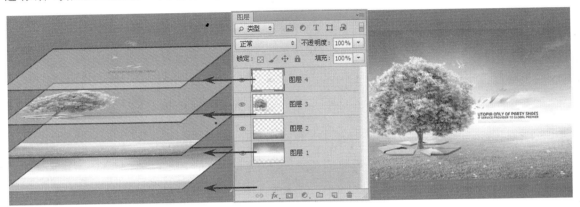

3.1.1 图层的基本操作

在 Photoshop 中，编辑操作都是基于图层进行的，例如创建新图层、复制图层、删除图层等。只有了解图层的基本操作后，才可以更加自如地编辑图像。

1. 创建与设置图层颜色

在不同的图层中绘制图像，可以方便地更改某个图层，而不影响其他图层中的图像。单击【图层】面板底部的【创建新建图层】按钮 ，即可创建空白的普通图层。

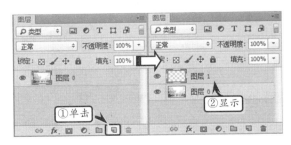

当图层过多时，还可以通过设置图层的显示颜色来区分图像。对于现有的图层，右击图层，在弹出的菜单中选择相应的颜色即可。

2. 调整图层顺序

在编辑多个图层时，图层的顺序排列也很重要。上面图层的不透明区域可以覆盖下面图层的图像内容。如果要显示覆盖的内容，便需要对该图层顺序进行调整。

选择要调整顺序的图层，执行【图层】|【排列】|【前移一层】命令，即可将该图层上移一层。用同样的方法，执行【后移一层】命令，即可将该图层下移一层。

另外，选择需要调整顺序的图层，拖动该图层到目标图层上方，释放鼠标即可调整该图层顺序。

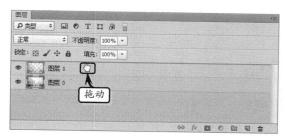

3．复制图层

复制图层不仅可以用来加强图像效果，而且也可以保护源图像，复制图层的方法有以下几种。

- ❏ **命令法**　选择要复制的图层，执行【图层】|【复制图层】命令，在弹出的【复制图层】对话框中输入图层名称即可。
- ❏ **拖动法**　选择要复制的图层，将该图层拖动到【创建新图层】按钮 ⬜ 上即可复制图层。
- ❏ **快捷键法**　按快捷键 Ctrl＋J，执行【通过拷贝的图层】命令即可。
- ❏ **键盘法**　选择【移动工具】▶+，同时按下 Shift 键拖动图像，即可复制图像所在的图层。

4．锁定图层

锁定图层可以保护图层的属性不被破坏，Photoshop 共提供了以下 4 种锁定方式。

- ❏ **锁定全部** 🔒　可以将图层的所有属性锁定，除了可以对图像进行复制并放入图层组以外的一切编辑均不能应用到锁定的图像当中。
- ❏ **锁定透明像素** ▨　启用该按钮后，图层中的透明区域将不被编辑。
- ❏ **锁定图像像素** ✏　启用【锁定图像像素】按钮 ✏，无法对图层中的像素进行修改，包括使用绘图工具进行绘制，以及使用色调调整命令等。
- ❏ **锁定位置** ✛　单击【锁定位置】按钮，图层中的内容将无法移动。

5．链接图层

链接图层可以同时对多个图层进行变换操作，例如移动、旋转、缩放等操作。按 Ctrl 键选择多个图层，然后单击【图层】面板下方的【链接图层】按钮 ∞ 即可。

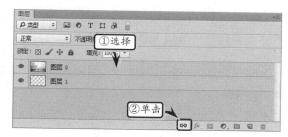

6．合并图层

越是复杂的图像，其图层数量越多。这样不仅导致图形文件大，还给存储和携带带来很大的麻烦。这时，可以通过不同方式进行图层合并。

若想合并相邻的两个图层或组，可以执行【图层】|【向下合并】命令，将它们合并为一个图层。

另外，当【图层】面板中存在隐藏图层时，执行【图层】|【合并可见图层】命令，便可以将所有可见图层进行合并。

7．盖印图层

盖印图层可以合并可见图层到一个新的图层，但同时使原始图层保持完好。

选中所需要盖印的图层或者链接的图层，按快捷键 Ctrl+Alt+E，即可盖印多个图层或链接图层。

另外，显示隐藏的图层，保持所有图层的可见性，按快捷键 Ctrl+Alt+Shift+E，即可盖印所有可见图层。

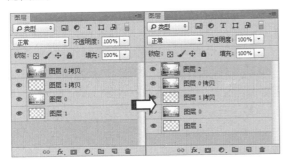

3.1.2 图层分组

使用图层组可以方便地对大量的图层进行统一的编辑与管理，可以像文件夹一样将所有的图层装载进去，即将多个图层归为一个组。

1. 创建图层组

单击【图层】面板底部的【创建新组】按钮 ▢，即可创建一个图层组。然后，当用户再创建图层时，所创建的图层便会显示在图层组中。

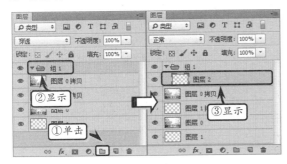

选择多个图层，执行【图层】|【图层编组】命令，即可将选中的图层放置在新建图层组中。

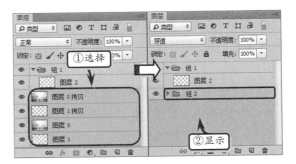

> **技巧**
>
> 选中多个图层，按住 Shfit 键单击【图层】底部的【创建新组】按钮 ▢，同样能够从图层中创建新组。另外，选择图层组，按快捷键 Ctrl+Shfit+G 可以取消图层组。

在 Photoshop 中，可以将当前的图层组嵌套在其他图层组内，这种嵌套结构最多可以分为 10 级。用户只需在图层组中选中图层，单击【创建新组】按钮，即可创建嵌套图层组。

2. 编辑图层组

图层组不但可以将多个图层放在一个容器内进行编辑，而且也可以像图层一样进行编辑，例如调整不透明度和混合模式等操作。

无论图层组中包括多少图层，只要设置该图层组的【不透明度】选项，就可以同时控制该图层组中所有图层的不透明度显示。

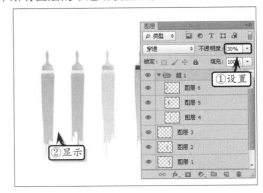

图层组的建立不仅能够对多个图层进行同时操作，还能够节约【图层】面板空间。只要单击图层组前的小三角图标 ▼，即可折叠图层组。

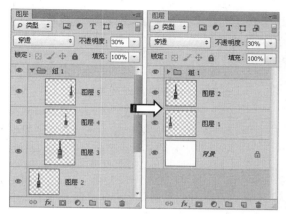

要删除图层组，可以把要删除的图层组拖动至【删除图层】按钮 🗑 上，可删除该图层组及图层组中的所有图层；如果要保留图层，仅删除图层组，可在选择图层组后，单击【删除图层】按钮 🗑，在弹出的对话框中单击【仅组】按钮即可。

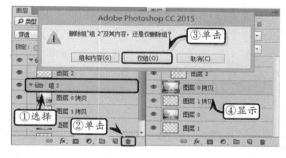

3.1.3　图层的混合模式

在 Photoshop 中的各个角落，都可以看到【混合模式】选项的身影。混合模式其实是像素之间的混合，像素值发生改变，从而呈现不同颜色的外观。

1. 组合模式

组合模式主要包括【正常】和【溶解】选项，【正常】模式和【溶解】模式的效果都不依赖于其他图层；【溶解】模式出现的噪点效果是它本身形成的，与其他图层无关。

【正常】混合模式的实质是用混合色的像素完全替换基色的像素，使其直接成为结果色。在实际应用中，通常是用一个图层的一部分去遮盖其下面的图层。【正常】模式也是每个图层的默认模式。

| 基色 | 混合色 | 结果色 |

【溶解】混合模式的作用原理是同底层的原始颜色交替以创建一种类似扩散抖动的效果，这种效果是随机生成的。混合的效果与图层【不透明度】选项有很大关系，通常在【溶解】模式中采用颜色或图像样本的【不透明度】参数值越低，颜色或图像样本同原始图像像素抖动的频率就越高。

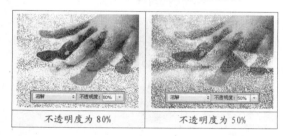

| 不透明度为 80% | 不透明度为 50% |

2. 加深模式

加深模式组的效果是使图像变暗，两张图像叠加，选择图像中最黑的颜色在结果色中显示。在该模式中，主要包括【变暗】模式、【正片叠底】模式、【颜色加深】模式、【线性加深】模式和【深色】模式。

- ❑ 【变暗】混合模式　该模式通过比较上下层像素后，取相对较暗的像素作为输出。每个不同颜色通道的像素都会独立地进行比较，色彩值相对较小的作为输出结果，下层表示叠放次序位于下面的那个图层，上层表示叠放次序位于上面的那个图层。

- ❑ 【正片叠底】混合模式　该模式的原理是，查看每个通道中的颜色信息，并将基色与混合色复合，结果色总是较暗的颜色。任何颜色与白色混合保持不变，当用黑色或白色以外的颜色绘画时，绘画工具绘制的连续描边产生逐渐变暗的颜色。

❑ **【颜色加深】混合模式** 通过查看每个通道中的颜色信息，并通过增加对比度使基色变暗以反映混合色，为【颜色加深】混合模式。与白色混合后不产生变化，【颜色加深】模式对当前图层中的颜色减少亮度值，这样就可以产生更明显的颜色变换。

❑ **【线性加深】混合模式** 能够查看颜色通道信息，并通过减小亮度使基色变暗以反映混合色，与白色混合时不产生变化。

❑ **【深色】混合模式** 该模式的原理是，查看红、绿、蓝通道中的颜色信息，比较混合色和基色的所有通道值的总和，并显示色值较小的颜色。【深色】模式不会生成第三种颜色，因为它将从基色和混合色中选择最小的通道值来创建结果颜色。

3．减淡模式

减淡模式与加深模式是相对应的。使用减淡模式时，黑色完全消失，任何比黑色亮的区域都可能加亮下面的图像。该类型的模式主要包括【变亮】模式、【滤色】模式、【颜色减淡】模式、【线性减淡】模式和【浅色】模式。

❑ **【变亮】混合模式** 该模式是通过查看每个通道中的颜色信息，并选择基色或混合色中较亮的颜色作为结果色。比混合色暗的像素被替换，比混合色亮的像素保持不变。

> **注意**
>
> 【变亮】模式对应着【变暗】模式。在【变暗】模式下，较亮的颜色区域在最终的结果色中占主要地位。

❑ **【滤色】混合模式** 该模式的原理是，查看每个通道的颜色信息，并将混合色与基色复合，结果色总是较亮的颜色。用黑色过滤时颜色保持不变；用白色过滤将产生白色。就像是两台投影机打在同一个屏幕上，这样两个图像在屏幕上重叠起来得到一个更亮的图像。

❑ **【颜色减淡】混合模式** 该模式是通过查看每个通道中的颜色信息，并通过增加对比度使基色变亮以反映混合色，与黑色混合则不发生变化。

❑ **【线性减淡】混合模式** 该模式的工作原理是，查看每个通道的颜色信息，并通过增加亮度使基色变亮以反映混合色。同时，与黑色混合不发生变化。

❑ **【浅色】混合模式** 该模式分别检测红、绿、蓝通道中的颜色信息，比较混合色和基色的所有通道值的总和并显示值较大的颜色。"浅色"不会生成第三种颜色，因为它将从基色和混合色中选择最大的通道值来创建结果颜色。

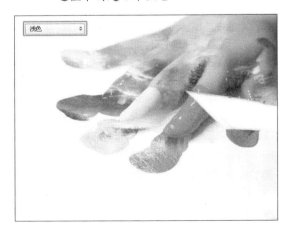

4．对比模式组

对比模式组综合了加深和减淡模式的特点，在进行混合时，50%的灰色会完全消失，任何高于 50%灰色的区域都可能加亮下面的图像；而低于 50%灰色的区域都可能使底层图像变暗，从而增加图像的对比度。该类型模式主要包括【叠加】模式、【柔光】模式、【强光】模式、【亮光】模式、【线性光】模式、【点光】模式和【实色混合】模式。

- ❑ **【叠加】混合模式** 该模式是对颜色进行正片叠底或过滤，具体取决于基色。图案或颜色在现有像素上叠加，同时保留基色的明暗对比。不替换基色，但基色与混合色互相混合以反映颜色的亮度或暗度。

- ❑ **【柔光】混合模式** 该模式会产生一种柔光照射的效果，此效果与发散的聚光灯照在图像上相似。如果混合色颜色比基色颜色的像素更亮一些，那么结果色将更亮；如果混合色颜色比基色颜色的像素更暗一些，那么结果色颜色将更暗，使图像的亮度反差增大。

- ❑ **【强光】混合模式** 该模式的作用原理是，复合或过滤颜色，具体取决混合色。此效果与耀眼的聚光灯照在图像上相似。

- ❑ **【亮光】混合模式** 该模式通过增加或减小对比度来加深或减淡颜色，具体取决于混合色。如果混合色（光源）比50%灰色亮，则通过减小对比度使图像变亮；如果混合色比50%灰色暗，则通过增加对比度使图像变暗。

- ❑ **【线性光】混合模式** 该模式是通过减小或增加亮度来加深或减淡颜色，具体取决于混合色。如果混合色（光源）比50%灰色亮，则通过增加亮度使图像变亮。如果混合色比50%灰色暗，则通过减小亮度使图像变暗。

- ❑ **【点光】混合模式** 该模式的原理是，根据混合色替换颜色，具体取决于混合色。如果混合色（光源）比50%灰色亮，则替换比混合色暗的像素，而不改变比混合色

亮的像素。如果混合色比50%灰色暗，则替换比混合色亮的像素，而比混合色暗的像素保持不变。

- ❑ **【实色混合】混合模式** 该模式是将混合颜色的红色、绿色和蓝色通道值添加到基色的 RGB 值。如果通道的结果总和大于或等于255，则值为255；如果小于255，则值为0。

> **技巧**
>
> 【实色混合】模式的实质，是将图像的颜色通道由灰色图像转换为黑白位图。

5. 比较模式组

比较模式组主要是【差值】模式和【排除】模式。这两种模式很相似，它们将上层和下面的图像进行对较，寻找二者中完全相同的区域，使相同的区域显示为黑色，而所有不相同的区域则显示为灰度层次或彩色。

- ❑ **【差值】混合模式** 通过查看每个通道中的颜色信息，并从基色中减去混合色，或从混合色中减去基色，具体取决于哪一个颜色的亮度值更大。与白色混合将反转基色值，与黑色混合则不产生变化。

- ❑ **【排除】混合模式** 主要用于创建一种与【差值】模式相似，但对比度更低的效果。与白色混合将反转基色值，与黑色混合则不发生变化。

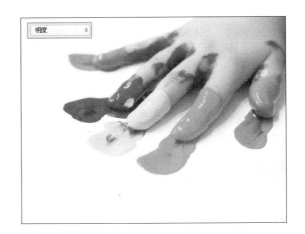

❑ 【减去】模式　通过查看每个通道中的颜色信息，并从基色中减去混合色。【减去】模式通过查看每个通道中的颜色信息，并从基色中减去混合色。

❑ 【划分】模式　通过查看每个通道中的颜色信息，并从基色中分割混合色。

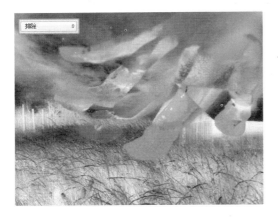

3.1.4　图层样式

Photoshop 提供了 10 种可供选择的样式，通过这些样式可以为图像添加一种或多种效果。图层样式类似于模板，可以重复使用，也可以像操作图层一样对其进行调整、复制、删除等操作。

1. 设置图层样式

执行【图层】|【图层样式】命令，在弹出的级联菜单中选择相应的选项，在弹出的【图层样式】对话框中，设置样式选项，单击【确定】按钮即可应用相应的样式。

6. 色彩模式组

色彩模式组主要包括【色相】模式、【饱和度】模式、【颜色】模式和【明度】模式。这些模式在混合时，与色相、饱和度和亮度有密切关系。将上面图层中的一种或两种特性应用到下面的图像中，产生最终效果。

❑ 【色相】混合模式　该模式的原理是，用基色的明亮度和饱和度以及混合色的色相创建结果色。

❑ 【饱和度】混合模式　该模式是用基色的明亮度和色相，以及混合色的饱和度创建结果色。

❑ 【颜色】混合模式　该模式是用基色的明亮度，以及混合色的色相和饱和度创建结果色。这样可以保留图像中的灰阶，并且对于给单色图像上色和给彩色图像着色都会非常有用。

❑ 【明度】混合模式　该模式是用基色的色相和饱和度，以及混合色的明亮度创建结果色。这种模式可将图像的亮度信息应用到下面图像中的颜色上。它不能改变颜色，也不能改变颜色的饱和度，而只能改变下面图像的亮度。

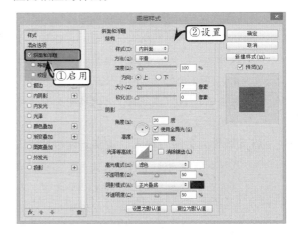

除了使用内置的图层样式之外，用户还可以通过单击【图像样式】对话框中的【新建样式】按钮，在弹出的【新建样式】对话框中，设置样式名称，单击【确定】按钮，即可在【样式】库中显示新建样式。

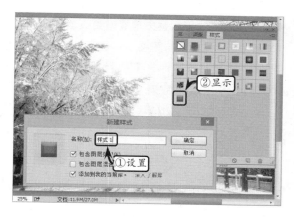

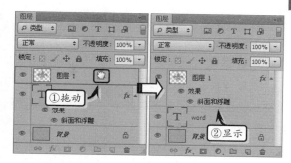

2．修改与复制图层样式

在进行图形设计过程中，经常遇到多个图层使用同一个样式，或者需要将已经创建好的样式，从当前图层移动到另外一个图层上去的情况。

当需要将样式效果从一个图层复制到另一个图层中时，选择包含样式的图层，按住 Alt 键的同时拖动到另一个图层中，松开鼠标即可。

3．缩放样式效果

在使用图层样式时，有些样式可能已针对目标分辨率和指定大小的特写进行过微调，这样一来便有可能产生应用样式的结果与样本的效果不一致的现象。

此时，用户需要单独对效果进行缩放，才能得到与图像比例一致的效果。选择图像所在图层，执行【图层】|【图层样式】|【缩放效果】命令。在弹出的【缩放图层效果】对话框中，设置样式的缩放比例参数与图像缩放相同，单击【确定】按钮即可。

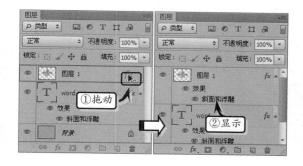

而当用户需要将一个样式效果转移到另外一个图层中时，只需要拖动样式到另一个图层中，松开鼠标即可将样式转移到另一个图层中。

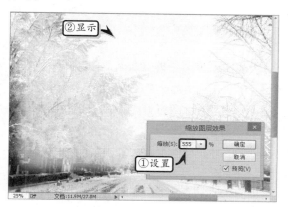

3.2　绘制与修复图像

由于 Photoshop 是图像处理软件，所以其提供了 10 多种专门用于修饰和修复问题照片的工具，它们可对一些破损或有污点的图像进行精确而全面的修复。

3.2.1　画笔工具

【画笔工具】可以在画布中绘制当前的前景色。选择工具箱中的【画笔工具】后，即可像使用真正的画笔在纸上作画一样，在空白画布或者图像上进行绘制。

1．画笔类型

选取【画笔工具】，在文档空白处右击，在弹出的【画笔预设】选取器中，可以选择画笔的【主直径】、【硬度】以及【画笔预设形状】。在Photoshop中，画笔的类型可分为硬边画笔、软边画笔以及不规则形状画笔。

- ❏ 硬边画笔：这类画笔绘制出的线条不具有柔和的边缘，它的【硬度】值为100%。
- ❏ 软边画笔：这类画笔绘制出的线条具有柔和边缘。
- ❏ 不规则形状画笔：使用这类画笔，可以产生类似于喷发、喷射或爆炸的效果。

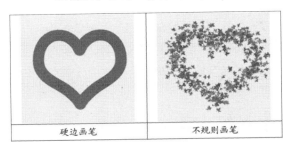

| 硬边画笔 | 不规则画笔 |

当选择工具箱中的【画笔工具】后，在文档中右击，即可弹出一个【画笔预设】选取器。在该选取器中可以设置画笔的【主直径】及【硬度】的参数大小。

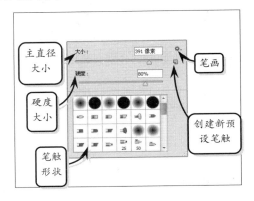

2．绘画模式

绘图模式的作用是，设置绘画的颜色与下面的现有像素混合的方法，而产生一种结果颜色的混合模式。混合模式将根据当前选定工具的不同而变化，其中，绘图模式与图层混合模式类似。只要绘制之前，在工具选项栏中设置【绘画模式】选项，即可得到不同的绘画效果。

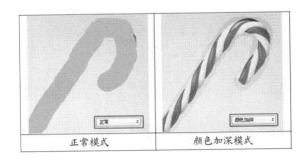

| 正常模式 | 颜色加深模式 |

3．不透明度

【不透明度】选项是指绘图应用颜色与原有底色的显示程度，在【不透明度】选项中，可以设置从1～100的整数决定不透明度的深浅，或者单击下拉列表框右侧的小三角按钮，拖动滑块进行调整，或者直接在文本框中输入数值。

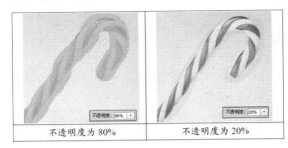

| 不透明度为80% | 不透明度为20% |

4．画笔流量

【流量】选项是设置当将指针移动到某个区域上方时应用颜色的速率。在某个区域上方进行绘画时，如果按住鼠标左键不放，那么颜色量将根据流动速率增大，直至达到不透明度设置。

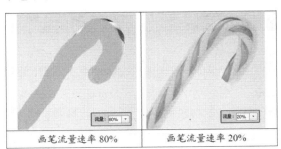

| 画笔流量速率80% | 画笔流量速率20% |

5．喷枪功能

使用【喷枪】功能模拟绘画，需要将指针移动到某个区域上方时，如果按住鼠标左键不放，颜料量将会增加。其中，画笔硬度、不透明度和流量选项可以控制应用颜料的速度和数量。例如，使用湿介质画笔，单击【喷枪】按钮 ，在某一区域单击，每单击一次颜料量将会增加，直到不透明度达到 100%。

行复制。

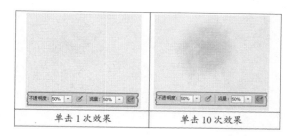

单击 1 次效果　　　单击 10 次效果

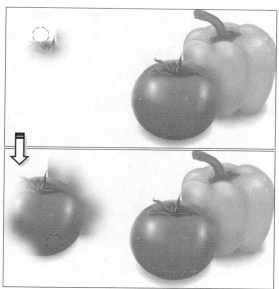

> **提示**
>
> 当选择【画笔工具】 后，在工具选项栏中新增了【绘图板压力控制大小】与【绘图板压力控制不透明度】两个按钮，这两个工具是在使用绘图板时，用来改变笔触的大小与不透明度设置的。

3.2.2　图章工具

在修复图像工具中，【仿制图章工具】 和【图案图章工具】 都是利用图章工具进行绘画。其中，前者是利用图像中某一特定区域工作，后者是利用图案工作。

工具选项栏中的【对齐】选项，用来控制像素取样的连续性。当启用该选项后，即使释放鼠标按钮，也不会丢失当前取样点，可以连续对像素进行取样。

1．仿制图章工具

【仿制图章工具】 类似于一个带有扫描和复印作用的多功能工具，它能够按涂抹的范围复制全部或者部分到一个新的图像中，它可创建出与原图像完全相同的图像。方法是：选择【仿制图章工具】 后，按住 Alt 键在图像的某个位置单击，进行取样。

然后将光标指向其他区域时，光标中会显示取样的图像。进行涂抹时，能够按照取样源的图像进

如果禁用【对齐】选项，则会在每次停止并重新开始绘制时，使用初始取样点中的样本像素。

2. 图案图章工具

【图案图章工具】 可以利用图案进行绘画。选择该工具后，单击工具选项栏中的【图案】拾色器。在弹出的对话框中，可以选择各种图案。然后在画布中涂抹，即可填充图案。

在【图案图章工具】 选项栏中，启用【印象派效果】选项后，可使仿制的图案产生涂抹混合的效果。

3.2.3 填充工具

Photoshop 中有【渐变工具】 和【油漆桶工具】 两种填充工具，它们的主要作用是赋予物体颜色。通过对物体颜色的填充，使物体更加生动，

从而给人以视觉享受。

1. 油漆桶工具

【油漆桶工具】 是进行单色填充和图案填充的专用工具，与【填充】命令相似。选择【油漆桶工具】 后，在工具选项栏中，选择【填充区域的源】选项。然后在画布中单击，即可得到填充效果。

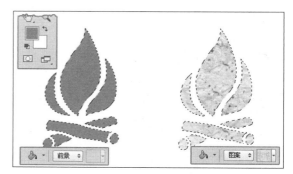

当启用工具选项栏中的【所有图层】选项后，可以编辑多个图层中的图像；禁用该选项后，只能编辑当前的工作图层。

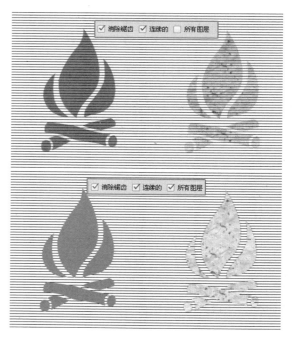

2. 渐变工具

【渐变工具】 可以创建两种或者两种以上颜

色间的逐渐混合。选择【渐变工具】，系统将在工具选项栏中显示渐变工具参数，在此设置各项参数。然后，在图像中按下并拖动鼠标，当拖动至另一位置后释放鼠标即可在图像（或者选取范围）中填入渐变颜色。

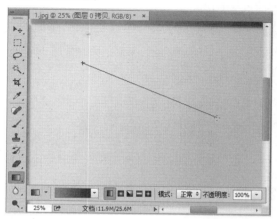

技巧

填充颜色时，若按下 Shift 键，则可以按 45°、水平或垂直的方向填充颜色。

除了可以使用系统默认的渐变颜色填充以外，

还可以自定义渐变颜色来创建渐变效果。在【渐变工具】选项栏中单击渐变条，即可打开该对话框。

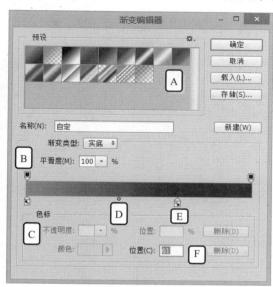

其中 A 为面板菜单，B 为不透明度色标，C 为调整值或删除选中的不透明度或色标，D 为中点，E 为色标，F 为色标颜色或位置的调整。

3.3 使用路径效果

路径是位图编辑软件中的矢量工具，使用路径中的各种工具能够创建出可以任意放大与缩小的矢量路径，不仅能够绘制出各种形状的图形，还可以为轮廓复杂的图像创建路径边缘。

3.3.1 钢笔工具

【钢笔工具】是建立路径的基本工具，使用该工具可以创建直线路径和曲线路径，还可以创建封闭式路径。

1．创建直线路径

在空白画布中，选择工具箱中的【钢笔工具】，启用工具选项栏中的【路径】功能。在画布中连续单击，即可创建直线段路径，而【路径】面板中出现工作路径。

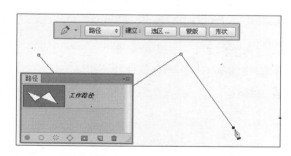

2．创建曲线路径

使用【钢笔工具】在画布中单击 A 点，然后到 B 点单击并同时拖动，释放鼠标后即可建立曲线路径。

3．创建封闭式路径

使用【钢笔工具】，在画布中单击 A 点作为起始点。然后分别单击 B 点和 C 点后，指向起始点（A 点），这时钢笔工具指针右下方会出现一个小圆圈。单击后，形成封闭式路径。

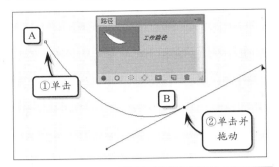

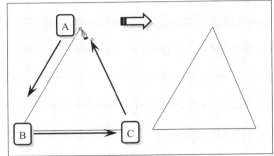

3.3.2 自由钢笔工具

【自由钢笔工具】不是通过设置节点来建立路径，而是通过自由手绘曲线建立路径，例如水纹等曲线路径。

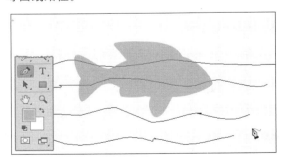

在【自由钢笔工具】选项栏中，单击【几何选项】按钮，在弹出的选项面板中选择【曲

线拟合】选项，用来控制自动添加锚点的数量。其参数范围为 0.5 像素～10 像素。参数值越高，创建的路径锚点越少，路径越简单。

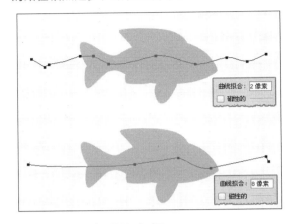

3.3.3 几何图路径

常见的几种几何图形，在 Photoshop 工具箱中均能够找到现有的工具。通过设置每个工具中的参数，还可以变换出不同的效果。

1. 矩形

使用【矩形工具】可以绘制矩形、正方形的路径。其方法是：选择【矩形工具】，在画布任意位置单击作为起始点，同时拖动鼠标，随着光标的移动将出现一个矩形框。

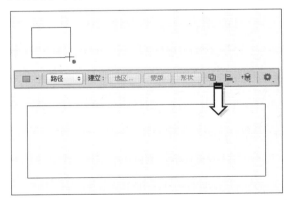

在【矩形工具】选项栏上单击【几何选项】按钮，弹出一个选项面板。默认启用的是【不受约束】选项，而其他选项如下所述。

- ❑ **方形** 启用该选项后，在绘制矩形路径时，可以绘制正方形路径。

❑ **固定大小**　启用该选项，可以激活右侧的参数栏。在参数栏文本框中输入相应的数值，能够绘制出固定大小的矩形路径。

❑ **比例**　启用该选项，能够在激活右侧的参数文本框中输入相应的数值，来控制矩形路径的比例大小。

❑ **从中心**　启用该选项，可以绘制以起点为中心的矩形路径。

2．圆角矩形工具

【圆角矩形工具】能够绘制出具有圆角的矩形路径。该工具的选项与【矩形工具】唯一的不同就是，前者具有【半径】选项。

该选项默认的参数为 10 像素，其参数值范围为 0～1000 像素。通过设置半径的大小，可以绘制出不同的圆角矩形路径。而在圆角矩形选项栏中，设置越来越大的半径数值，得到的圆角矩形越接近正圆。

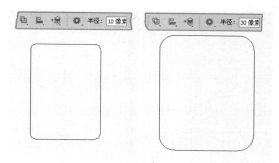

3．椭圆路径

【椭圆工具】用于建立椭圆（包括正圆）的路径。其方法是，选择该工具，在画布任意位置单击，同时拖动鼠标，随着光标的移动出现一个椭圆形路径。

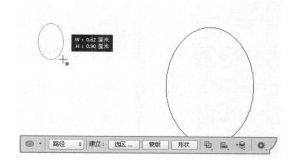

4．多边形工具

【多边形工具】能够绘制等边多边形，例如等边三角形、五角星和星形等。Photoshop 默认的多边形边数为 5，只要在画布中单击并拖动鼠标，即可创建等边五边形路径。

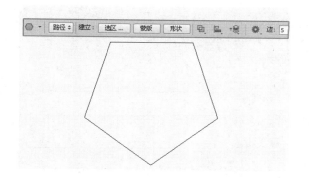

在该工具选项栏中，可以设置多边形的边数，其范围是 3～100。多边形边数越大，越接近于正圆。

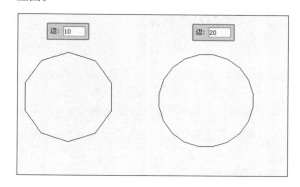

单击该工具选项栏中的【几何选项】按钮，在弹出的面板中，可以设置各种选项参数，来建立不同效果的多边形路径。

❑ **半径**　通过设置该选项，可以固定所绘制多边形路径的大小，参数范围是 1～150 000px。

❑ **平滑拐角或平滑缩进**　用平滑拐角或缩进渲染多边形。

❑ **星形**　启用该选项，能够绘制星形的多边形。

5．直线工具

【直线工具】既可以绘制直线路径，也可以

绘制箭头路径。直线路径的绘制方法与矩形路径相似，只要选中该工具后，在画布中单击并拖动鼠标即可。而直线路径的粗细，则是通过选项栏中的【粗细】选项来决定的。

打开该工具的选项面板，其中的选项能够设置直线的不同箭头效果。其中，绘制直线路径时，同时按住 Shift 键可以绘制出水平、垂直或者 45°的直线路径。

3.3.4 形状路径

用户可以使用工具箱中的【自定形状工具】，来建立几何路径以外的复杂路径。Photoshop 内置了大约 250 多种形状，包括星星、脚印与花朵等各种符号化的形状。除了使用内置形状之外，用户还可以自定义喜欢的图像为形状路径，以方便重复使用。

1. 预设形状路径

选择【自定形状工具】，在工具选项栏中单击【形状】右侧的下拉按钮。在打开的【定义形状】拾色器中，选择形状图案，即可在画布中建立该图案的路径。

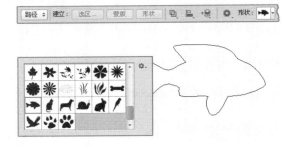

单击拾色器右上角的下拉按钮，在打开的关联菜单中，既可以设置图案的显示方式，也可以载入预设的图案形状。

2. 自定义形状路径

在画布中创建路径后，执行【编辑】|【定义自定形状】命令，在弹出的【形状名称】对话框中直接单击【确定】按钮，即可将其保存到【自定形状】拾色器中。

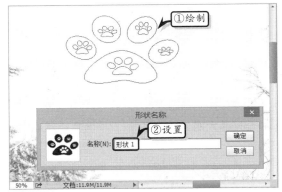

自定义形状路径后，在【自定形状】拾色器中选择定义好的形状，即可建立该形状的路径。

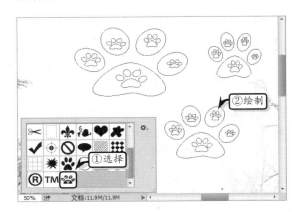

3.4　创建图像文本

无论在何种视觉媒体中，文字和图片都是其两大构成要素。Photoshop 提供了强大的文字工具，它允许用户在图像背景上制作复杂的文字效果。可以随意地输入文字、字母、数字或符号等，同时还可以对文字进行各种变换操作。

3.4.1　创建文本

Photoshop 中共有 4 种处理文本工具，用户根据文字显示的不同，可以使用不同的文本工具进行输入或修改文本。

1．横排文字与直排文字

横排文字和直排文字的创建方式相同。在工具箱中选择【横排文字工具】，单击画布，在光标处输入文字即可。输入完成后，按快捷键 Ctrl+Enter 可退出文本输入状态。

输入文字时，用户可在工具选项栏中设置文字属性，例如字体、大小、颜色等。

> **提示**
>
> 文本的颜色是由工具箱中的【前景色】来决定的，可用在输入之前设置好【前景色】颜色值，直接得到相应的文本颜色。

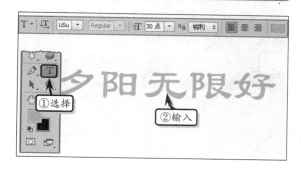

当用户需要输入竖排文字时，在工具箱中选择【直排文字工具】，单击画布，在光标处输入文字即可。

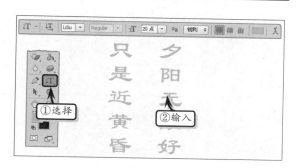

2．文字选区

使用工具箱中的【横排文字蒙版工具】和【直排文字蒙版工具】，可以创建文字型选区，它的创建方法和创建文字一样。

使用文本工具组中的【横排文字蒙版工具】和【直排文字蒙版工具】，可以创建文本选区，并且在选区中填充颜色后，从而得到文本形状的图形。

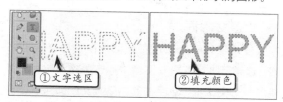

> **注意**
>
> 当使用【横排文字蒙版工具】或者【直排文字蒙版工具】在画布中单击后，就会进入文本蒙版模式。输入文字后，按快捷键 Ctrl+Enter，将文字蒙版转换为文字选区。

得到文字选区后，除了能够填充颜色外，还可以像普通选区一样，对文字选区进行渐变填充、描边、修改及调整边缘等操作。

> **提示**
>
> 使用【横排文字蒙版工具】或【直排文字蒙版工具】在当前图层中添加文字时，不会产生新的图层，而且文字是未填充任何颜色的选区。

3.4.2 创建段落文本

在文字排版中，如果要编辑大量的文字内容，就需要更多针对段落文本方面的设置，以控制文字对齐方式、段落与段落之间的距离等内容，这时就需要创建文本框，并使用【段落】面板对文本框中大量的文本内容进行调整。

1. 创建文本框

使用任何一个文本工具都可以创建出段落文本，选择工具后直接在图像中单击并拖动鼠标，创建出一个文本框，然后在其中输入文字即可。文字延伸到文本框的边缘后将自动换行，拖动边框上的8个节点可以调整文本框大小。如果文本框过小而无法全部显示文字时，拖动控制节点调整文本框的大小，显示所有的文字。

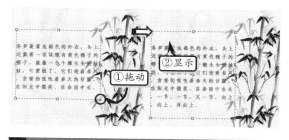

> **提示**
>
> 执行【图层】|【文字】|【转换为点文本】命令或【图层】|【文字】|【转换为段落文本】命令可将点文本与段落文本互相转换。

2. 设置段落文本的对齐方式

当出现大量文本时，最常用的就是使用文本的对齐方式进行排版。【段落】面板中的【左对齐文本】、【居中对齐文本】和【右对齐文本】是所有文字排版中三种最基本的对齐方式，它是以文字宽度为参照物使文本对齐。

而【最后一行左对齐】、【最后一行居中对齐】和【最后一行右对齐】是以文本框的宽度为参照物使文本对齐。【全部对齐】是所有文本行均按照文本框的宽度左右强迫对齐。

3. 设置缩进

【左缩进】选项可以从边界框左边界开始缩进整个段落；【右缩进】选项可以从边界框右边界开始缩进整个段落。【首行缩进】选项与【左缩进】选项类似，只不过【首行缩进】选项只缩进左边界第一行文字。

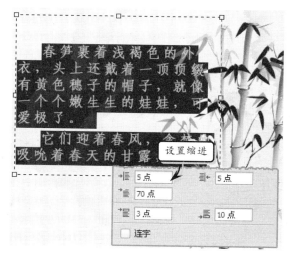

3.4.3 修改文字外观

在进行设计创作时，可以通过变形文字，将

文本转换为路径和形状，以便对文字做出更特殊美观的效果。例如杂志设计、宣传册或平面广告等。

1．文字变形

输入文本后，单击文本工具选项栏中的【创建文字变形】按钮 🗲，在弹出的【变形文字】对话框中，能够进行 15 种不同的形状变形。

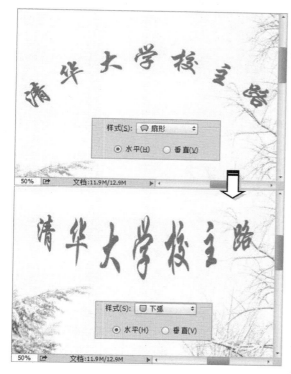

而选择的变形样式将作为文字图层的一个属性，可以随时更改图层的变形样式以更改变形文字的整体效果。

> **注意**
>
> 当文字图层中的文字执行了【仿粗体】命令 T 时，不能使用【创建文字变形】命令 🗲。

2．文本转路径

如果要在改变文字形状的同时，保留图形清晰度，则需要将文本转换为路径。

选中文字图层，执行【文字】|【转换为形状】命令，可将文字图层转换为形状图层。

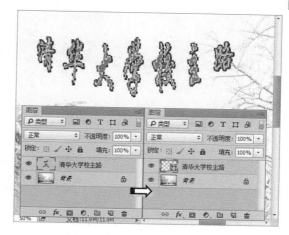

3.4.4　文字绕路径

文字可以依照开放或封闭的路径来排列，从而满足不同的排版需求。

1．文字绕排路径

创建文字绕路径排版的效果，首先要创建路径，然后，选择【横排文字工具】 T，移动鼠标到路径上，当光标显示为 ⨎ 时，单击即可输入文字。

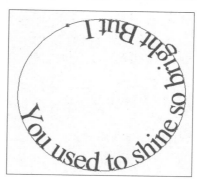

2．创建路径排版文字

选择【横排文字工具】 T，移动到路径内部，当显示为 ⨎ 时，单击即可输入文字，创建封闭的路径排版文字。

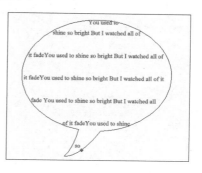

3．设置绕排文字

创建完成绕排文字后，可以使用【段落】面板对封闭路径内的绕排文字进行调整。对于创建的路径排版文本受文本内容的影响，文本一般不会密切地与路径结合在一起，此时，单击【段落】面板中的【全部对齐】▉按钮，强迫文本内容填满路径。

4．编辑路径

当路径内填充文本后，选择【直接选择工具】▶。选中某个控制点后，进行移动或者改变控制点上的控制柄，使路径边缘变形，从而改变路径内部文字的显示效果。

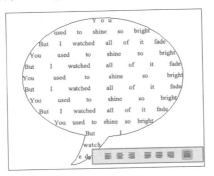

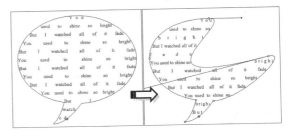

3.5 练习：设计化妆品广告网幅

互联网中的网幅广告（Banner）是目前最常见的广告方式之一，一个好的 Banner 不仅可以吸引更多的访问者，而且还可以增加网站的知名度。在本练习中，将通过制作一个化妆品网幅广告，来详细介绍 Photoshop 中的图层样式、渐变工具、横排文字工具等常用工具的使用方法。

练习要点
- 新建图层
- 应用图层样式
- 使用矩形选框工具
- 使用横排文字工具
- 使用渐变工具
- 使用文字变形工具

操作步骤 ▶▶▶▶

STEP|01 执行【文件】|【新建】命令，在弹出的【新建】对话框中设置文档参数，并单击【确定】按钮。

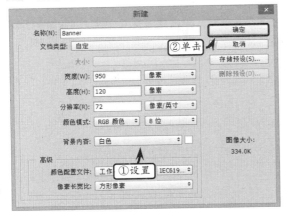

STEP|02 在【工具箱】面板中单击【渐变工具】按钮，单击【工具选项】栏中的【渐变色块】区域。

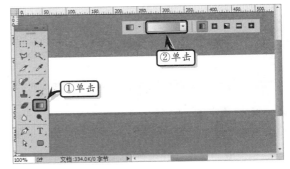

STEP|03 在弹出的【渐变编辑器】对话框中，在45%位置处增加一个色标，并分别设置三个色标的

填充颜色。

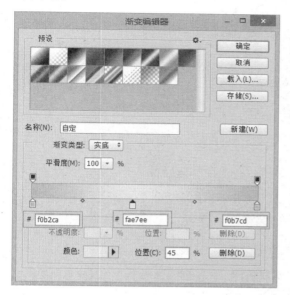

STEP|04 然后，在图层中从左向右拖动鼠标，绘制渐变色。

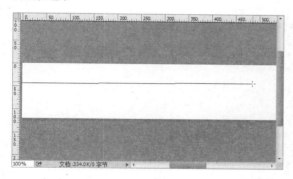

STEP|05 打开所有素材，单击【移动工具】按钮，将素材分别拖到当前图层中，并调整其具体位置。

STEP|06 选择"图层1"图层，执行【图像】|【调整】|【色相/饱和度】命令，在弹出的【色相/饱和】

度】对话框中，启用【着色】复选框，并设置相应的参数。

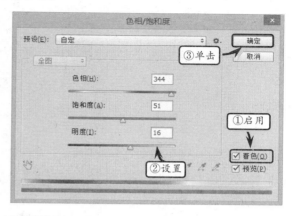

STEP|07 同时选择"图层1"和"图层2"图层，单击【面板】底部的【链接图层】按钮链接图层。

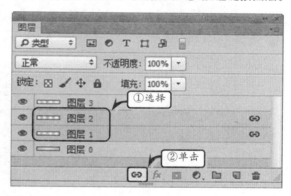

STEP|08 单击【工具箱】面板中的【横排文字工具】按钮，在图像左侧输入文本"M"，并在【字符】面板中设置文本的字体格式。

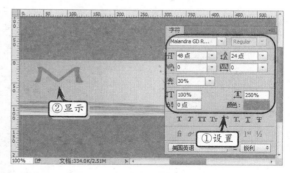

STEP|09 单击【图层】面板中的【添加图层样式】按钮，选择【渐变叠加】选项，在弹出的对话框中设置渐变叠加参数，并单击渐变条。

STEP|10 然后，在弹出的【渐变编辑器】对话框中，在 48 和 49 位置处添加色标，并分别设置色标的填充颜色。

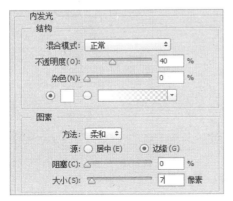

STEP|11 单击【图层】面板中的【添加图层样式】按钮，选择【内发光】选项，在弹出的对话框中设置内发光样式的各项参数。

STEP|12 单击【图层】面板中的【添加图层样式】按钮，选择【外发光】选项，在弹出的对话框中设置外发光样式的各项参数。

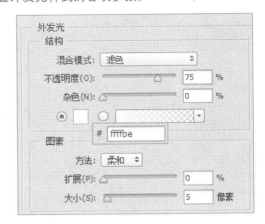

STEP|13 单击【图层】面板中的【添加图层样式】按钮，选择【投影】选项，在弹出的对话框中设置投影样式的各项参数。

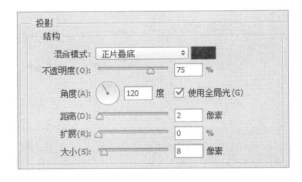

STEP|14 单击【图层】面板中的【添加图层样式】按钮，选择【描边】选项，在弹出的对话框中设置描边样式的各项参数。

STEP|15 使用相同的方法，在图像中输入文本"美迪凯"，并设置其描边、外发光、投影和渐变叠加图层样式。

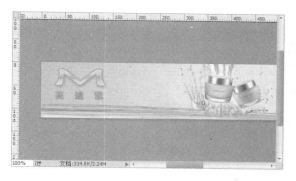

STEP|16 在图像右侧依次输入剩余文本，并在【字符】面板中分别设置相应的字体格式。

3.6 练习：制作火焰特效文字

　　网页中的文字不仅是网站信息传达的主要媒介，也是网页中必不可少的重要视觉艺术传达方式。在设计网页时，合理添加艺术文字，不仅可以突出文字主体、强调重点，更能体现出页面的艺术性。在本练习中，将通过制作火焰特效文字，来详细介绍 Photoshop 中各种工具、滤镜和图层样式的操作方式和实用技巧。

练习要点

- 新建文档
- 使用滤镜
- 使用横排文字工具
- 设置文本格式
- 设置图层样式
- 盖印图层
- 旋转图像

操作步骤 ▷▷▷▷

STEP|01 执行【文件】|【新建】命令，在弹出的【新建】对话框中设置文档参数，单击【确定】按钮。

STEP|02 单击【横排文字工具】按钮，输入字母。调整其位置，并将【字体】设置为【宋体】、【字号】设置为【200 点】、【消除锯齿】设置为【锐利】。

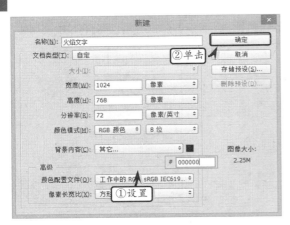

STEP|03 新建"图层 1"图层，按快捷键 Shift+Ctrl+Alt+E 合并可见图层。

STEP|04 执行【图像】|【图像旋转】|【逆时针 90°】命令，旋转图像。

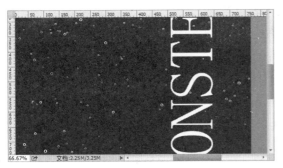

STEP|05 执行【滤镜】|【风格化】|【风】命令，保持默认设置，单击【确定】按钮。

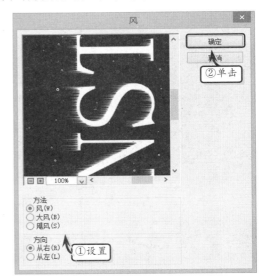

STEP|06 接着，按快捷键 Ctrl+F，重复执行该命令三次，增加"风"效果。

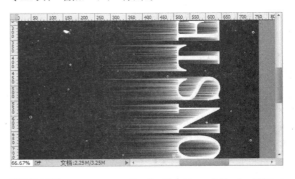

STEP|07 执行【图像】|【旋转画布】|【顺时针 90°】命令，旋转图像，将图像恢复过来。

STEP|08 执行【滤镜】|【模糊】|【高斯模糊】命令，在弹出的【高斯模糊】对话框中设置【半径】

选项，并单击【确定】按钮。

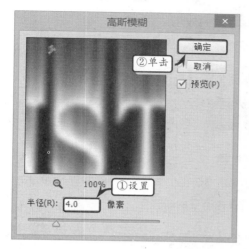

STEP|09 执行【图像】│【调整】│【色相/饱和度】命令，在弹出的【色相/饱和度】对话框中启用【着色】复选框，并设置其参数。

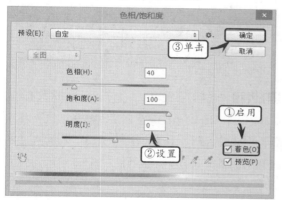

STEP|10 按快捷键 Ctrl+J，复制"图层 1"图层。然后，再次按快捷键 Ctrl+U，在弹出的对话框中设置其参数。

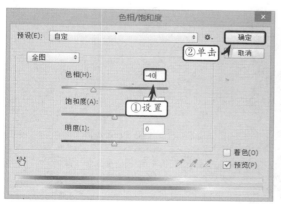

STEP|11 将"图层 1 拷贝"图层的【混合模式】设置为【滤色】，使橘黄色和红色能很融洽地结合到一起。

STEP|12 合并"图层 1 拷贝"和"图层 1"为新的"图层 1"图层，执行【滤镜】│【液化】命令，设置其画笔参数。

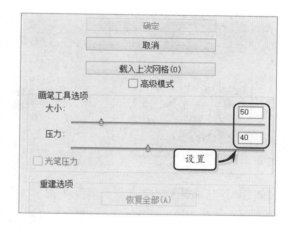

STEP|13 在对话框左侧的图像中描绘出主要的火焰，然后将画笔和压力调小，绘制出其他细小的火焰。

STEP|14 单击【工具箱】面板中的【涂抹工具】按钮，在火焰上轻轻涂抹，不断改变笔头的大小和压力，以适应不同的需求。

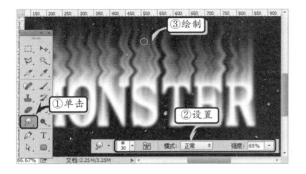

STEP|15 按快捷键 Ctrl+J 复制"图层 1"图层，然后将文本图层放置为最上层，并更改字体颜色为黑色，调整其位置让火焰稍微向下移动一点。

STEP|16 按快捷键 Ctrl+J 复制"图层 1 拷贝"，并将其放置为最上层，同时将【混合模式】设置为【滤色】。

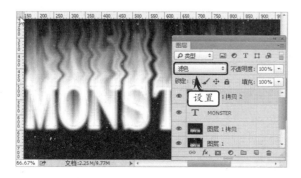

STEP|17 单击【图层】面板中的【添加图层蒙版】按钮，为该图层添加一个蒙版。

STEP|18 将前景色设置为白色、背景色设置为黑色，单击【渐变工具】按钮，在蒙版中建立前景色到背景色渐变的渐变色。

STEP|19 新建"图层 2"图层，按快捷键 Shift+Ctrl+Alt+E 盖印可见图层。然后，执行【滤镜】|【模糊】|【高斯模糊】命令，设置其【半径】的数值。

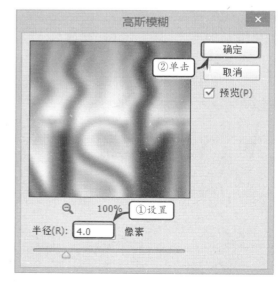

STEP|20 然后，将该图层的【图层混合模式】设置为【滤色】，并将【不透明度】设置为 50%。

STEP|22 至此，火焰特效字制作完成，其最终效果图如下所示。

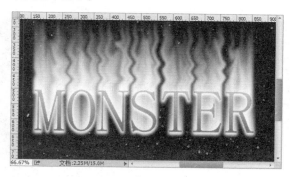

STEP|21 再次盖印可见图层，更改图层的【混合模式】以及【不透明度】，增强图像的发光效果。

3.8　新手训练营

练习 1：制作茶叶网 Banner

◎downloads\3\新手训练营\茶叶网 Banner

提示：本练习中，首先新建文档，运用【渐变叠加】图层样式设置背景填充颜色。同时，运用【钢笔工具】、【椭圆工具】、【直接选择工具】和【转换点工具】绘制并调整背景图案路径，并使用图层样式设置路径图案的最终效果。然后，添加"茶叶地"素材，并使用【椭圆选框工具】选取素材区域，同时为该图层添加蒙版，并变换、缩放和调整蒙版形状的大小和颜色。删除并取消选区之后，为"外壳"图层添加图形样式。最后，添加所有的图像素材，为其设置蒙版效果。使用【横排文字工具】输入文本，并设置文本的字体格式。同时，新建图层，绘制圆角矩形形状，设置形状颜色，添加素材图像并制作相应字体即可。

练习 2：制作春季变冬季

◎downloads\3\新手训练营\春季变冬季

提示：本练习中，首先打开素材图像，创建新的填充或调整图层并设置通道颜色，使其变成冬天色。同时，运用【艺术效果】滤镜，增加图像的颗粒效果，并运用图层样式和【多边形套索工具】为图像添加门窗颜色。然后，复制"背景图层"，运用【像素化】滤镜，设置图像的点状化效果，同时调整图像的阈值，形成降雪效果。最后，运用【模糊】滤镜，增加降雪的模糊效果，并通过调整色阶和隐藏图层来得到最终效果。

练习 3：风景合成

downloads\3\新手训练营\风景合成

提示：本练习中，首先打开素材图像，将"晚霞"素材添加到"松树"窗口中，更改"图层 1"图层的大小，并将【混合模式】设置为【叠加】。使用【仿制图章工具】擦除左下角的"铁塔"图形，同样右下角复制红色区域，使其能够遮盖住"背景"图层上的山峦部分。然后，隐藏"图层 1"图层，复制【蓝】通道，并调整其色阶参数。恢复 RGB 通道图层，并复制"图层 1"图层。同时，单击【通道】面板内的"蓝 副本"通道，并为"图层 1 副本"添加图层蒙版。最后，选择"图层 1"图层使用【橡皮擦工具】擦除相应区域。

练习 4：制作静态全屏广告

downloads\3\新手训练营\静态全屏广告

提示：本练习中，首先新建文档，导入素材并调整素材的色彩平衡。新建云彩羽化图层，制作羽化云彩效果。同时，相继导入相应的素材，为其添加蒙版，设置线性渐变色并用【画笔工具】涂抹蒙版，以制作蓝色天空、大海和白云效果。然后，导入地球仪素材，修改调整素材并导入地球仪上部素材图像，删除多余的素材部位，设置其羽化效果并翻转图像。最后，添加房屋图像，并抠取房屋效果，输入横排文字并设置文本的字体格式。同时，新建图层，绘制路径形状并为形状设置图层样式。

练习 5：制作糖果字

downloads\3\新手训练营\糖果字

提示：本练习中，首先新建文档，输入横排文字并排列文字。复制"蓝"通道并反相该通道。新建"糖果"图层，制作图层背景色，载入通道素材，并设置通道素材的羽化效果和填充效果。然后，新建"高光"图层，载入通道素材，设置填充颜色，使用【滤镜】效果设置其整体效果。同时，载入"红"通道，并依次设置相应的效果。最后，依次载入相应通道，设置相应效果并调整最终效果。

练习6：制作设计工作室 Banner

⊙downloads\3\新手训练营\设计工作室 Banner

提示：本练习中，首先新建文档，设置背景图层的背景效果，新建图层，并设置图层的渐变填充效果。新建墨迹图层，添加墨迹素材，并设置素材的显示效果。依次复制墨迹图层，并分别设置其填充和效果。

然后，添加水墨画素材，调整素材颜色和方向，复制素材图层并调整其位置。添加植物素材，复制素材图层并调整素材位置。用同样的方法，依次添加七星瓢虫、绿叶和蝴蝶素材。输入横排文本，并设置文本的字体格式和图层样式。最后，使用绘制工具制作导航形状，并为其添加渐变叠加样式。在导航形状上输入文本并设置文本的字体格式。

练习7：制作射线文字

⊙downloads\3\新手训练营\射线文字

提示：本练习中，首先新建文档，并将背景图层颜色设置为黑色。使用【横排文字工具】输入横排文字，载入文字选区，新建"图层1"图层，添加【杂色】和【模糊】滤镜，并重复添加滤镜。然后，复制"图层1"为"图层1 副本"图层，为其添加【锐化】

和【径向模糊】滤镜。接着设置该图层的【混合模式】选项，并调整图层位置。使用【变换选区】命令缩小图像，并羽化图层。最后，新建"图层2"图层，在羽化后的选区中连续三次填充白色。并使用【高斯模糊】滤镜增加模糊效果，同时创建新的填充或调整图层，设置图层的色相和饱和度，并为图层添加外发光、斜面和浮雕、内阴影等图层样式。

练习8：制作珠宝文字

⊙downloads\3\新手训练营\珠宝文字

提示：本练习中，首先新建文档，设置背景图像的纹理化效果。输入横排文本，设置文本的字体格式，将文本转换为形状并调整文字路径，并使用绘制工具和【滤镜】功能，设置文字的路径效果。然后，为文字添加相应的图像样式，使用【画笔工具】涂抹文字。最后，设置文字的模糊效果，以及色相和饱和度，并使用【多边形工具】绘制大小不一的四角星。

第 **4** 章

网页界面设计

　　网页作为一种新的视觉表现形式，它兼容了传统平面设计的特征，又具备其所没有的优势，是将技术性与艺术性融为一体的创造性活动。而网页界面设计所涉及的范围非常广泛，在 Photoshop 中主要涉及到对网页界面图像进行各种特效设计的蒙版、3D 效果、滤镜和切片等技术。本章将详细介绍网页界面设计所应用的各种 Photoshop 技术，以协助用户制作出醒目的网页界面。

4.1 应用蒙版

在 Photoshop 中，蒙版可以控制图像的局部显示和隐藏，是合成网页图像的重要途径。Photoshop 的蒙版包括快速蒙版、剪贴蒙版、图层蒙版和形状蒙版等。

4.1.1 快速蒙版

快速蒙版模式是使用各种绘图工具来建立临时蒙版的一种高效率方法，可以快速地转换选择区域。

1. 创建快速蒙版

单击工具箱中的【以快速蒙版模式编辑】按钮，进入快速蒙版编辑模式。使用相应的工具在画布中单击并拖动，绘制半透明红色图像。

单击工具箱中的【以标准模式编辑】按钮，返回正常模式，半透明红色图像转换为选区。进行任意颜色填充后，发现原半透明红色图像区域被保护。

2. 设置快速蒙版

默认情况下，在快速模版模式中绘制的任何图像，均呈现红色半透明状态，并且代表被蒙版区域。当快速蒙版模式中的图像与背景图像有所冲突时，可以通过更改【快速蒙版选项】对话框中的颜色值与不透明度值，来改变快速蒙版模式中的图像显示效果。

双击工具箱中的【以快速蒙版模式编辑】按钮或者【以标准模式编辑】按钮，在弹出的【快速蒙版选项】对话框中，设置【不透明度】选项，单击【确定】按钮即可。

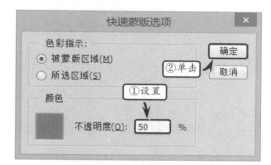

> **技巧**
>
> 由于快速蒙版模式中的图像与标准模式中的选区为相反区域，要想使之相同，需要启用【快速蒙版选项】对话框中的【所选区域】选项。

4.1.2 剪贴蒙版

剪贴蒙版主要是使用下方图层中图像的形状，来控制其上方图层图像的显示区域。剪贴蒙版中下方图层需要的是边缘轮廓，而不是图像内容。

1. 创建剪贴蒙版

当【图层】面板中存在两个或者两个以上图层时，即可创建剪贴蒙版。选择上方图层，执行【图层】|【创建剪贴蒙版】命令，即可创建剪贴蒙版。

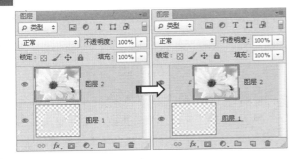

创建剪贴蒙版后，用户会发现下方图层名称带有一个下划线，而上方图层的缩览图则为缩进状态，同时显示一个剪贴蒙版图标，而画布中图像的显示也会随之变化。

2．移动图层

在剪贴蒙版中，两个图层中的图像均可以随意移动。例如，移动下方图层中的图像，会在不同位置，显示上方图层中的不同区域的图像；如果移动的是上方图层中的图像，那么会在同一位置，显示该图层中不同区域图像。

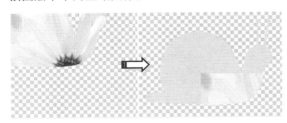

3．设置图层属性

在剪贴蒙版中，可以设置图层【不透明度】选项，或者设置图层【混合模式】选项，来改变图像效果。通过设置不同的图层，来显示不同的图像效果。

当设置上方图层的【混合模式】选项，可以使该图层图像与下方图层图像融合为一体；如果设置下方图层的【混合模式】选项，必须在剪贴蒙版下方放置图像图层，这样才能够显示混合模式效果。

设置上方图层为叠加模式　　　设置下方图层为叠加模式

而同时设置剪贴蒙版中两个图层的【混合模式】选项时，会得到两个叠加效果。而当剪贴蒙版中的两个图层均设置【混合模式】选项，并且隐藏剪贴蒙版组下方图层后，效果与单独设置上方图层效果相同。

当设置剪贴蒙版中下方图层的【不透明度】选项，可以控制整个剪贴蒙版组的不透明度；而调整上方图层的【不透明度】选项，只是控制其自身的不透明度，不会对整个剪贴蒙版产生影响。

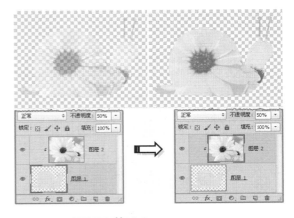

4.1.3　图层蒙版

图层蒙版之所以可以精确、细腻地控制图像显示与隐藏的区域,因为图层蒙版由图像的灰度来决定图层的不透明度。

1.创建图层蒙版

单击【图层】面板底部的【添加图层蒙版】按钮 ,或者单击【蒙版】面板右上角的【添加像素蒙版】按钮,即可为当前普通图层添加图层蒙版。

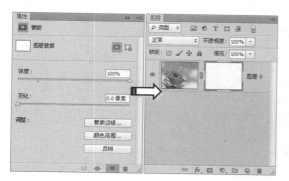

如果画布中存在选区,直接单击【添加图层蒙版】按钮。在图层蒙版中,选区内部呈白色,选区外部呈黑色,表示黑色区域被隐藏。

2.停用与启用图层蒙版

通过图层蒙版编辑图像,只是隐藏图像的局部,并不是删除。所以,随时可以还原图像原来的效果。例如右击图层蒙版缩览图,选择【停用图层蒙版】命令,即可显示原图像效果。

3.浓度与羽化

当图层蒙版中存在灰色图像,在【蒙版】面板中向左拖动【浓度】滑块。蒙版中黑色图像逐渐转换为白色,而彩色图像被隐藏的区域逐渐显示。

【浓度】为 70% | 【浓度】为 30%

在【蒙版】面板中,向右拖动【羽化】滑块。灰色图像边缘被羽化,而彩色图像由外部向内部逐渐透明。

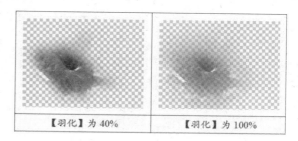

【羽化】为 40% | 【羽化】为 100%

4.1.4　矢量蒙版

矢量蒙版是与分辨率无关的蒙版,是通过钢笔工具或者形状工具创建路径,然后以矢量形状控制图像可见的区域。

1.创建空白矢量蒙版

矢量蒙版包括多种创建方法,不同的创建方法会得到相同或者不同的图像效果。

选择普通图层,单击【蒙版】面板右上方的【添加矢量蒙版】按钮,在当前图层中添加显示全部的矢量蒙版;如果按住 Alt 键单击该按钮,即可添加隐藏全部的矢量蒙版。

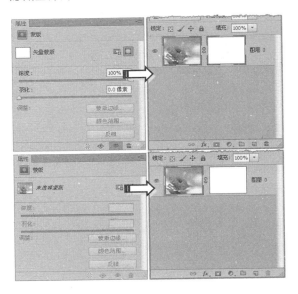

然后选择某个路径工具，在工具选项栏中启用【路径】功能。在画布中建立路径，图像即可显示路径区域。

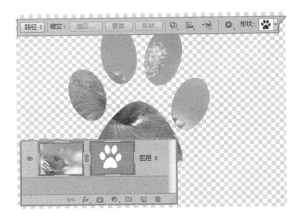

2．以现有路径创建空白矢量蒙版

选择路径工具，在画布中建立任意形状的路径。然后单击【蒙版】面板中的【添加矢量蒙版】按钮，即可创建带有路径的矢量蒙版。

3．创建具有矢量蒙版的形状图层

选择某个路径工具后，启用工具选项栏中的【形状图层】功能。在画布中单击并且拖动鼠标，即可在【图层】面板中自动新建具有矢量蒙版的形状图层。

4．编辑蒙版路径

默认情况下，无论创建的空白矢量蒙版是显示全部状态，还是隐藏全部状态。当创建形状路径后，均是以形状内部为显示、形状外部为隐藏。

若想显示路径以外的区域，则可以在使用【路径选择工具】选中该路径后，在工具选项栏中启用【从形状区域减去】功能。

若想在现有的矢量蒙版中扩大显示区域，则需要使用【直接选择工具】，选中其中的某个节点删除即可。

启用工具选项栏中的【添加到路径区域】功能，在
画布空白区域建立路径即可。

若想在现有路径的基础上添加其他形状路径，
来扩充显示区域，则需要选择任意一个路径工具，

4.2　应用滤镜

滤镜命令可以自动地对一幅图像添加效果，滤
镜命令大致上分为三类：校正性滤镜、破坏性滤镜
与效果性滤镜。虽然滤镜效果各不相同，但是使用
方法与操作技巧基本相似。

4.2.1　校正性滤镜

校正性滤镜是用于修正扫描所得的图像，以及
为打印输出图像的日常工具。除了传统的滤镜效果
外，Photoshop 滤镜还包括专门针对摄影照片修饰
的模糊滤镜以及相机防抖功能的【防抖】滤镜。

1．传统滤镜

在传统滤镜中，多数情况下它的效果非常细
微，例如模糊滤镜组、锐化滤镜组以及杂色滤镜组。

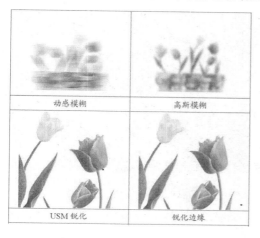

2．模糊画廊

模糊画廊为图片添加场景模糊、光圈模糊或倾
斜偏移效果。执行【滤镜】|【模糊画廊】|【场景
模糊】命令，在弹出的【模糊工具】面板中，设置
模糊参数。

在画布中拖动模糊句柄以增加或减少模糊，
或者直接在【模糊工具】面板中设置【模糊】参
数值。

另外，在图片其他区域单击，即可添加场景
模糊图钉，这时可以以该图钉为中心设置模糊
程度。

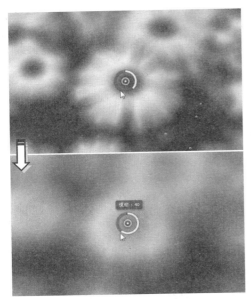

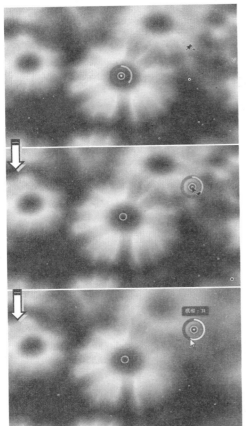

大光圈镜头所造成的散景，因为容易凸显出主题，因此在拍摄人像时常被拿来运用，但大光圈镜头的价格较贵，变焦镜头恒定大光圈的镜头更

是贵。

用户可通过 Photoshop 中的模糊画廊功能，轻松制作大光圈散景效果。执行【滤镜】|【模糊画廊】|【光圈模糊】命令，在弹出的面板中设置【模糊】参数值即可。

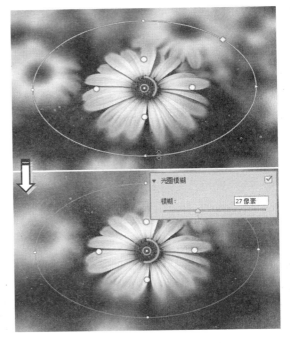

使用【移轴模糊】效果模拟使用倾斜偏移镜头拍摄的图像。此特殊的模糊效果会定义锐化区域，然后在边缘处逐渐变得模糊。【移轴模糊】效果可用于模拟微型对象的照片。执行【滤镜】|【模糊】|【移轴模糊】命令，在图片上方显示移轴模糊图钉即可。

3. 相机防抖功能

滤镜效果中的【防抖】命令能够挽救因为相机

抖动而失败的照片。无论模糊是由于慢速快门还是长焦距造成的，相机防抖功能都能通过分析曲线来恢复其清晰度。

执行【滤镜】|【锐化】|【防抖】命令，在弹出的【防抖】对话框中设置各项选项，单击【确定】按钮即可。

4.2.2　破坏和效果性滤镜

破坏性滤镜能产生很多意想不到的效果，而这些是普通 Photoshop 工具与校正性滤镜很难做到的。但是如果使用不当就会完全改变图像，使滤镜效果变得比图像本身更加显眼。由于破坏性滤镜让普通效果经过简单的变化转换为一种特殊效果，所以 Photoshop 中提供的该滤镜数量几乎是校正性滤镜的两倍，例如扭曲滤镜组、风格化滤镜组等。

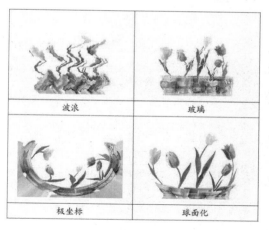

Photoshop 还提供了效果滤镜，该滤镜是破坏性滤镜的其中一种表现。效果性滤镜包括素描滤镜组、纹理滤镜组与艺术效果滤镜组等。这些滤镜命令可以制作出想要的图像效果。

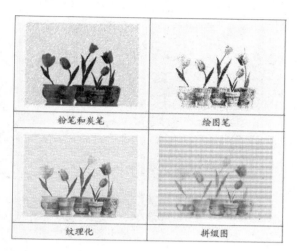

4.2.3　Adobe Camera Raw 滤镜

对于数字摄影师们来说，处理 RAW 文件实在是一个令人头疼棘手的问题，因为这种文件通常处理起来要耗费很长的时间，而且不同数码相机所生成的 RAW 文件也千差万别。不过现在，Adobe 公司的 Photoshop CC 2015 添加了 Camera Raw 滤镜，可以在 Photoshop 界面内打开并编辑这些 RAW 文件。

执行【滤镜】|【Camera Raw 滤镜】命令，在弹出的 Camera Raw 对话框中设置各选项参数，单击【确定】按钮即可。

在该对话框中，不仅包括不同的查看工具与调整工具，还包括不同的调整选项卡，从而调整照片图片的各种效果。其中，不同工具与调整选项卡名称以及相关作用，如下表所述。

字　母	名　　称	作　　用
A	缩放工具	单击预览图像时，将预览缩放设置为下一较高预设值。按住 Alt 键并单击可使用下一较低缩放值。在预览图像中拖移缩放工具可以放大所选区域。要恢复到 100%，单击两次缩放工具
B	手抓工具	将预览图像的缩放级别设置为大于 100% 时，用于在预览窗口中移动图像。在使用其他工具的同时，按住空格键可暂时激活抓手工具，单击两次抓手工具可将预览图像调整为适合窗口大小
C	白平衡工具	使用该工具单击预览图像的不同区域，可以调整图像的颜色平衡效果
D	颜色取样器工具	使用该工具单击预览图像的不同区域，能够记录相应区域的颜色值
E	目标调整工具	该工具包括【参数曲线】、【色相】、【饱和度】、【明亮度】与【灰度混合】子选项，选择不同的子选项在预览图像中单击并拖动，可以调整相应的效果
F	污点去除工具	使用该工具单击预览图像的某个区域，能够去除该区域中的图像，并被目标区域覆盖融合
G	红眼去除	使用该工具能够去除图像中眼睛中的红色像素
H	调整画笔	使用该工具单击并拖动预览图像，可以调整局部区域中的各个调整选项
I	渐变滤镜	使用该工具单击并拖动预览图像，能够将相同类型的调整渐变地应用于某个区域的照片，同时可以随意调整区域的宽窄
J	径向滤镜	使用该工具单击并拖动预览图像，能够突出展示想要引起观众注意的图像的特定部分
K	调整选项卡	选择对话框中右侧的不同调整选项卡，打开相应的调整选项，从而设置相关的选项
L	直方图	在预览图像中的指针下面显示像素的红色、绿色和蓝色值
M	缩放级别	从菜单中选择一个放大设置，或单击【选择缩放级别】按钮

4.3 应用 3D 效果

在 Photoshop 中不仅可以编辑二维平面画像,而且还可以应用 3D 效果,通过创建三维对象来制作立体效果。而 Photoshop CC 优化了 3D 功能,从而在编辑 3D 对象时更加稳定、快速。

4.3.1 创建 3D 对象

Photoshop CC 不仅支持各种 3D 文件,而且还能够在该软件中创建 3D 对象。无论是外部的 3D 文件,还是自身创建的 3D 对象,均可包含下列一个或多个组件。

- ❏ **网格** 提供 3D 模型的底层结构。通常,网格看起来是由成千上万个单独的多边形框架结构组成的线框。3D 模型通常至少包含一个网格,也可能包含多个网格。在 Photoshop 中,可以在多种渲染模式下查看网格,还可以分别对每个网格进行操作。

- ❏ **材料** 一个网格可具有一种或多种相关的材料,这些材料控制整个网格的外观或局部网格的外观。这些材料依次构建于被称为纹理映射的子组件,它们的积累效果可创建材料的外观。Photoshop 材料最多可使用 9 种不同的纹理映射来定义其整体外观。

- ❏ **光源** 光源类型包括无限光、点光和聚光灯。可以移动和调整现有光照的颜色和强度,并且可以将新光照添加到 3D 场景中。

执行【窗口】|3D 命令,弹出 3D 面板。在默认情况下,【源】下拉列表中显示选择的是【选中的图层】选项。此时,用户可根据创建需求,设置【源】选项,设置其他选项,并单击【创建】按钮。

在 3D 面板中,主要包括下列一些选项。

- ❏ **源** 用于设置 3D 对象的源方式,包括选中的图层、工作路径、当前选区、文件 4 种方式。

- ❏ **3D 明信片** 选中该选项,可将 2D 图层转换为 3D 图层,并且具有 3D 属性的平面。其中,2D 图层内容作为材料应用于明信片两面,而原始 2D 图层作为 3D 明信片对象的【漫射】纹理映射出现在【图层】面板中,并且保留了原始 2D 图像的尺寸。

- ❏ **3D 模型** 选中该选项,即可将工作环境转换为 3D 环境,此时在画布中单击并拖动即可发现平面图像转换为立方体。

- ❏ **从预设创建网格** 选中该选项,并选中相应的子选项,即可将二维图像作为立体对象中的一个面。另外,还可以在空白图层中,创建各种预设 3D 形状对象。

- ❏ **从深度映射创建网格** 选中该选项,可将灰度图像转换为深度映射,从而将明度值转换为深度不一的表面。较亮的值生成表面上凸起的区域，较暗的值生成凹下的区域。然后，Photoshop 将深度映射应用于 4 个可能的几何形状中的一个，以创建 3D 模型。

❑ **3D 体积**　该选项主要针对 DICOM 文件。

4.3.2　编辑 3D 对象

Photoshop 中的 3D 模式工具组主要是用来旋转、缩放模型或调整模型位置。当操作 3D 模型时，场景中的相机视图保持固定。如果系统支持 OpenGL，还可以使用 3D 轴来操控 3D 模型。

1．3D 模式工具组

3D 模式工具组包括 5 个工具，不同的工具其作用也有所不同。当【图层】面板中存在 3D 图层时，选择工具选项栏中 3D 模式工具组中的某个工具，即可在工具选项栏中显示 3D 工具组中的所有工具与选项。

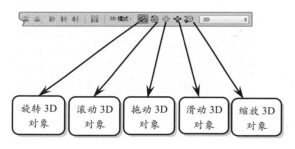

3D 模式工具组中的【旋转 3D 对象】主要用来沿 X 轴或者 Y 轴旋转 3D 对象；而【滚动 3D 对象】则主要用来沿 Z 轴旋转 3D 对象，但是两者结合 Alt 键能够临时切换工具。

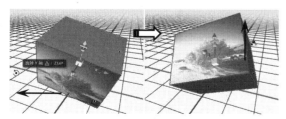

使用【拖动 3D 对象】与【滑动 3D 对象】左右拖动时，能够水平移动 3D 对象。但是上下拖动时，则通过前者工具可以垂直移动 3D 对象，而通过后者工具则可以将 3D 对象移近或者移远。

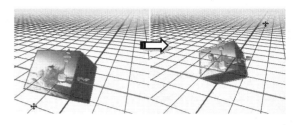

选择 3D 模式工具组中的【缩放 3D 对象】，上下拖动能够放大或者缩小 3D 对象。

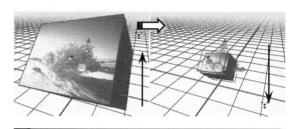

> **提示**
>
> 不同的 3D 效果，其 3D 模式工具组中的工具会存在细微变化。

2．3D 轴

当在主视图中单击 3D 对象后，即可在 3D 对象中心位置显示 3D 轴。3D 轴显示 3D 空间中，3D 模型当前 X、Y 和 Z 轴的方向。

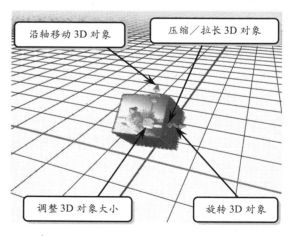

3D 轴的操作与使用 3D 对象工具操作 3D 对象的效果相同。所以，能够将前者作为后者 3D 对象的备选工具。单击 3D 轴上方并且拖动，即可对 3D

对象进行操作。

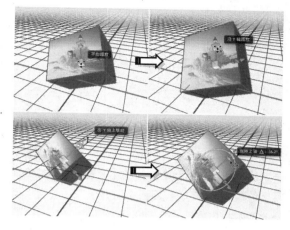

❑ **移动**　要沿着 X、Y 或 Z 轴移动 3D 对象，可以指向任意轴的锥尖，以任意方向沿轴拖动即可。

❑ **旋转**　要旋转 3D 对象，单击轴尖内弯曲的旋转线段，将会出现显示旋转平面的黄色圆环。这时围绕 3D 轴中心沿顺时针或逆时针方向拖动圆环即可。

❑ **调整大小**　要调整 3D 对象的大小，只要向上或向下拖动 3D 轴中的中心立方体即可。

❑ **压缩或拉长**　要沿轴压缩或拉长 3D 对象，将某个彩色的变形立方体朝中心立方体拖动，或拖动其远离中心立方体即可。

❑ **限制移动**　要将移动限制在某个对象平面，可以将鼠标指针移动到两个轴交叉（靠近中心立方体）的区域。这时两个轴之间将出现一个黄色的【平面】图标，只要向任意方向拖动即可。

4.3.3　设置 3D 对象属性

3D 面板是单独为 3D 对象而建立的调整工作平台，通过该面板，可以轻松地对 3D 对象进行创建、选择，以及查看。在此面板中也可以为当前对象添加新的灯光，但是要想详细地设置材质参数、调整灯光位置及光线强度等选项，则需要在【属性】

面板中完成。

1．3D 场景设置

使用 3D 场景设置可更改渲染模式、选择要在其上绘制的纹理或创建横截面。单击 3D 面板中的【滤镜：整个场景】按钮，然后在面板顶部选择【场景】选项，即可在【属性】面板中查看并编辑场景中的各个选项。

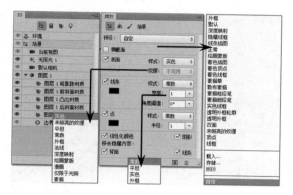

【属性】面板中，主要包括下列一些选项。

❑ **预设**　该选项用于自定义渲染设置，包括外框、深度映射、法线等 17 种设置。默认选项为【自定】选项，选择不同的选项可应用相应的预设。

❑ **横截面**　启用该复选框，可对切片、位移、倾斜等进行设置。

❑ **表面**　启用该复选框，可以对 3D 对象的表面样式和纹理进行设置。其中，【样式】选项包括实色、常数、外框等 11 种样式。

❑ **线条**　启用该复选框，可以对 3D 对象的边缘样式、宽度和角度阈值进行设置，从而决定 3D 对象中线条的显示方式。

❑ **点**　启用该复选框，可以对 3D 对象的样式和边境进行设置，从而调整顶点的外观。

❑ **线性化颜色**　启用该复选框，可以显示或隐藏 3D 对象线性化场景的阴影样式。

❑ **背面**　启用该复选框，可以显示或隐藏 3D 对象背面的线条。

2．3D 网格设置

3D 模型中的每个网格都出现在 3D 面板顶部的单独线条上。单击 3D 面板顶部的【滤镜：网格】按钮▦，即可在【属性】面板中设置应用于网格的材质和纹理数量。

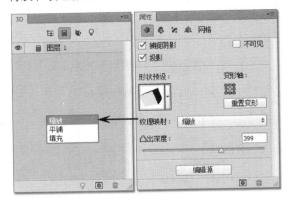

在【属性】面板中，不仅包括【网格】选项组，还能够设置【变形】选项组、【盖子】选项组以及【坐标】选项组。

- ❏ **网格** 在【网格】选项组中，包含了 3D 对象的投影设置，以及变形等其他选项组中的个别选项。

- ❏ **变形** 在【变形】选项组中，不仅能够使用预设的变形效果，还能够手动对 3D 对象进行变形，或者通过设置参数值进行变形。

- ❏ **盖子** 在【盖子】选项组中可以设置 3D 对象表面的斜面与膨胀效果。在【边】下拉列表中包括前部、背面以及前部与背面子选项，下面以前部为例设置其效果。

- ❏ **坐标** 在【坐标】选项组中可以设置 3D 对象在 3D 环境中的位置，以及显示的尺寸与方向。该选项组中的选项只是将 3D 模式工具组中的工具参数化，也就是说可以更加精确地设置 3D 对象在 3D 环境中的显示状态。

3．3D 材质设置

单击 3D 面板顶部的【滤镜：材质】按钮▦，在【属性】面板中将列出在 3D 对象中使用的材质。

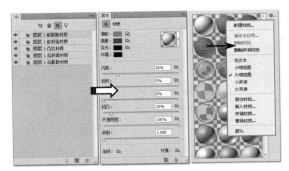

如果模型包含多个网格，每一个网格都会具有一定的材质属性，无论是颜色还是图像，甚至更加复杂的纹理。【属性】面板中的材质选项包含了网格的基本材质属性，分别介绍如下。

- ❏ **漫射** 指材质的颜色。漫射映射可以是实色或任意 2D 内容。如果选择移去漫射纹理映射，则【漫射】色板会设置漫射颜色。还可以通过直接在模型上绘画来创建漫射映射。

- ❏ **镜像** 为镜面属性显示的颜色。

- ❏ **发光** 是不依赖于光照即可显示的颜色。创建从内部照亮 3D 对象的效果。

- ❏ **环境** 是设置在反射表面上可见的环境光的颜色。该颜色与用于整个场景的全局环境色相互作用。

- ❏ **闪亮** 是设置【光泽】时所产生的反射光的散射。低反光度（高散射）产生更明显的光照，而焦点不足；高反光度（低散射）产生较不明显、更亮、更耀眼的高光。

- ❏ **反射** 可以增加 3D 场景、环境映射和材质表面上其他对象的反射。

- ❏ **粗糙度** 用来设置表面材质的粗糙强度。

- ❏ **凹凸** 在材质表面创建凹凸，无需改变底层网格。凹凸映射是一种灰度图像，其中较亮的值创建突出的表面区域，较暗的值创建平坦的表面区域。

- ❏ **不透明度** 增加或减少材质的不透明度（在 0～100% 范围内）。可以使用纹理映射或小滑块来控制不透明度。

- ❏ **折射** 在场景【品质】设置为【光线跟踪】且【折射】选项已在【3D】>【渲染设置】

对话框中选中时设置折射率。两种折射率不同的介质（如空气和水）相交时，光线方向发生改变，即产生折射。新材质的默认值是 1.0（空气的近似值）。

4．3D 光源设置

在专业的三维软件中，3D 对象最终需要在光源的照射下，才能充分展示清楚其现实情况下的三维轮廓形态。同样，在 Photoshop 中创建的 3D 对象，给它添加光源及控制光源的强度和位置至关重要。3D 光源可以从不同角度照亮模型，从而添加逼真的深度和阴影。Photoshop 提供了三种类型的光源。

❑ **点光源**　该类型光源像灯泡一样，向各个方向照射。

❑ **聚光灯**　该类型光源照射出可调整的锥形光线。

❑ **无限光**　该类型光源像太阳光一样，从一个方向平面照射出光线。

单击 3D 面板顶部的【滤镜：光源】按钮，在【属性】面板将列出在 3D 对象中照明的光源选项，对各选项进行相应的设置即可。

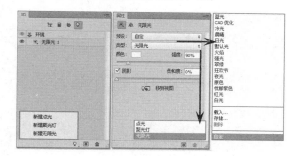

4.4　优化设置

Photoshop 中的图像除了可以用于印刷外，还可以用于网络输出。但是，在输出图像之前，用户还需要根据图像的实际质量，来制作图像的切片和优化图像。

4.4.1　制作切片

如果用于网络输出的图片太大，可在图片中添加切片，将一张大图划分为若干个小图，则打开网页时，大图会分块逐步显示，缩短等待图片显示的时间。

打开图像，使用【切片工具】在图像中单击并拖动鼠标以创建切片。创建切片时，用户可以在工具选项栏的【样式】下拉列表框中选择切片的样式。

在【样式】下拉列表中，主要包括下列三种样式。

❑ **正常**　该样式允许用户使用光标绘制任意大小的切片。

❑ **固定长宽比**　该样式允许用户在右侧的【宽度】和【高度】等输入文本域中输入指定的大小比例，然后再通过【切片工具】根据该比例绘制切片。

❑ **固定大小**　该样式允许用户在右侧的【宽度】和【高度】等输入文本域中输入指定的大小，然后再通过【切片工具】根据该大小绘制切片。

除了以上三种样式外，还包含了一个【基于参考线的切片】按钮。如下图包含的参考线，单击该按钮后，则 Photoshop 会根据参考线绘制切片。

创建切片完成后，可以通过【切片选择工具】单击或拖动切片，调整切片的大小和位置。

4.4.2　优化图像

由于考虑到网速等原因，上传的图片不能太大，这时就需要对 Photoshop 创建出的图像进行优化，通过限制图像颜色等方法来压缩图像的大小。执行【文件】|【导出】|【存储为 Web 和设备所用格式（旧版）】命令，在弹出的对话框中设置各种优化选项。

在该对话框中，位于左侧的是预览图像窗口，在该窗口中包含 4 个选项卡，它们的功能如下表所示；而位于右侧的是用于设置切片图像仿色的选项。

名称	功　　能
原稿	单击该选项卡，可以显示没有优化的图像
优化	单击该选项卡，可以显示应用了当前优化设置的图像
双联	单击该选项卡，可以并排显示原稿和优化过的图像
四联	单击该选项卡，可以并排显示 4 个图像，左上方为原稿，单击其他任意一个图像，可为其设置一种优化方案，以同时对比相互之间的差异，并选择最佳的方案

通常，如果图像包含的颜色多于显示器能显示的颜色，那么，浏览器将会通过混合它能显示的颜色，来对它不能显示的颜色进行仿色或靠近。用户可以从【预设】下拉列表中选择仿色选项，在该下拉列表中包含 12 个预设的仿色格式，其中选择的参数值越高，优化后的图像质量就越高，能显示的颜色就越接近图像的原有颜色。

最后，单击【存储】按钮，在弹出的【将优化结果存储为】对话框中设置【文件名】选项，单击【保存】按钮即可将图像保存。

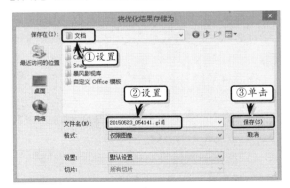

4.5　练习：制作喷溅边框

喷溅边框是当前较为流行的数码相框之一，该边框通常用于时尚、张扬的个性照片，能够表达人物追求自我的个性。在本练习中，将运用蒙版和滤镜等功能，来详细介绍喷溅边框的制作方法和实用技巧。

操作步骤 ▶▶▶▶

STEP|01 执行【文件】|【打开】命令，选择本书配套光盘中相应章节的"个性照片.jpg"素材图片。

STEP|02 按下组合键 Ctrl+J 复制"背景"图层，

得到"图层 1"图层。然后，选择"背景"图层，执行【编辑】|【填充】命令，将【内容】选项设置为【白色】，单击【确定】按钮，将图层背景填充为白色。

STEP|03 单击【工具箱】中的【矩形选框工具】按钮，在"图层 1"图层中绘制一个选区。

STEP|04 在【工具箱】面板中，单击【以快速蒙版模式编辑】按钮，进入快速蒙版模式。

STEP|05 执行【滤镜】|【像素化】|【晶格化】命令，在弹出的【晶格化】对话框中设置各项参数。

STEP|06 执行【滤镜】|【像素化】|【碎片】命令，对当前蒙版进行碎片处理。

STEP|07 执行【滤镜】|【滤镜库】命令，在弹出的对话框中，选择【画笔描边】栏中的【喷溅】选项，并设置各项参数。

STEP|08 执行【滤镜】|【扭曲】|【挤压】命令，在弹出的【挤压】对话框中设置【数量】参数。

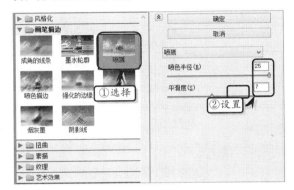

STEP|09 执行【滤镜】|【扭曲】|【旋转扭曲】命令，在弹出的【旋转扭曲】对话框中设置【角度】参数。

STEP|10 单击【工具箱】面板中的【以标准模式编辑】按钮，退出快速蒙版模式，系统将自动根据蒙版的形状转换为选区。

STEP|11 按组合键 Ctrl+Shift+I 对选区进行反选操作后，执行【选择】|【变换选区】命令。然后，右击执行【水平翻转】命令，并按回车键。

STEP|12 按 Delete 键删除所选区域中的图形后，

按组合键 Ctrl+D 取消选区。

STEP|13 双击"图层 1"图层，在弹出的【图层样式】对话框中，启用【投影】复选框，并将【颜色】设置为黑色，并设置其他相应参数。

STEP|14 在【图层样式】对话框中，启用【描边】复选框，并将【颜色】设置为蓝色（#12a9f8）后，即可得到蓝色的喷溅边框。

4.6 练习：制作网页首页

网站的外观最能决定网站所具备的价值。一个设计精美的网站，其产品或服务质量也很有竞争力，所促成的销售量会是很高的。而网站色彩也对人们的心情产生影响，不同的色彩及其色调组合会使人们产生不同的心理感受。在本练习中，将以草绿色为基本色调，运用 Photoshop 中的基础功能，来制作一个购物网站的网页首页。

操作步骤 ▶▶▶▶

STEP|01 执行【文件】|【新建】命令，在弹出的【新建】对话框中设置参数，并单击【确定】按钮。

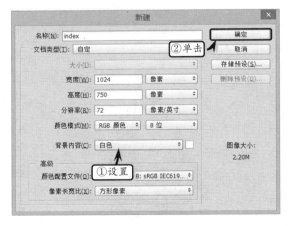

STEP|02 新建图层"绿背景"图层，单击【矩形

选框工具】按钮，在图层中绘制一个矩形选区。

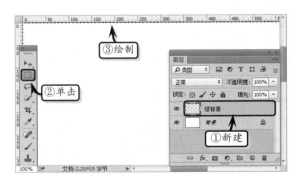

STEP|03 执行【编辑】|【填充】命令，在弹出的【填充】对话框中，将【内容】设置为【颜色】，并在弹出的【拾色器（填充颜色）】对话框中设置填充色。

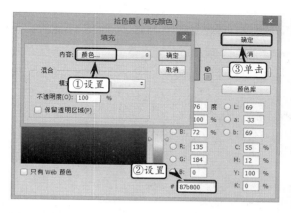

STEP|04 双击该图层，打开【图层样式】对话框，启用【渐变叠加】复选框，然后在右侧设置相应的参数，并单击渐变条。

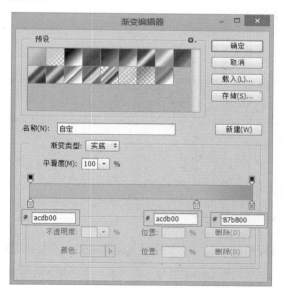

STEP|05 然后，在弹出的【渐变编辑器】对话框中，在 75 位置处添加色标，并分别设置色标的填充颜色。

STEP|06 打开 PSD 格式的"花纹"素材，将其放置于首页文档中，并将【混合模式】设置为【滤色】。

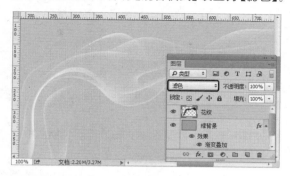

STEP|07 单击【工具箱】面板中的【设置前景色】按钮，在弹出的【拾色器（前景色）】对话框中，将前景色设置为 15% 的灰色。

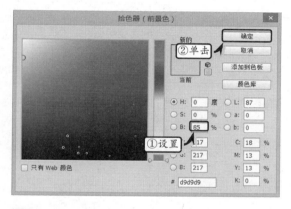

STEP|08 单击【工具箱】面板中的【矩形工具】按钮，在图层中绘制一个 W 为 220 像素、H 为 142 像素的矩形形状。

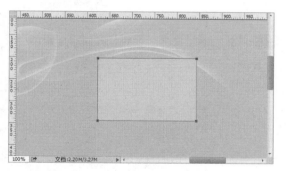

STEP|09 按住 Ctrl 键单击当前图层缩览图，执行【选择】|【变换选区】命令，单击【工具选项栏】上的【保持长宽比】按钮。设置【水平缩放】为 110%，将选区扩大，并按 Enter 键结束变换。

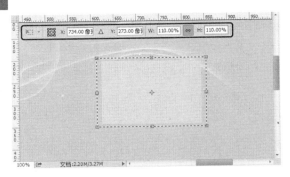

STEP|10 然后，在矩形下方新建图层"顶白框"，并将其填充白色，取消选区。

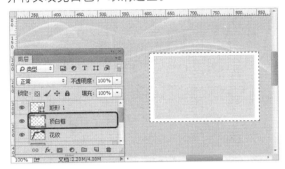

STEP|11 按照上述方法，分别在该图形左边和右边绘制两个小型相框。

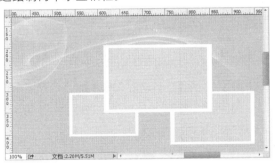

STEP|12 打开"光晕"素材，将其添加到当前文档中，将该图层调整至"花纹"图层上方，并修改图层名称。

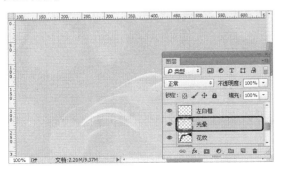

STEP|13 打开"标志.psd"文件，将该文件内的标志和文本添加到当前文档中，并调整其大小和位置。

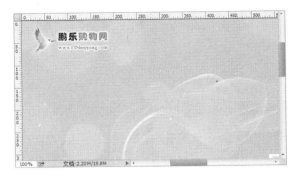

STEP|14 添加"电脑"素材，按快捷键 Ctrl+J 复制图层。并按快捷键 Ctrl+T 将图像进行水平翻转后垂直向下移动。

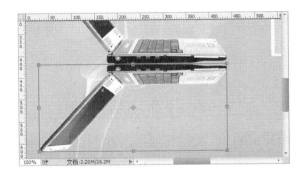

STEP|15 选中"电脑 拷贝"图层，单击【矩形选框工具】按钮，建立选区，并按快捷键 Ctrl+Shift+I 反选选区。

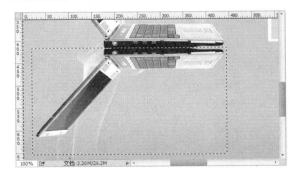

STEP|16 单击【图层】面板下的【添加图层蒙版】按钮，对图层添加蒙版，将选区以外的副本图像遮

盖。设置该图层【不透明度】为 10%。

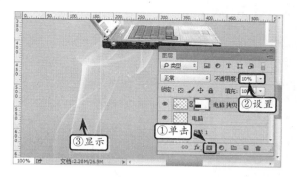

STEP|17 在 "电脑" 图层下方新建图层 "投影"，使用【钢笔工具】建立路径。将路径转换为选区，并填充为黑色。

STEP|18 取消选区，设置该图层的【不透明度】为 20%，并使用【橡皮擦工具】进行涂抹。【画笔大小】和【不透明度】可根据实际随时更改。

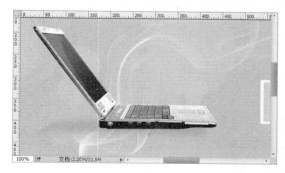

STEP|19 添加 "风景" 图片，按快捷键 Ctrl+T 打开变换框，等比例缩小。按住 Ctrl 键单击调整控制柄，使图像与电脑屏幕重合。

STEP|20 添加 "鸽子" 素材，使用【钢笔工具】建立路径。

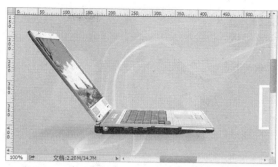

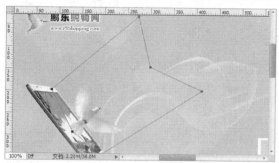

STEP|21 然后，右击选区执行【建立选区】命令，将【羽化半径】设置为 20 像素，羽化选区。

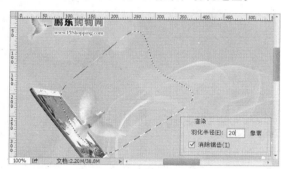

STEP|22 新建图层 "光"，单击【工具栏】中的【渐变工具】按钮，同时单击【工具选项栏】上的【线性渐变】按钮，设置白色到透明色渐变。在画布上执行渐变，取消选区。

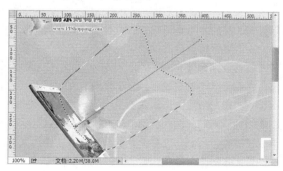

STEP|23 打开"音符"、"绿叶"素材，并放置于首页文档中。

STEP|24 打开"相机"素材，放置于较大的相框图像上。将相机所在的图层放置在该形状相框图层上，并将鼠标放在两图层之间，按住 Alt 键单击。

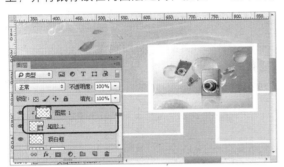

STEP|25 分别打开"手机"、"笔记本"素材，并放置于其他两个相框图像中。

STEP|26 单击【工具箱】中的【横排文字工具】工具，输入宣传语，并设置文本属性。

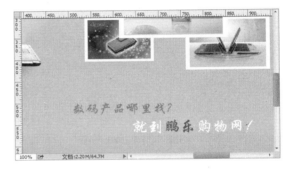

4.7 新手训练营

练习 1：制作弹出式窗口动画广告
 downloads\4\新手训练营\弹出式窗口动画广告

提示：本练习中，首先新建文档，同时新建图层，并设置图层的渐变填充背景色。同时，新建图层，并为图层添加花朵填充效果。使用【横排文字工具】输入横排文字，设置文字格式并依次为每段文本添加图层样式。然后，新建图层，使用绘制工具绘制素材背景，并依次设置背景方框的填充和图案效果。为素材背景方框添加图像素材，并调整其大小和位置。最后，使用绘制工具绘制拍拍形状，设置图层样式并调整形状位置。在拍拍形状上输入拍拍字符，并设置字符的字体格式。同时，输入其他横排文字，并设置文字效果。绘制参与形状，设置形状的图层样式，输入文本并设置文本的字体格式。

练习 2：制作摄影网站 Banner
 downloads\4\新手训练营\摄影网站 Banner

提示：本练习中，首先新建黑色背景的文档，新建图层，为其设置渐变叠加样式，形成径向渐变背景色。同时，运用图层蒙版、【画笔工具】和【矩形选框工具】、【椭圆工具】绘制多个发光效果不同的圆环，制作背景图案。然后，绘制放映栏，通过渐变叠加、外发光、内发光等图层样式，设置放映栏外观效果。同时，绘制外边框，设置边框样式，输入文本并设置文本样式。最后，运用【动画】面板，制作动画 Banner。

置其字体格式。新建并合并图层，隐藏该图层并运用【扭曲】滤镜增加图层效果。同时，设置图层的描边、斜面和浮雕效果。然后，根据图层样式创建多个图层，设置图层填充色，并创建图层之间的剪切蒙版。最后，新建调整图层，设置色相和饱和度。使用【多边形工具】绘制四角形，合并相应图层，并设置文本的【渲染】滤镜效果。

练习 3：制作墨印效果

downloads\4\新手训练营\制作墨印效果

提示：本练习中，首先新建文档，添加素材图像。复制图层，并设置图层的色相和饱和度。添加插画图层，并设置图层的位置。然后，复制插画图层，并设置图层的色相和饱和度。最后，创建组 1 图层，在组图层中创建新图层，添加素材，复制图层并分别设置图层的色相和饱和度。

练习 5：制作海报卷页效果

downloads\4\新手训练营\制作海报卷页效果

提示：本练习中，首先新建文档，使用【矩形工具】绘制矢量形状，并使用【路径选择工具】和【钢笔工具】绘制调整形状路径。将路径转换为选区，并设置对角线性渐变填充效果。然后，新建图层，使用【多边形套索工具】绘制选区，并设置对角线性渐变填充效果。载入图层选区，为其添加描边图层样式，制作卷页效果。最后，新建图层，使用【橡皮擦工具】绘制页面卷起的白色高光部分。同时，使用【加深工具】设置页面卷起的中间调和曝光度。

练习 4：制作钻石文字

downloads\4\新手训练营\钻石文字

提示：本练习中，首先新建文档，输入文本并设

练习 6：制作网页切片

⊙downloads\4\新手训练营\制作网页切片

提示：本练习中，首先打开素材文件，显示页面标尺。向下拖动标尺显示标尺线。然后，根据切片位置添加多条标尺线。单击【切片工具】按钮，同时单击【工具选项栏】中的【基于参考线的切片】按钮，根据标尺线显示切片效果。最后，使用【切片工具】在切片区域内根据图片大小，将切片区域划分为各个矩形区域。

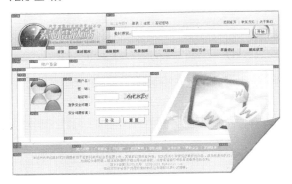

练习 8：制作油画效果

⊙downloads\4\新手训练营\制作油画效果

提示：本练习中，首先打开素材图像，设置图像阴影和高光效果。然后，复制图层，设置新图层中图像的色彩饱和度。同时，为图像添加【艺术效果】滤镜。最后，为图像添加【画笔描边】和【扭曲】滤镜。

练习 7：制作版画效果

⊙downloads\4\新手训练营\制作版画效果

提示：本练习中，首先打开素材文件，将"背景"图层连续三次拖动至【创建新图层】按钮上，分别得到三个副本图层，并隐藏顶层的两个图层。然后，为"背景 副本"图层添加【艺术效果】滤镜。取消隐藏图层，并为该图层添加【素描】滤镜，同时设置该图层的混合模式和不透明度。最后，创建新的填充或调整图层，并设置图层的色相和饱和度。

第 5 章

网页动画设计

    动画可以为网站的页面添加独特的动态效果，使页面内容更加丰富而具有动感。Flash 作为目前网页最流行的动画形式之一，一直以其独特的魅力吸引着无数的用户。网站中的很多元素都可以由 Flash 来完成，如网站进入动画、导航菜单、图片展示动画、动画按钮，以及网页中经常使用的透明动画等。

    本章将介绍 Flash 动画的一些基本知识，包括基本界面和新增功能，以及导入素材、绘制矢量图形、编辑动画文本等内容，为用户制作多彩的动画奠定基础。

5.1 Flash CC 简介

Flash CC 是由 Adobe 公司开发的一种基于可视化界面而且带有强大编程功能的动画设计与制作软件。由于 Flash CC 易于上手且制作出的动画具有体积小、特效丰富等优势，因此很多用户将 Flash 与各种网页的应用相互结合，构成完整的互联网程序。

5.1.1 Flash CC 的工作界面

Flash CC 是 Adobe 创作套件 CC 的一个重要组成部分，其应用了 Adobe 创作套件的统一风格界面。在 Flash CC 的主界面中，包含【菜单栏】、选项卡式的【文档】窗格、【时间轴】/【输出】面板、【属性】/【库】面板、【工具箱】面板等组成部分。

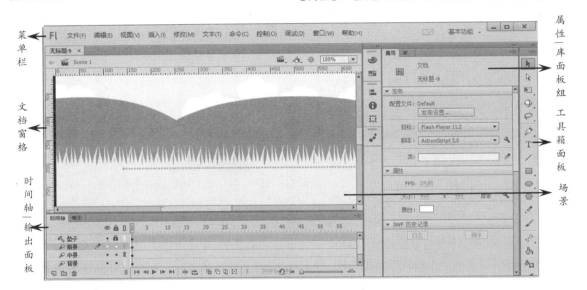

1．菜单栏

Flash 与同为 Adobe 创作套件的其他软件相比最典型的特征就是没有标题栏。Adobe 公司将 Flash 的标题栏和菜单栏集成到了一起，以求在有限的屏幕大小中尽可能多地将空间留给【文档】窗格。

在菜单栏中，包含了设计和制作 Flash 动画时所需要的所有 11 个命令菜单。在菜单栏右侧，新增了【同步设置状态】按钮，帮助用户将所涉及的内容同步到云中。在【同步设置状态】按钮右侧的是【工作区切换器】菜单，提供了一些预制的工作区布局供用户选择使用。同时，还允许用户创建、存储和编辑自定义的工作区布局。

2．文档窗格

【文档】窗格是 Flash 工作区中最重要的组成部分之一，其作用是现实绘制的图形图像，以及辅助绘制的各种参考线。

在默认状态下，【文档】窗格以选项卡的形式显示当前打开的所有 Flash 影片文件、动作脚本文件等。用户可通过拖动选项卡名称的方法，将选项卡切换为窗口形式。

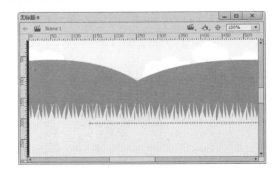

同样，用户也可单击窗口形式的【文档窗格】标题栏，将其拖曳至【文档窗格】区域的顶端，将其切换为选项卡形式。

【场景】工具栏的作用是显示当前场景的名称，并提供一系列的显示切换功能，包括元件间的切换和场景间的切换等。【场景】工具栏中自从左至右分别为【后退】按钮、【场景名称】文本字段、【编辑场景】按钮、【编辑元件】按钮、【舞台居中】按钮等内容。

3. 时间轴|输出面板

时间轴是指动画播放所依据的一条抽象的轴线。在 Flash 中，将这条抽象的轴线具象化到了一个面板中，即【时间轴】面板。

与时间轴面板共存于一个面板组的还有【输出】面板。分别单击面板组中的选项卡，可在这两个面板间进行切换。单击选项卡的空位，可以将整个面板组设置为显示或隐藏。

4. 属性|库面板

【属性】面板又被称作【属性】检查器，是 Flash 中最常用的面板之一。选择 Flash 影片中的各种元素后，即可在【属性】面板中修改这些元素的属性。

【库】面板的作用类似一个仓库，其中存放着当前打开的影片中所有的元件。用户可直接将【库】面板中的元件拖曳到舞台场景中，或对【库】面板中的元件进行复制、编辑和删除等操作。

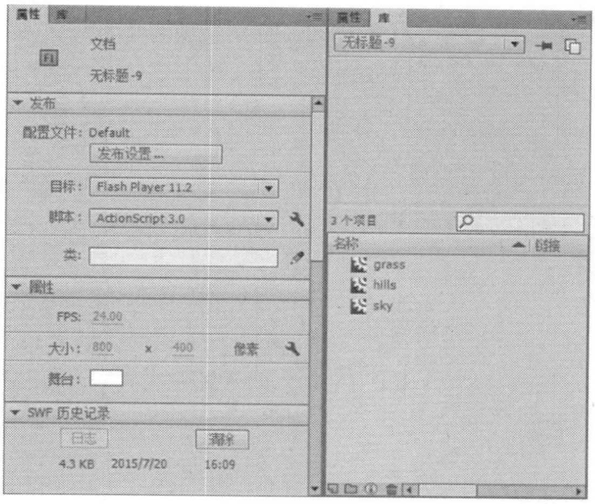

提示

如果库面板中的元件已被 Flash 影片引用，则删除该元件后，舞台场景中已被引用的元件也会消失。

5. 工具箱面板

在【工具箱】面板中，列出了 Flash 中常用的 30 种工具，用户可以单击相应的工具按钮，或按下这些工具所对应的快捷键，来调用这些工具。

一些工具是以工具组的方式存在的（工具组的右下角通常有一个小三角标志），此时，用户可以右击工具组，或者按住工具组的按钮 3s，均可打开该工具组的列表，在列表中选择相应的工具。

5.1.2　Flash CC 的新增功能

Flash CC 2015 是由 Adobe 最新更新的一款动画制作软件，支持 Windows 和 MAC 系统，同时还增加了对 HTML5 技术的支持。除此之外，Flash CC 2015 还具有下列新增功能。

1. 改进的新动画编辑器

改进后的新动画编辑器可使用户的细调补间动画体验显得更为流畅，不仅可以从时间轴中方便地访问动画编辑器，而且还集中于属性曲线的编辑，从而大幅度地提高了其易用性。

使用改进后的动画编辑器，通过简单的几步即可创建复杂而高度吻合的补间，从而可以模拟对象的真实行为。

2. 创建和发布 WebGL 内容

Flash CC 2015 新增了一个包含预设文档和发布设置的新文档类型 WebGL(预览)，以方便用户在 Flash 中通过时间轴、工作区、工具等功能加速处理、渲染和生成 WebGL 内容。

注意

WebGL 文档类型是一个试验性功能，它仅支持预览和有限的交互性。

3. 导出为 SVG 格式

Flash CC 2015 允许用户将文件导出为

SVG(Scalable Vector Graphics，可伸缩矢量图形)格式，从而可以在缩放时不产生栅格(分辨率无关)的情况下，生成品质卓越的图形。而 SVG 是用于创建和发布矢量图形的一种开放的 Web 标准，使用 SVG 不仅可以创建高品质的视频，而且还可以将其嵌入到大多数网页中。

4．与 Adobe Creative Cloud 实现工作区同步

Flash CC 2015 新增了工作区同步 Creative Cloud 的功能，在新版本中用户可以将 Flash CC 2015 工作区设置与 Creative Cloud 保持同步，从而满足用户在多台计算机上同步自定义工作区设置的愿望。

5．新增 HTML 5 扩展功能

Flash CC 2015 新增了 HTML 5 扩展功能，运用该功能用户可以使用 HTML 对 Flash CC 进行功能扩展。

新版本的 Flash CC 不仅支持使用 Extension Builder 3 打包的 HTML 扩展，而且还可以使用 Adobe Exchange 下载这些扩展，并在 Flash CC 中使用 Adobe Extension Manager 对它们进行管理。

6．对具有可变宽度的笔触进行补间

Flash CC 2015 新增了对具有可变宽度的笔触进行形状补间功能，运用该功能不仅可以对使用可变宽度工具创建的花式笔触进行补间，而且还可以对一些与默认或自定义宽度配置文件相关联的实心笔触进行补间。

7．使用可变宽度工具增强笔触

通过使用新增的可变宽度工具可以增强笔触的表现力，以增加舞台上绘图的各种笔触和形状的粗细度。除此之外，新版本的 Flash 还可以创建并保存宽度配置文件，以方便用户将其用于舞台上的绘画。

另外，在 Flash CC 2015 中，除了上面所介绍的新增功能之外，还包括一些其他关键改进。例如，重新启用对象级撤销选项、导出放映文件功能等。

5.1.3　网页动画形式

Flash 是最常见的网页元素之一，具有适用范

围广、占用空间小、支持跨平台播放以及强大的交互性等优点。正因为这些优点，Flash 不仅是网页动画的制作软件，也是网页多媒体的承载者。网页中常见的动画形式如下。

动画形式	描　述
进入动画	访问者进入网站前播放的动画。进入动画设计的好坏直接影响到网站给访问者的第一印象，所以越来越多的网站开始重视进入动画的设计
Logo 图标	通常所见的 Logo 图标为静态的图片，其实也可以制作成动画。但是，目前采用这种形式 Logo 的网站较少
导航菜单	导航菜单可以引导访问者浏览网站内的信息。与传统的导航条相比，Flash 导航菜单在表现效果上更加丰富，从而给访问者一种新颖的感觉
按钮	按钮在跳转网页或执行某些任务(如提交表单)时起到了不可替代的作用。为了能够表现更强的动画效果，也可以将按钮制作成 Flash 动画
Banner	Banner 是最常见的网络广告形式之一，通常是静态图像、GIF 动态图像或 Flash 动画。其中 Flash 动画的表现能力最强，因此也受到大部分网站的青睐
图片展示	在很多网站中都可以看到自动切换的图片展示 Flash，它在指定的区域内可以循环展示多个图片，正因为此通常用于宣传广告图片的展示
透明 Flash	透明 Flash 通常添加到网页的静态图像上面，由于其背景可以设置为透明，所以能够快速地让静态图像具有动画效果，为网页图像起到了很好的点缀效果
Flash 整站	除了可以将 Flash 作为元素融入到网页中，还可以将整个网站制作成 Flash。虽然在加载过程中需要更长的时间，但是所表现的整体效果却是传统网站无法比拟的

5.2　管理库资源

每一个 Flash 动画文件都有用于存放动画元素的【库】，其中包括元件、位图、声音以及视频文件等。通过【库】可以方便地查看和组织这些内容。

5.2.1　导入动画素材

在 Flash 中，除了可以使用绘图工具创建各种图形和文本，还可以将其他软件创建的矢量图形和位图图像等素材导入到文档中。

1．导入到舞台

导入到舞台是指将其他软件中创建或者编辑的文件导入到当前场景舞台中。执行【文件】|【导入】|【导入到舞台】命令，在弹出的【导入】对话框中选择所要导入的图像，单击【打开】按钮即可。

2．导入到库

除了可以将素材导入到舞台之外，还可以将素材导入到【库】面板中，以便用户对其重复使用和编辑。

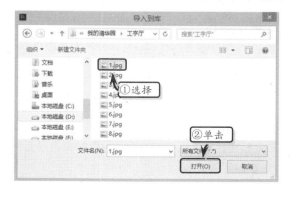

执行【文件】|【导入】|【导入到库】命令，在弹出的【导入到库】对话框中，选择所要导入的图像文件，单击【打开】按钮即可。

3．打开外部文件

若要使用其他 Flash 源文件素材，可以执行【文件】|【导入】|【打开外部库】命令，在弹出的【打开】对话框中选择源文件，单击【打开】按钮。

此时，系统将单独打开该文件的【库】面板，以方便用户对该文件进行编辑和使用。

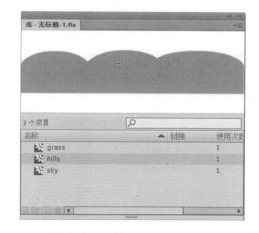

5.2.2　创建元件

每一个 Flash 动画文件都有用于存放动画元素的【库】面板，包括元件、位图、声音以及视频等文件。

在 Flash 中包含三种类型的元件，即影片剪辑元件、按钮元件和图形元件。当创建一个新元件时，该元件将会被自动添加到【库】中。

元件类型	图标	功　能
影片剪辑	🎬	该元件用于创建可重用的动画片段，拥有各自独立于主时间轴的多帧时间轴
按钮	👆	该元件用于响应鼠标单击、滑过或其他动画的交互
图形	🖼	该元件可用于创建链接到主时间轴的可重用动画片段

1．影片剪辑元件

影片剪辑就是通常所说的 MC（Movie Clip）。它可以将场景上任何看得到的对象，甚至整个【时间轴】内容创建为一个影片剪辑，并且可以将这个影片剪辑放置到另一个影片剪辑中。

在【库】面板中，单击下方的【新建元件】按钮，在弹出的【创建新元件】对话框中输入元件名称，将【类型】设置为【影片剪辑】，并单击【确定】按钮。

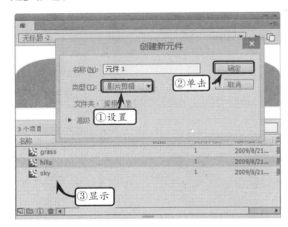

此时，系统将自动进入该元件的编辑环境，用户可在舞台中拖入其他元件或直接创建图形。

技巧

选择舞台中的对象，执行【修改】|【转换为元件】命令，在弹出的【转换为元件】的对话框中输入元件名称，将【类型】设置为【影片剪辑】，也可创建影片剪辑元件。

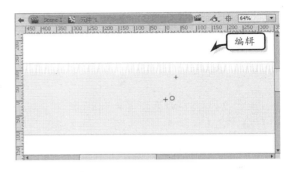

2．按钮元件

创建按钮元件的对象可以是导入的位图图像、矢量图形、文本对象，以及用 Flash 工具创建的任何图形。

单击【新建元件】按钮，在弹出的【创建新元件】对话框中，将【类型】设置为【按钮】，单击【确定】按钮，进入编辑环境中创建即可。

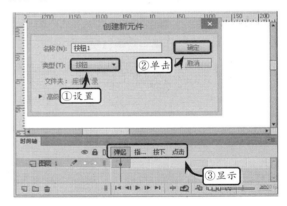

其中，各个状态帧的功能如下所述。

❑ 弹起　表示指针没有经过时的按钮状态。
❑ 指针经过　表示指针经过时的按钮状态。
❑ 按下　表示单击时的按钮状态。
❑ 点击　用于定义响应鼠标单击的区域。

3．图形元件

创建图形元件的对象可以是导入的位图图像、矢量图形、文本对象，以及用 Flash 工具创建的任何图形。

单击【新建元件】按钮，在弹出的【创建新元件】对话框中将【类型】设置为【图形】，并单击【确定】按钮。然后，进入编辑环境创建图形元件的内容即可。

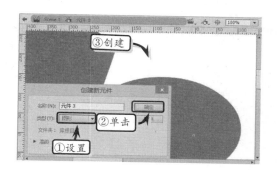

提示

在【库】面板中，双击所要编辑的元件名称，即可进入该元件的编辑环境，此时可以对元件内容进行添加、修改和删除等操作。

5.3　绘制矢量图形

在通过 Flash 制作网页元素时，除了可以直接导入外部的动画素材外，还可以通过绘图工具直接创建所需的矢量图形。

5.3.1　使用线条工具

【线条工具】 可以用来绘制各种角度的直线，它没有辅助选项，其笔触格式的调整可以在【属性】面板中完成。

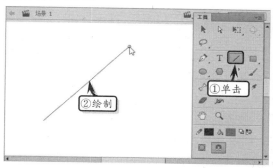

在【工具】面板中单击【线条工具】按钮 ，然后在舞台中拖动鼠标，即可绘制简单直线笔触。

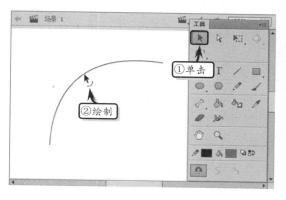

在绘制矢量笔触后，单击【选择工具】 ，将鼠标置于矢量直线笔触上方，当光标转换为带有弧线的箭头后，拖动鼠标，即可将绘制的直线笔触转换为曲线笔触。

在绘制直线时，用户也可在【属性】面板中根据需要设置线条的【笔触颜色】、【笔触】和【样式】等。

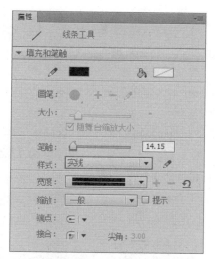

注意

在绘制直线时，同时按住 Shift 键，可以绘制水平线、45°斜线和竖直线；同时按住 Alt 键，可以绘制任意角度的直线。

5.3.2　使用铅笔工具

【铅笔工具】 用来绘制简单的矢量图形、运动路径等。单击【铅笔工具】按钮，在舞台中拖动鼠标，即可绘制鼠标轨迹经过的矢量笔触。

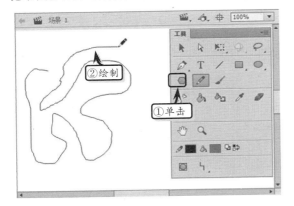

在使用【铅笔工具】时，单击【选项】区域中的【辅助选项】按钮，可进行下列三种类型的绘图模式。

- ❏ **伸直**　选择该模式，在绘制线条时，只要勾勒出图形的大致轮廓，Flash 会自动将图形转化成接近的规则图形。
- ❏ **平滑**　选择该模式，系统可以平滑所绘曲线，达到圆弧效果，使线条更加光滑。
- ❏ **墨水**　选择该模式，绘制图形时系统完全保留徒手绘制的曲线模式，不加任何更改，使绘制的线条更加接近于手写的感觉。

同样，在绘制图形时，无论选择哪一种模式，都可以通过【属性】面板来设置线条的【颜色】、【笔触】和【样式】等选项。

在【属性】面板中，主要包括下列一些重要选项。

- ❏ **笔触颜色**　用于设置笔触的颜色，单击其颜色拾取器，即可在弹出的列表中选择笔触颜色。
- ❏ **笔触**　用于定义笔触的高度。
- ❏ **样式**　用于设置笔触的样式，也可单击右侧的【编辑笔触样式】按钮，来自定义笔触样式。
- ❏ **宽度**　用于设置笔触的宽度。
- ❏ **缩放**　用于定义播放 Flash 时笔触缩放的属性，启用【提示】复选框，可将笔触锚点保存为全像素以防止播放时缩放产生的锯齿。
- ❏ **端点**　用于定义笔触的两个端点形状。
- ❏ **接合**　用于定义笔触的节点形状。
- ❏ **尖角**　用于定义笔触的节点为尖角，可在此设置尖角的像素大小。
- ❏ **平滑**　用于定义笔触的平滑度，该选项需要将【辅助选项】设置为"平滑"时才变为可用。

5.3.3　使用椭圆工具

使用【椭圆工具】和【基本椭圆工具】可以绘制正圆和椭圆，这些圆形可以用来修饰图像、制作按钮、组合图形等。

1．椭圆工具

单击【椭圆工具】按钮，在【属性】检查器中设置参数，然后在舞台拖动鼠标绘制椭圆形。

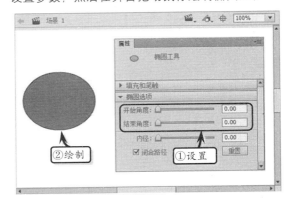

在【属性】面板中的【椭圆选项】选项卡中，可以将椭圆转换为扇形、圆环、扇环等复合图形。

其中各选项的具体含义如下所述。

- ❑ **开始角度**　用于定义扇形和扇环的起始角度。
- ❑ **结束角度**　用于定义扇形和扇环的结束角度。
- ❑ **内径**　用于定义内径的大小，介于 0~99 之间的值。
- ❑ **闭合路径**　用于确定椭圆的路径是否闭合。如果指定了一条开放路径，但未对生成的形状应用任何填充，则仅绘制笔触。默认情况下选择闭合路径。
- ❑ **重置**　单击该按钮，Flash 将清除以上几种属性，将图形转换为普通椭圆形。

例如，使用椭圆工具绘制一个扇形。需要在【属性】面板中将【开始角度】设置为 210【结束角度】设置为 330，然后在舞台中拖动鼠标即可绘制扇形。

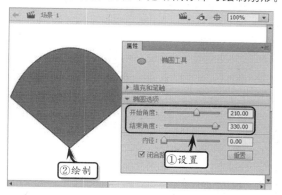

2．基本椭圆工具

【基本椭圆工具】 可以绘制出更富有可编辑性的矢量图形。单击【基本椭圆工具】按钮 ，在【属性】检查器中设置基本椭圆的各种属性，然后在舞台中拖动鼠标即可绘制基本椭圆。

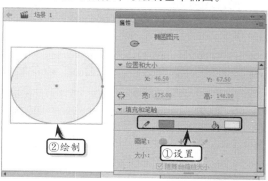

绘制基本椭圆形形状之后，用户还可以在【属性】检查器中修改其属性。

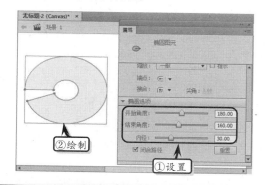

5.3.4　设置颜色工具

设置颜色工具包括【渐变变形工具】 和【颜料桶工具】 ，运用这些工具可以设置形状的渐变颜色和更改现有的形状颜色。

1．颜料桶工具

【颜料桶工具】 用于填充或者改变现有色块的颜色，选择该工具后，在【工具】面板选项中将显示【空隙大小】选项。

当图形中有缺口，没有形成闭合，可以使用【空隙大小】选项，针对缺口的大小进行选择填充。在【工具】面板的选项区域中，单击【空隙大小】按钮，然后在下拉菜单中选择合适的选项进行填充即可。

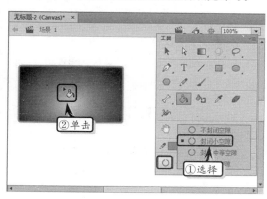

【空隙大小】选项卡中，各选项的具体函数如下所述。

- ❏ **不封闭空隙** 定义扇形和扇环的起始角度。
- ❏ **封闭小空隙** 定义扇形和扇环的结束角度。
- ❏ **封闭中等空隙** 可以在框中输入内径的数值，或单击滑块相应地调整内径的大小。或者直接可以输入 0～99 之间的值，以表示删除的填充的百分比。
- ❏ **封闭大空隙** 确定椭圆的路径是否闭合。如果指定了一条开放路径，但未对生成的形状应用任何填充，则仅绘制笔触。默认情况下选择闭合路径。

2．渐变变形工具

【渐变变形工具】是用来调整填充的大小、方向、中心以及变形渐变填充和位图填充。首先，在舞台中绘制一个具有渐变颜色的形状。然后，单击【渐变变形工具】按钮，同时单击填充区域，这时图形上会出现两条水平线。如果使用放射状渐变填充色对图形进行填充，在填充区域会出现一个渐变圆圈以及 4 个圆形或方形手柄。

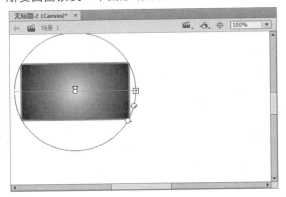

使用渐变线的方向手柄、距离手柄和中心手柄，可以移动渐变线的中心、调整渐变线的距离以及改变渐变线的倾斜方向。

5.3.5 使用矩形工具

使用【矩形工具】和【基本矩形工具】可以绘制矩形和正方形，绘制矩形的方法与绘制椭圆的方法基本相同。

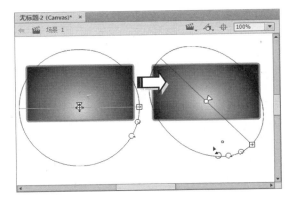

1．矩形工具

单击【矩形工具】按钮，在【属性】检查器中设置图形的【填充颜色】、【笔触颜色】，以及【矩形边角半径】等选项。然后在舞台中将鼠标沿着要绘制的矩形对角线拖动，即可绘制出矩形。

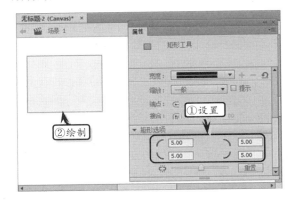

2．基本矩形工具

与【矩形工具】相比，【基本矩形工具】绘制的矩形更易于修改。单击【基本矩形工具】按钮，在舞台中沿着要绘制的矩形对角线拖动，即可绘制一个矢量基本矩形。

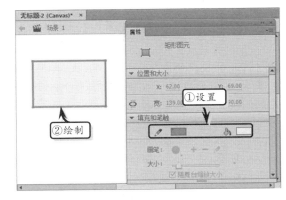

5.4　对象的基本操作

使用绘制工具绘制图形对象之后，还需要对图像对象进行简单的编辑操作，才可以满足动画需求。例如，图像对象的选择、变形、对齐和排列等编辑操作。

5.4.1　选择固定区域

用户可以使用【选择工具】和【部分选取工具】，可以选取或者调整场景中的图形对象，并能够对各种动画对象进行选择、拖动、改变尺寸等操作。

1．使用选择工具

使用【选择工具】选择对象，主要包括下列 4 种操作方法。

- ❏ **选取部分区域**　单击可以选取某个色块或者某条曲线。
- ❏ **选取所有区域**　双击可以选取整个色块以及与其相连的其他色块和曲线等。
- ❏ **选取多个对象**　如果在选取过程中按住 Shift 键，则可以同时选中多个动画对象，也就是选中多个不同的色块和曲线。
- ❏ **选取所有对象**　在舞台上单击并拖动区域，可以选取区域中的所有对象。

使用选择工具，可以对动画对象完成的操作。一种是选择对象后，直接使用鼠标拖放到舞台的其他位置即可。

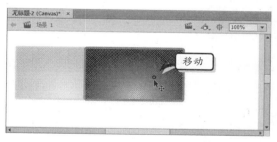

而另外一种是不选中对象，而是直接使用鼠标拖放对象，此时可以改变对象的形状。

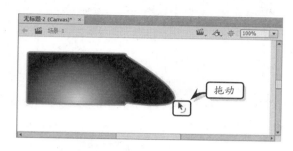

2．使用部分选取工具

此工具是一个与【选择工具】完全不同的选取工具，它没有辅助选项，且具有智能化的矢量特性。在选择矢量图形时，单击对象的轮廓线，即可将其选中，并且会在该对象的四周出现许多节点。

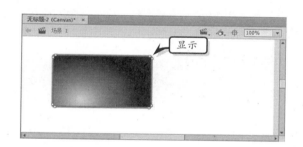

当需要改变某条线条的形状时，将光标移到该节点上，当指针下方出现空白矩形点时，拖动鼠标即可。

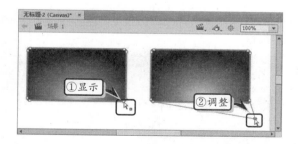

除此之外，用户还可以调整节点两侧的滑杆改变线条的形状。

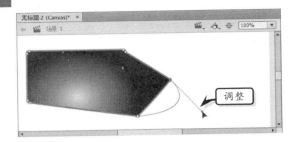

5.4.2　选择不规则区域

使用套索工具可以选取对象的局部或者选取场景中不规则的区域。在 Flash 中，使用套索工具可以创建不规则选择区域、直边选择区域两种形状的选择区域。

1. 不规则选择区域

使用【套索工具】在舞台上单击后拖动鼠标，轨迹会沿鼠标轨迹形成一条任意曲线。拖放鼠标后，系统会自动连接起始点，在起始点之间的区域将被选中，该方法适合绘制不规则的平滑区域。

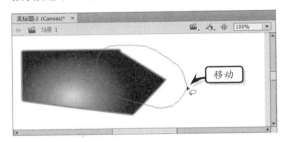

2. 直边选择区域

在工具栏的选项区域中，单击【多边形模式】按钮，然后在选择区域的起点位置处单击，同时拖动鼠标选择实际区域。在结束选择的位置中，双击即可完成选择，该方法适合绘制直边选择区域。

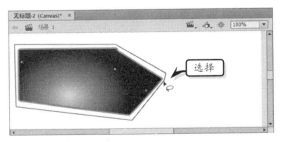

5.4.3　任意变形形状

【工具】面板中的【任意变形工具】与【修改】|【变形】命令功能相同，并且两者相通。均是用来对图形对象的变形，例如缩放、旋转、倾斜、扭曲等。

选中图形对象后，单击【任意变形工具】按钮，这时图形四周将显示变形框。在所选内容的周围移动光标，其光标会随着变形位置的改变而自动发生变化，以用来显示其具体位置的具体变形功能。

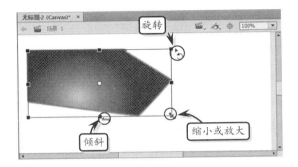

当选择【任意变形工具】后，如果单击该面板底部的某个功能按钮，即可针对相应的变形功能进行变形操作。例如，单击面板底部的【扭曲】按钮，则可以对图形对象进行扭曲变形。

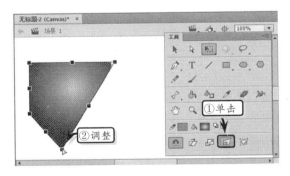

提示

使用【任意变形工具】可以方便快捷地操作对象，但是却不能控制其精确度。而利用【变形】面板可以通过设置各项参数，可以精确地对其进行缩放对象、旋转对象、倾斜对象和翻转对象等操作。

5.5　设置动画文本

文本是 Flash 动画中不可缺少的重要组成部分。在一些成功的网页上，经常会看到利用文字制作的特效动画。

5.5.1　创建文本

在 Flash 中，文本可以分为静态文本和动态文本两种类型，以分别适应不同的动画制作需求。

1．创建静态文本

在【工具】面板中，单击【文本工具】按钮 T。然后，在舞台中单击所需插入文本的位置，即可创建一个矩形文本框，在文本框中输入文本即可。

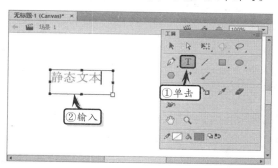

输入文本后，用户可以在【属性】面板中设置文本的【字体】、【大小】、【样式】、【颜色】和【间距】等属性。

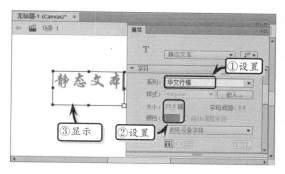

2．创建动态文本

动态文本是可以显示动态更新的文本。单击【文本工具】按钮 T，在【属性】面板的下拉列表中选择【动态文本】选项。然后，在舞台中单击或拖动鼠标即可创建动态文本框。

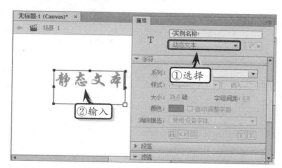

5.5.2　编辑文本

在 Flash 中创建文本之后，还需要对文本进行一系列的编辑操作，以满足动画制作的需求，达到预期的制作效果。

1．选中文本

单击【工具】面板中的【选择工具】按钮 ，选择舞台中的文本，此时会在该文本外出现一个边框，表明文本已被选中。

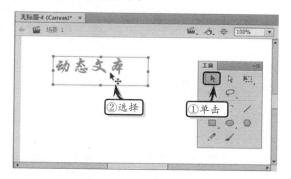

如果要对一段文字中的部分文字进行编辑，那么需要使用【文本工具】 T 进行单击或拖动选中，这时可以看到文本被文本框包围，在文本框中出现闪动的光标，表示可以对文字进行编辑了。

2．将文本转换为图形

在 Flash 中，如果想要让文字也具有动感，且像处理图形那样方便快捷，必须将文本转换为图形。

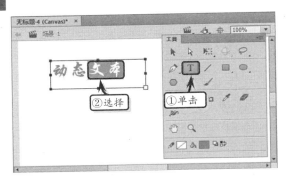

如果是单个文字，则需要选中该文字，执行【修改】|【分离】命令，即可将文字转换为图形。

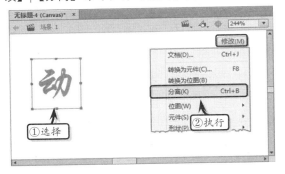

如果是两个或者两个以上文字，则需要执行两次【修改】|【分离】命令，将段落文本分离为单个文字，然后再转换为图形。

此时，把光标放在字母轮廓的边缘上，就可以看到在鼠标指针的右下角出现一个直角线，单击并拖动鼠标后，字母的形状就发生了变化，说明文本已转换为图形。

3. 为文本添加笔触

首先，需要将文本转换为图形。然后，单击【工具】面板中的【墨水瓶工具】按钮，在【属性】面板中设置笔触颜色、大小和样式，单击舞台中的文本即可为其添加笔触。

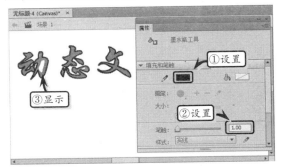

4. 制作半透明字

如果要设置文字的透明度，则可以在输入文本后使用【选择工具】单击文本，在【工具】面板中单击【填充颜色】色块，在弹出的色板中设置Alpha 选项即可。

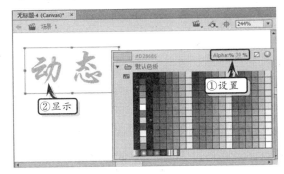

5.6 练习：制作古诗鉴赏界面

当为序列应用特效之前，需要对序列进行嵌套。在本练习中，将通过制作穿梭效果，来详细介绍嵌套序列，以及视频效果、音频过渡效果和动画关键帧的使用方法和操作技巧。

练习要点

- 新建文档
- 导入素材
- 添加素材
- 设置素材属性
- 输入文本
- 设置文本方向
- 设置文本格式
- 新建图层
- 重命名图层

操作步骤 》》》》

STEP|01 执行【文件】|【新建】命令，在弹出的【新建文档】对话框中，选择文件类型、设置高宽比，并单击【确定】按钮。

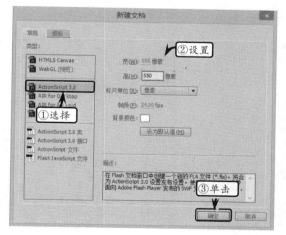

STEP|02 执行【文件】|【导入】|【导入到库】命令，在弹出的【导入到库】对话框中，选择导入文件，单击【打开】按钮。

STEP|03 执行【窗口】|【库】命令，打开【库】面板。选择导入图像，右击执行【属性】命令。

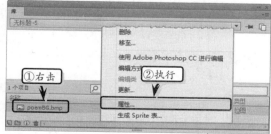

STEP|04 拖动【库】面板中的文件到舞台中，调整图像文件使其覆盖整个舞台。同时，双击【时间轴】面板中的图层，重命名为"背景"。

STEP|05 在【时间轴】面板中，单击【新建图层】按钮，新建图层，并将图层命名为"诗词"。

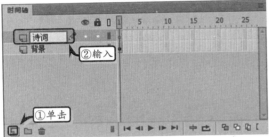

STEP|06 单击【工具箱】面板中的【文本工具】按钮，在舞台中单击，输入文本并在【属性】面板中设置文本的字体格式。

STEP|07 单击【属性】面板中的【改变文字方向】按钮，在展开的列表中选择【垂直】选项，更改文本的显示方向。

STEP|08 使用【文本工具】在舞台中输入作者名，并在【属性】面板中设置文本的字体、大小、颜色

和方向。用同样的方法，在舞台中输入诗词的具体内容。

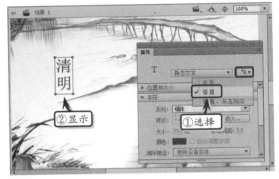

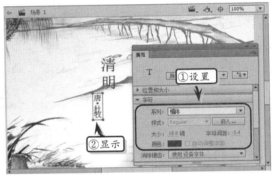

STEP|09 最后，执行【文件】|【另存为】命令，在弹出的【另存为】对话框中，设置保存位置和名称，单击【保存】按钮即可。

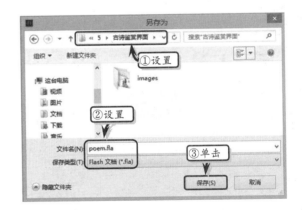

5.7 练习：制作邮票

邮票效果是运用 Flash 中的基本绘制工具在原素材图像的基

础之上，运用绘图工具与线条之间的组合来实现的。在设计过程中，由于线条笔触样式直接决定了邮票边缘锯齿形状的效果，因此其线条笔触样式的设置尤为重要。在本练习中，将通过制作邮票效果，来详细介绍绘制工具的使用，以及线条笔触样式的设计方法。

练习要点

- 新建文档
- 导入图片
- 调整图片
- 设置笔触样式
- 分离对象
- 删除对象
- 将线条转换为填充

操作步骤 ▶▶▶▶

STEP|01 执行【文件】|【新建】命令，在弹出的【新建】对话框中，选择文档类型，设置文档大小，将背景色设置为"黑色"并单击【确定】按钮。

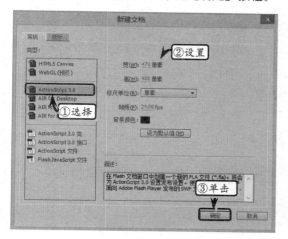

STEP|02 执行【文件】|【导入】|【导入到舞台】命令，在弹出的【导入】对话框中选择导入文件，单击【打开】按钮。

STEP|03 执行【窗口】|【属性】命令，在【属性】

面板中，将【宽】设置为 440，其【高】参数随比例进行缩小。

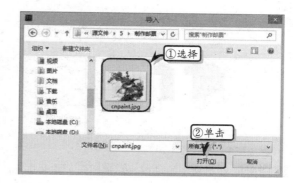

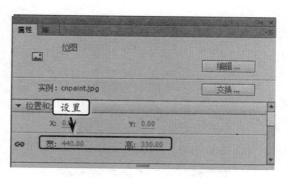

STEP|04 调整图片位置，单击【工具箱】面板中的【矩形工具】按钮，在【属性】面板中，设置【填充颜色】为【无】，【笔触颜色】为【红色】（#FF0000）、【笔触】为 10。

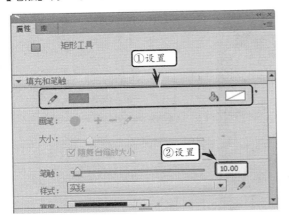

STEP|05 单击【编辑笔触样式】按钮，在弹出的【笔触样式】对话框中，将【类型】设置为【点状线】，【间距】设置为【9 点】、【粗细】设置为【24点】，并单击【确定】按钮。

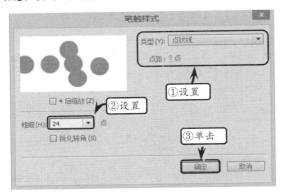

STEP|06 在舞台中拖动鼠标绘制矩形，其尺寸与素材图片相同。

STEP|07 单击【选择工具】按钮，选择位图对象，执行【修改】|【分离】命令，分离位图。

STEP|08 选择线条对象，执行【修改】|【形状】|【将线条转换为填充】命令，并按 Delete 键，对其进行删除。

STEP|09 最后，使用【文字】工具，在图片的左下角和右上角分别输入文本，并设置文本的字体格式。

5.8　新手训练营

练习 1：绘制房地产网站矢量 Logo

⊚ downloads\5\新手训练营\绘制房地产网站矢量 Logo

提示：本练习中，首先新建文档，重命名图层，使用【矩形工具】绘制背景形状，并设置形状的渐变填充色。然后，新建图层，使用【钢笔工具】绘制 Logo 形状，并设置其填充颜色。最后，新建图层，使用【文本工具】在舞台中输入文本并设置文本的字体格式。

练习 2：制作电子书封面

⊚ downloads\5\新手训练营\制作电子书封面

提示：本练习中，首先新建文档，导入 PSD 素材，重命名图层。然后，新建图层，使用【文本工具】输入书名文本，并设置文本格式，嵌入字体样式。最后，使用同样的方法输入说明文本即可。

练习 3：制作动画导航条

⊚ downloads\5\新手训练营\制作动画导航条

提示：本练习中，首先打开素材文件，使用【基本矩形工具】绘制矩形形状，并设置其渐变填充色。然后，新建文本图层，使用【文本工具】输入文本并设置其属性。同时，新建图层，新建一个按钮元件，绘制半透明的圆形矩形，并设置其属性。最后，新建【按下】帧，复制动画帧，并修改器属性。同时，退出元件编辑窗口，复制按钮元件即可。

练习 4：制作立体花纹字母

⊚ downloads\5\新手训练营\制作立体花纹字母

提示：本练习中，首先新建文档，使用【文本工具】输入文本，设置文本属性并调整其位置和角度。然后，绘制花纹背景，并设置其属性。同时，绘制多个矩形形状，设置其大小、填充颜色和位置。最后，创建遮罩图层，设置遮罩效果。同时，创建文本图层输入字母，并设置其属性。

练习 5：制作网站进入动画

downloads\5\新手训练营\制作网站进入动画

　　提示：本练习中，首先新建文档，绘制一个矩形并设置其渐变填充色。创建圆形和圆形动画影片剪辑，并为其添加发光滤镜。然后，返回到场景中，新建图层，将影片剪辑添加到舞台中，并设置其变形大小和属性。同时，新建动画图层，添加影片剪辑设置变形大小和属性，并创建补间动画和关键帧。最后，创建遮罩图层，设置遮罩效果。并依次创建新的图层，导入相应的输出，插入关键帧并设置其色彩效果和补间动画。

练习 6：设置占位符的渐变填充效果

downloads\5\新手训练营\渐变填充

　　提示：本练习中，首先新建文档，创建影片剪辑元件，绘制直线。插入关键帧，拉长直线并创建补间形状动画。然后，复制剪辑元件，并调整其填充颜色，形成红黄绿三个不同颜色的元件。返回到场景中，将三个剪辑元件添加到舞台，旋转元件，对其变形并创建补间形状动画。最后，新建三角形变形图层，添加元件，插入关键帧并设置其补间动画。同时，新建标志图层，插入关键帧，添加元件并创建补间动画。

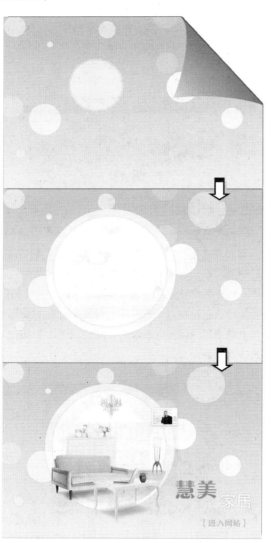

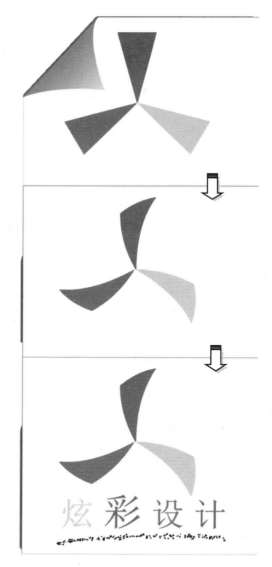

第 6 章

交互动画设计

　　在网页媒体元素中，Flash 以其卓越的视觉表现和互动功能而被众多网站所采用，包括各种网站的进入动画、导航条、图像轮换动画、按钮动画等都可以使用 Flash 制作。除了功能强大且易于创建的传统补间动画之外，Flash 还内置了其他类型的多种动画，例如引导动画、遮罩动画、逐帧动画等。除此之外，用户还可以通过 Flash 中的滤镜和色彩效果，来增强动画的视觉效果。在本章中，将以滤镜和补间动画为基础，详细介绍 Flash 中的各种动画类型和滤镜的使用方法和基础知识。

6.1 Flash 滤镜和色彩

滤镜是 Flash 动画中一个重要的组成部分，用于为动画添加简单的特效，如投影、模糊、发光、斜角等，使动画表现得更加丰富、真实。而色彩效果是动画中较常用的一种特效方式，Flash 允许用户为按钮、图形以及影片剪辑三种元件应用色彩效果。

6.1.1 滤镜

Flash 的滤镜与 Photoshop 的滤镜有本质的不同。在 Photoshop 中，滤镜的作用对象是图层，一切滤镜特效都是围绕着图层实现的。而在 Flash 中，滤镜的作用对象只能是文本、按钮元件和影片剪辑元件三种元素。在 Flash 中，包含投影、模糊、发光、斜角等 7 种滤镜。

1. 投影滤镜

投影滤镜可模拟对象投影到一个表面的效果，使对象更加有立体感。

在舞台中选择一个对象，在【属性】面板中的【滤镜】选项卡中，单击【添加滤镜】按钮，在展开的列表中选择【投影】选项即可。

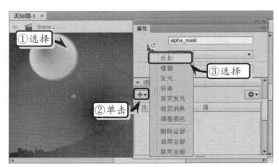

添加投影滤镜之后，系统会自动在【属性】选项卡中，显示滤镜的设置参数，用户可通过参数设置来更改滤镜的显示效果。

其中，【属性】选项卡中各滤镜参数的具体含义，如下所述。

❏ **模糊 X、Y** 该选项用于控制投影的宽度

和高度。

❏ **强度** 该选项用于设置阴影的明暗度，数值越大，阴影就越暗。

❏ **品质** 该选项用于控制投影的质量级别，设置为【高】则近似于高斯模糊；设置为【低】可以实现最佳的回放性能。

❏ **颜色** 单击此处的色块，可以打开【颜色拾取器】，设置阴影的颜色。

❏ **角度** 该选项用于控制阴影的角度，在其中输入一个值或单击角度选取器并拖动角度盘。

❏ **距离** 该选项用于控制阴影与对象之间的距离。

❏ **挖空** 选择此复选框，可以从视觉上隐藏源对象，并在挖空图像上只显示投影。

❏ **内侧阴影** 启用此复选框，可以在对象边界内应用阴影。

❏ **隐藏对象** 启用此复选框，可以隐藏对象并只显示其阴影，从而可以更轻松地创建逼真的阴影。

2. 模糊滤镜

模糊滤镜可以柔化对象的边缘和细节，消除对

象图像的锯齿。为对象应用模糊滤镜可为对象制作毛玻璃效果或运动效果。

在舞台中选择一个对象，在【属性】面板中的【滤镜】选项卡中，单击【添加滤镜】按钮，在展开的列表中选择【模糊】选项即可。

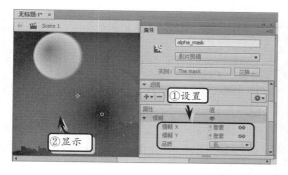

模糊滤镜的选项只有三种，包括【模糊 X】、【模糊 Y】以及【品质】等，其作用与投影滤镜中的同名选项相同。

3. 发光滤镜

发光滤镜的作用是为对象应用颜色，模拟光晕效果。

在舞台中选择一个对象，在【属性】面板中的【滤镜】选项卡中，单击【添加滤镜】按钮，在展开的列表中选择【发光】选项即可。

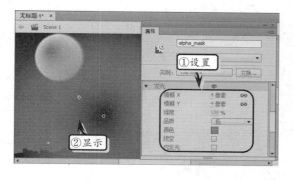

发光滤镜包括【模糊 X】、【模糊 Y】、【强度】、【品质】、【颜色】、【挖空】以及【内发光】7 种选项。其默认发光颜色为红色，而启用【内发光】复选框，可将外发光效果更改为内发光效果。

4. 渐变发光滤镜

渐变发光滤镜是发光滤镜的扩展，它可以将渐变色作为发光的颜色，实现多彩的光晕。

在舞台中选择一个对象，在【属性】面板中的

【滤镜】选项卡中，单击【添加滤镜】按钮，在展开的列表中选择【渐变发光】选项即可。

渐变发光滤镜的选项比发光滤镜多了两个，包括【类型】和【渐变】。【类型】选项可设置渐变发光的位置，而【渐变】选项则用于设置渐变发光的颜色。

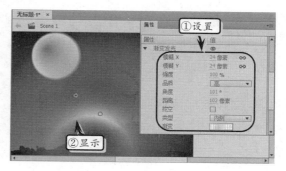

5. 斜角滤镜

斜角滤镜可以向对象应用局部加亮效果，使其看起来凸出于背景表面。在 Flash 中，此滤镜功能多用于按钮元件。

在舞台中选择一个对象，在【属性】面板中的【滤镜】选项卡中，单击【添加滤镜】按钮，在展开的列表中选择【斜角】选项即可。

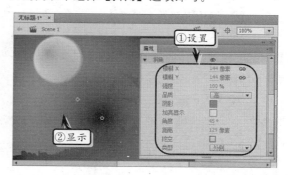

斜角滤镜的选项大部分与投影滤镜重复，然而有些选项属于斜角滤镜独有，其具体情况如下所述。

- ❏ **加亮显示** 单击右侧的色块，即可打开颜色拾取器，选择为斜角加亮的颜色。
- ❏ **类型** 设置斜角滤镜出现的位置，包括内侧、外侧和全部三种。

6. 渐变斜角滤镜

应用渐变斜角滤镜，可以使元件产生凸起效

果，使得对象看起来好像从背景上凸起，且斜角表面也可以设置渐变色。渐变斜角要求渐变色中间一种颜色的 Alpha 值为 0。

在舞台中选择一个对象，在【属性】面板中的【滤镜】选项卡中，单击【添加滤镜】按钮，在展开的列表中选择【渐变斜角】选项即可。

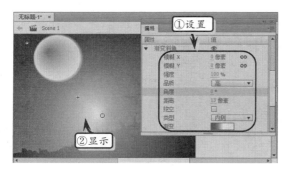

渐变斜角滤镜中的参数，只是将斜角滤镜中的【阴影】和【加亮显示】颜色控件，替换为【渐变】控件。所以渐变斜角立体效果，是通过渐变颜色来实现的。

7．调整颜色滤镜

调整颜色滤镜的作用是设置对象的各种色彩属性，在不破坏对象本身填充色的情况下，转换对象的颜色，以适应动画的要求。

在舞台中选择一个对象，在【属性】面板中的【滤镜】选项卡中，单击【添加滤镜】按钮，在展开的列表中选择【调整颜色】选项即可。

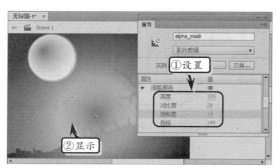

其中，在【属性】选项卡中，包含以下 4 种颜色调整选项。

- ❏ 亮度　调整对象的明亮程度，其值范围为是-100~100，默认值为 0。当亮度为-100时，对象被显示为全黑色；而当亮度为 100

时，对象被显示为白色。

- ❏ 对比度　调整对象颜色中黑到白的渐变层次，其值范围为-100~100，默认值为 0。对比度越大，则从黑到白的渐变层次就越多，色彩越丰富。反之，则会使对象给人一种灰蒙蒙的感觉。

- ❏ 饱和度　调整对象颜色的纯度，其值范围为-100~100，默认值为 0。饱和度越大，则色彩越丰富，如饱和度为-100，则图像将转换为灰度图。

- ❏ 色相　色彩的相貌，用于调整色彩的光谱，使对象产生不同的色彩，其值范围为-180~180，默认值为 0。例如，原对象为红色，将对象的色相增加 60，即可转换为黄色。

6.1.2　色彩效果

色彩效果是动画中较常用的一种特效方式。Flash 允许用户为按钮、图形以及影片剪辑三种元件应用色彩效果。Flash 的色彩效果主要可分为 4 种，即亮度、色调、高级和 Alpha 等。

1．亮度

亮度主要用于调节元件的相对亮度和暗度，其度量范围从黑到白，取值范围为-100%~100%，默认值为 0。

在舞台中选择一个对象，在【属性】面板中的【色彩效果】选项卡中，单击【样式】下拉按钮，在其下拉列表中选择【亮度】选项，调整相应参数即可。

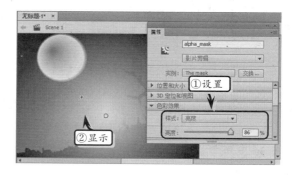

2．色调

色调的作用是根据用户选定的颜色，为元件

着色。

在舞台中选择一个对象，在【属性】面板中的【色彩效果】选项卡中，单击【样式】下拉按钮，在其下拉列表中选择【色调】选项，设置色调颜色和相应参数即可。

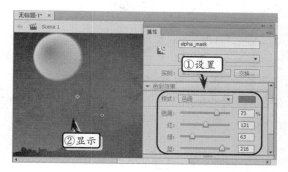

色调参数的具体含义，如下所述。

❑ **色调**　着色的颜色饱和度/透明度，取值范围为 0~100%。当色调为 0 时，着色完全透明；而当色调为 100%时，着色完全不透明。

❑ **红**　着色的颜色中红色的值，取值范围为0~255。

❑ **绿**　着色的颜色中绿色的值，取值范围为0~255。

❑ **蓝**　着色的颜色中红色的值，取值范围为0~255。

提示

单击【样式】选项右侧的【着色】方框，可在展开的色板中选择色调颜色。

3．高级

该色彩效果用来分别调整元件中的红、绿、蓝

和透明度的值。

在舞台中选择一个对象，在【属性】面板中的【色彩效果】选项卡中，单击【样式】下拉按钮，在其下拉列表中选择【高级】选项，设置相应参数即可。

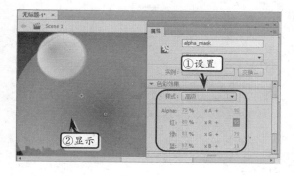

4．Alpha

该选项用于设置元件的透明度，其取值范围介于 0~100%，默认值为 100%。

在舞台中选择一个对象，在【属性】面板中的【色彩效果】选项卡中，单击【样式】下拉按钮，在其下拉列表中选择 Alpha 选项，设置相应参数即可。

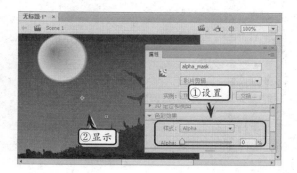

6.2　传统动画设计

传统动画设计除了传统补间动画、补间形状动画之外，还包括运动引导动画、遮罩动画和逐帧动画等动画方式，以协助用户为网页设计简单的Flash 动画。

6.2.1　补间形状动画

补间形状动画的作用是对矢量图形的各关键节点的位置进行操作而制作成的动画。在补间形状

动画中，用户需要提供补间的初始形状和结束形状，从而为 Flash 的补间提供依据。

在创建补间形状动画过程中，首先选择图层的第 1 帧作为关键帧，输入文本并将其转换为形状。

然后，在图层的第 30 帧处，右击执行【插入空白关键帧】命令，插入空白关键帧，输入文本并将其转换为形状。

提示

输入文本之后，选择文本，执行两次【修改】|【分离】命令，即可将文本转换为形状。

最后，右击两个关键帧之间的任意一个普通帧，执行【创建补间形状】命令，即可制作补间形状动画。

提示

由于 Flash 只能为矢量图形制作补间形状动画，因此需要先将输入的文本进行分离，将其转换为形状。

6.2.2 传统补间动画

传统补间动画的作用是根据用户提供的一个元件在两个关键帧中的位置差异，来生成该元件移动的动画。在传统补间动画中，用户需要提供元件的初始位置和结束位置，以为 Flash 创造补间动画的依据。

首先，选择图层中的第 1 帧作为关键帧，执行【文件】|【导入】命令，导入图像作为素材。

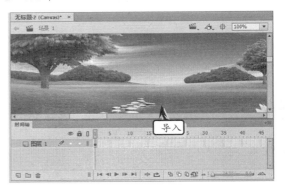

然后，在图层的第 30 帧处，右击执行【插入关键帧】命令，插入关键帧。

最后，右击两个关键帧之间的任意一个普通帧，执行【创建传统补间】命令，在第 2 个关键帧位置处拖动舞台中的对象，即可制作传统补间动画。

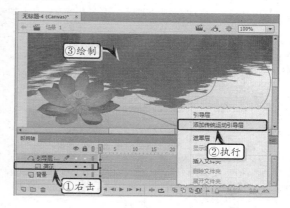

提示

Flash 只允许用户将元件作为传统补间动画的基本单位，因此当用户导入素材图像之后，系统会自动将素材图像转换为元件。

6.2.3 运动引导动画

运动引导动画是传统补间动画的一种延伸，用户可以在舞台中绘制一条辅助线作为运动路径，以使指定的对象可以沿着该运动路径运动。

创建运动引导动画至少需要两个图层，一个图层为普通图层，用于存放运动的对象；另外一个图层为运动引导图层，用于绘制作为对象运动路径的辅助线。

首先，为舞台添加背景图像。然后新建图层，导入运动素材图像，并转换为影片剪辑。同时，在第 40 帧处，右击执行【插入帧】命令，插入普通帧。

选择"荷花"影片剪辑，将其拖到线条的左侧端点，作为运动引导动画的起始位置。然后，在该图层的最后一帧处插入关键帧，将"荷花"影片剪辑拖到线条的右侧端点，作为运动引导动画的结束位置。

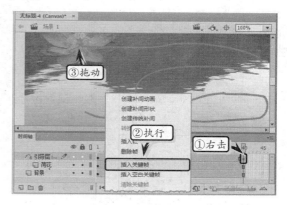

最后，在这两个关键帧之间的任意一个普通帧上，右击执行【创建传统补间】命令，创建传统补间动画。

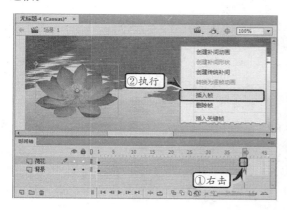

右击"荷花"图层，执行【添加传统运动引导层】命令，为该图层添加一个传统运动引导图层。然后，使用【铅笔工具】在舞台中绘制"荷花"的

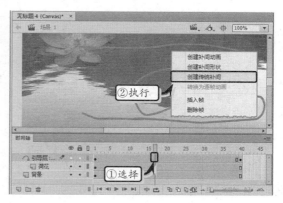

最后，执行【控制】|【播放】命令，即可预览动画效果，可以看到"荷花"沿着绘制的运动路径进行运动。

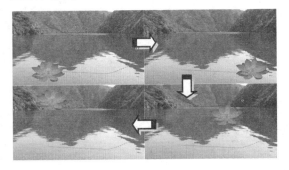

6.2.4 遮罩动画

遮罩动画是一种特殊的 Flash 动画类型。用户在制作遮罩动画时，需要在动画图层上创建一个遮罩层；然后在遮罩层中绘制各种矢量图形，并将其设置为分离状态。当播放动画时，只有被遮罩层遮住的内容才会显示，而其他部分将被隐藏起来，通常用于制作图像之间的过渡效果。

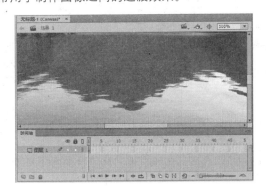

在 Flash 中新建空白文档，导入图像素材到舞台中。

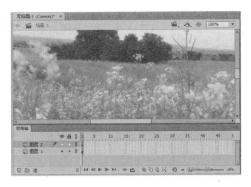

然后，新建"图层 2"，将另一张素材图像导入到舞台中，并且两张图像的尺寸与舞台大小相同。

新建图层 3，在舞台的中间绘制一个任意颜色的圆形，该圆形作为遮罩层中的遮罩物。

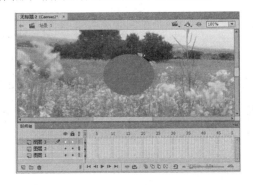

在第 40 帧处插入关键帧，使用【任意变形工具】放大圆形的尺寸，使其可以覆盖整个舞台。同时，在图层 1 和图层 2 的第 40 帧处插入普通帧。

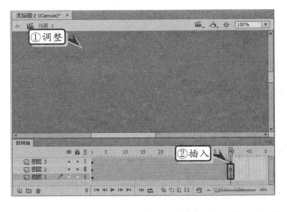

右击第 1 帧和第 40 帧之间的任意一帧，在弹出的菜单中执行【创建补间形状】命令，创建补间形状动画。

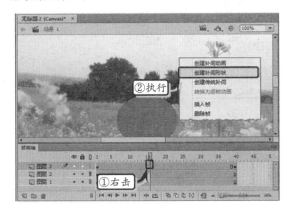

右击图层 3，在弹出的菜单中执行【遮罩层】命令，将其转换为遮罩图层。

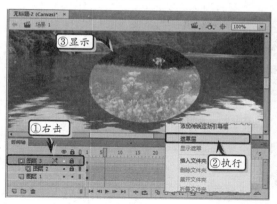

然后再根据动画的变化，对其进行修改，尽量利用已绘制的部分。

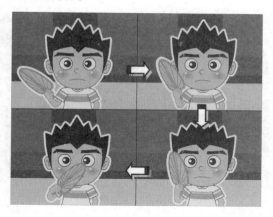

6.2.5 逐帧动画

逐帧动画是除补间动画外的另一大类动画，是在时间轴中逐帧绘制的动画。

由于逐帧动画是一帧一帧绘制的，因此其在表现形式上有非常大的灵活性，可以体现出任何内容。

在逐帧动画中，每一帧都是关键帧，且每一帧都需要用户手工绘制，其制作的困难度最高。

因此，多数用户在制作逐帧动画时，都会在已绘制的关键帧后复制一个内容完全相同的关键帧，

例如，绘制上图中的人物，应先将素材导入到舞台中。然后，在"人物"图层的第 2 帧处插入关键帧，并修改胳膊的角度和位置。使用相同的方法，分别在第 3 帧和第 4 帧处插入关键帧，并修改胳膊的角度和位置，即可完成绘制逐帧动画。

> **提示**
>
> 逐帧动画在每一帧都会更改舞台中的内容，它最适合于图像在每一帧中都在变化，而不是在舞台上移动的复杂动画。

6.3 补间动画设计

Flash 支持两种不同类型的补间以创建动画，除了传统的补间动画之外，还包括补间动画，其功能强大且易于创建，可对补间动画进行最大程度的控制，包括 2D 旋转、3DZ 位置、3DX 旋转等。

6.3.1 补间动作动画

在 Flash 中，用户可以用简便的方式创建和编辑丰富的动画。同时，还可以以可视化的方式来编辑动画。

补间动画以元件对象为核心，一切补间的动作都是基于元件的。因此，在创建补间动画之前，还需要先在舞台中创建元件，来作为起始关键帧中的内容。

例如，导入背景素材图像。然后，新建图层，将素材图像导入到舞台中，并将其转换为影片剪辑元件。同时，在两个图层中的第 20 帧处分别插入一个普通帧。

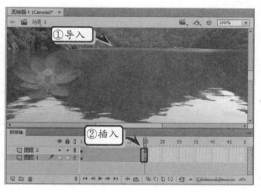

右击第 1 帧，执行【创建补间动画】命令。此时，Flash 将包含补间对象的图像转换为补间图层，并在该图层中创建补间范围。

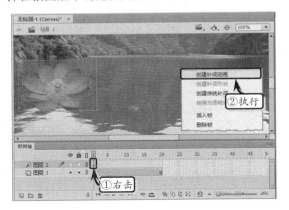

右击补间范围内的最后一帧，执行【插入关键帧】|【位置】命令，在补间范围内插入一个菱形的属性关键帧。然后，将对象拖至舞台的右侧，此时系统将显示补间动画的运动路径。

用户也可以在单个帧中定义多个属性，而每个属性都会驻留在该帧中。其中，属性关键帧除了位置属性之外，还包含下列 6 种属性。

- ❑ **位置**　对象的 X 坐标或 Y 坐标。
- ❑ **缩放**　对象的宽度或高度。
- ❑ **倾斜**　倾斜对象的 X 轴或 Y 轴。
- ❑ **旋转**　以 X、Y 和 Z 轴为中心旋转。
- ❑ **颜色**　颜色效果，包括亮度、色调、Alpha 透明度和高级颜色设置等。
- ❑ **滤镜**　所有滤镜属性，包括阴影、发光、斜角等。
- ❑ **全部**　应用以上所有属性。

6.3.2　动画编辑器

在【时间轴】面板中，双击包含补间动画效果的时间轴中的任意位置，即可打开【动画编辑器】面板。通过该面板，不仅可以在优化移动补间动画时提供更顺畅的使用体验，而且还可以有助于用户更轻松、集中编辑属性曲线，从而使设计者可以用简单的步骤来创建复杂且吸引人的补间动画，以便于模拟物件的真实运动轨迹。

1．添加锚点

在【动画编辑器】面板中的【位置】列表中，选择所需添加锚点的位置。然后，单击【在图形上添加锚点】按钮，移动鼠标到曲线上，当鼠标变成"钢笔"形状时，单击即可添加锚点。

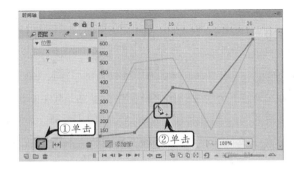

此时，将鼠标移动到锚点上，当鼠标变成 形状时，拖动鼠标即可调整锚点所在曲线的弯曲程度。

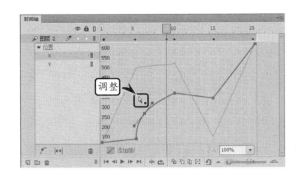

2．适应视图大小

在【动画编辑器】面板中单击【适应视图大小】按钮，即可调整编辑器的视图方式，使其以当前视图大小的宽度进行显示。再次单击【适应视图大小】按钮，即可将其调整为窄屏显示状态。

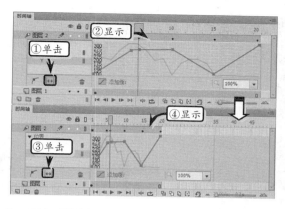

按钮，在其下拉列表中选择相应的缩放比例，即可垂直缩放面板视图。

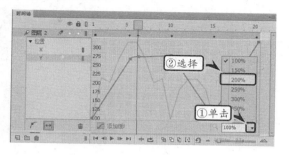

3．添加缓冲

在【动画编辑器】面板中的【位置】列表中，选择所需添加锚点的位置。然后，单击【为选定属性适用缓冲】按钮，在弹出的面板中选择缓冲类型即可。

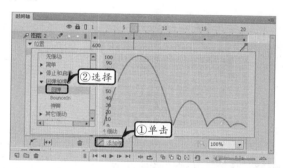

设置垂直缩放效果之后，可以通过单击【缩放100%】按钮，取消垂直缩放效果，将视图比例调整为原始状态。

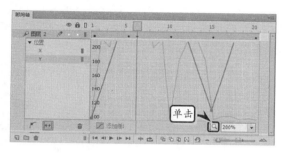

5．移除属性

在【动画编辑器】面板中，单击【为选定属性删除补间】按钮，即可删除当前图层中的补间动画。

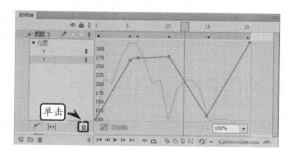

提示

单击【为选定属性适应缓冲】按钮，在弹出的面板中，选择【无缓冲】选项，即可取消缓冲效果。

4．垂直缩放

在【动画编辑器】面板中，单击右下角的下拉

6.4　练习：制作圣诞贺卡

在本练习中，通过逐帧的形式将英文字母依次显示出来，并通过设置其显示颜色，实现一种闪烁的动画效果。另外，在制作贺卡时，需要将每一帧都定义为关键帧，然后为每个帧创建不同的动画内容，同时通过以递增方式修改动画帧内容的方法，来实现最终的圣诞贺卡动画效果。

操作步骤 》》》》

STEP|01 执行【文件】|【新建】命令，在弹出的【新建】对话框中，选择文档类型，设置文档参数，并单击【确定】按钮。

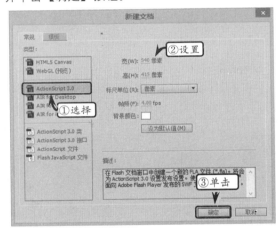

STEP|02 执行【文件】|【导入】|【导入到舞台】命令，在弹出的【导入】对话框中选择导入文件，单击【打开】按钮。

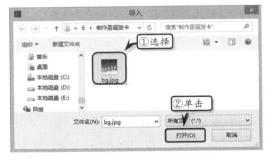

STEP|03 在【时间轴】面板中选择第 30 帧，右击执行【插入帧】命令，插入一个普通帧。

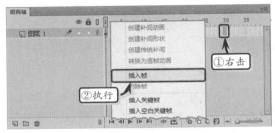

STEP|04 单击【时间轴】面板中的【新建图层】按钮，新建一个图层。

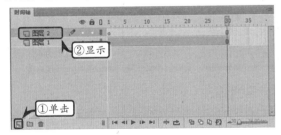

STEP|05 在【时间轴】面板中，选择"图层 2"中的第 5 帧，右击执行【插入关键帧】命令，插入关键帧。

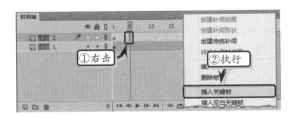

STEP|06 单击【工具箱】面板中的【文本工具】按钮，在舞台中输入字母 M，并在【属性】面板中设置文本的字体格式和字体颜色（白色）。

STEP|07 在第 6 帧处插入关键帧，使用【文本工具】在字母 M 后面继续输入字母 e。

STEP|08 使用同样的方法，在第 7、8、9 帧处分别插入关键帧，并分别输入字母 r、r、y。

STEP|09 新建"图层 3"，在第 10 帧处插入关键帧，并在舞台中输入字母 C。

STEP|10 然后，在第 11~19 帧处分别插入关键帧，并使用【文本工具】在字母 C 后面继续输入文本 h、r、i、s、t、m、a、s 和!。

STEP|11 分别选择"图层 2"和"图层 3"，在第 21 帧处插入关键帧，将舞台中字母的颜色更改为【橘红色】（#F98E00）。

STEP|12 然后，在第 22 帧处插入关键帧，并将舞台中字母的颜色更改为【紫色】（#EAB7F0）。

STEP|13 根据上述步骤，在图层 2 和图层 3 的第 23~26 帧处插入关键帧，并将文字颜色依次更改为【棕色】（#DFAE47）、【绿色】（#A4CB58）、【红色】（#FF436B）和【白色】（#FFFFFF）。

STEP|14 在"图层 2"和"图层 3"的第 27 帧处分别插入关键帧，在【属性】面板中添加【投影】滤镜，设置其参数并将【颜色】设置为【灰色】（#CCCCCC）。

6.5 练习：制作网页时尚广告

　　Flash 动画广告是网页广告中一种常见的形式，它具有多样化的表现手法，可以更加形象、真实地反映出广告的主题。在本练习中，将运用绘制工具、关键帧及补间动画等功能，来制作一个网页时尚广告。

练习要点

- 使用矩形工具
- 使用填充工具
- 使用文本工具
- 创建补间动画
- 创建补间形状
- 设置透明度

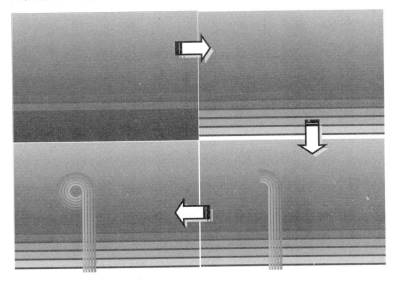

操作步骤 ▷▷▷▷

STEP|01 执行【文件】|【新建】命令，在弹出的【新建】对话框中设置文档类型和参数，并单击【确定】按钮。

STEP|02 单击【工具箱】面板中的【矩形工具】按钮，在舞台中绘制一个任意填充颜色的矩形，其

大小与舞台相同。

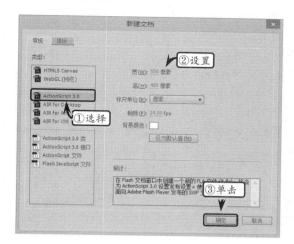

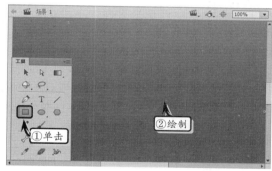

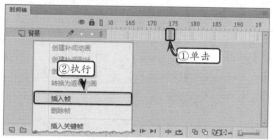

STEP|03 选择矩形形状，执行【修改】|【转换为元件】命令，在弹出的【转换为元件】对话框中将名称设置为"背景"，单击【确定】按钮。

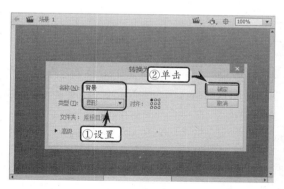

STEP|06 选择第 1 帧，在【属性】面板中的【色彩效果】选项卡中，将"背景"图形元件的 Alpha 设置为 50%。

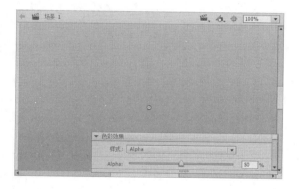

STEP|07 然后，选择第 20 帧，在【属性】面板中的【色彩效果】选项卡中，将"背景"图形元件的 Alpha 设置为 100%。

STEP|04 重命名图层，右击图层第 1 帧，执行【创建补间动画】命令，创建补间动画。

STEP|05 然后，在第 175 帧处，右击执行【插入帧】命令，插入普通帧。

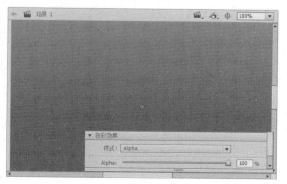

STEP|08 新建"透明条"图层，在第 20 帧处，右击执行【插入关键帧】命令，插入一个关键帧。

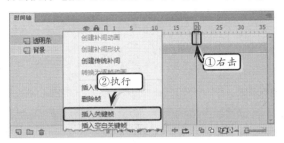

STEP|09 单击【工具箱】面板中的【矩形工具】按钮，在舞台下半部绘制一高度为 20px 的白色矩形形状，并将其转换为名为"透明条"的图形元件。

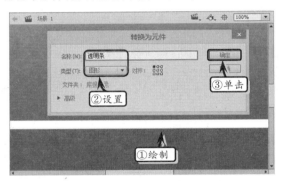

STEP|10 然后，在【属性】面板中的【色彩效果】选项卡中，将 Alpha 设置为 7%。

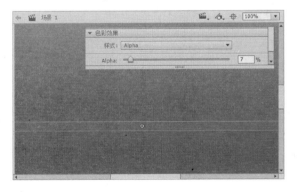

STEP|11 在第 25 帧处，插入关键帧，复制该"透明条"图形元件，并向下移动。同时，在【属性】面板中，将 Alpha 设置为 24%。

STEP|12 然后，分别在第 30、35、40、45 帧处插入关键帧，每个关键帧递增一个图形元件，并将 Alpha 分别设置为 50%、60%、75% 和 100%。

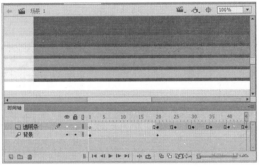

STEP|13 新建"花纹"图层，在第 55 帧处插入关键帧。执行【文件】|【导入】|【打开外部库】命令，选择素材文档，单击【打开】按钮。

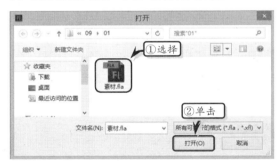

STEP|14 在【库：素材】面板中，将"花纹"图形元件拖入到舞台中，并在【属性】面板中设置其色彩效果。

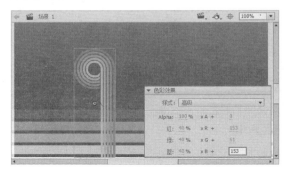

STEP|15 新建"遮罩层"图层，在第55帧处插入关键帧，在"花纹"图形元件底部绘制一个矩形形状。

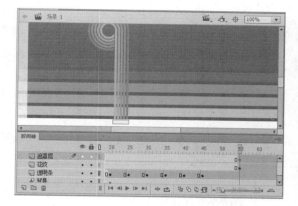

STEP|16 在第75帧处插入关键帧，使用【任意变形工具】向上拖动矩形形状，使其覆盖"花纹"图形元件的部分区域。

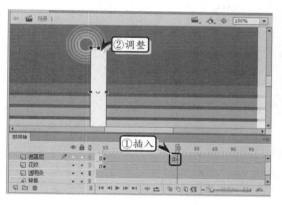

STEP|17 然后，右击第55帧和第75帧之间的任意一帧，执行【创建补间形状】命令，创建补间形状动画。

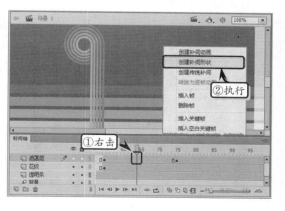

STEP|18 在第76帧处插入关键帧，使用【基本椭圆工具】在"花纹"图形元件的圆形位置绘制一个扇形。

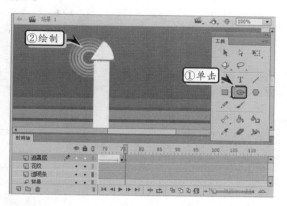

STEP|19 在第77帧处插入关键帧，使用【选择工具】沿逆时针方向扩大该扇形区域。

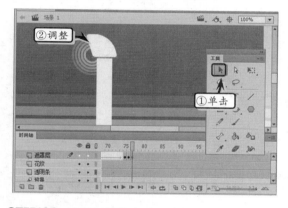

STEP|20 使用相同的方法，在第78~90帧处插入关键帧，并逐步扩大该扇形区域，直到覆盖整个"花纹"图形元件。

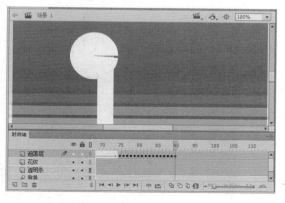

STEP|21 选择扇形和矩形，执行【修改】|【分类】

命令，将扇形打散为形状。

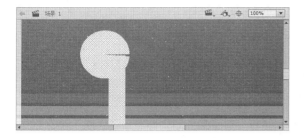

STEP|22 右击"遮罩层"图层，执行【遮罩层】命令，将其转换为遮罩层。

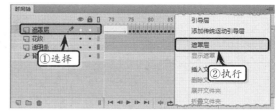

6.6 新手训练营

练习 1：制作 3D 相册

⊙downloads\6\新手训练营\制作 3D 相册

提示：本练习中，首先新建文档导入素材，创建影片剪辑元件，绘制矩形形状并设置其属性。同时，新建图层，添加图像素材并设置其属性。然后，创建相册影片剪辑，添加图像到剪辑中，并设置其属性。返回到场景中，添加相册影片剪辑并设置其属性。最后，创建普通帧，同时创建补间动画，并添加 3D 补间动画。紧接着，插入旋转关键帧，并在【动画编辑器】面板中设置旋转效果。

练习 2：制作图片展示动画

⊙downloads\6\新手训练营\制作图片展示动画

提示：本练习中，首先新建文档并导入素材。在图层中插入普通帧后，新建图层，导入素材并将其转换为影片剪辑文件。然后，为影片剪辑设置动画预设效果，在该图层中最后一帧插入普通帧。同时，新建图层，插入关键帧并将素材导入到舞台中，转换为影片剪辑设置其属性，并为其应用动画预设。最后，依次新建图层，分别导入素材到舞台中，并为其应用动画预设。

练习3：制作网站进入动画

downloads\6\新手训练营\制作网站进入动画

提示：本练习中，首先新建文档，打开外部库导入素材，同时在不同的帧处设置影片剪辑的属性并插入关键帧，创建补间动画。然后，新建图层，添加进度条素材，并分别设置其补间动画和遮罩层。同时，新建图层，插入关键帧，添加矩形背景素材，设置其投影和模糊滤镜并创建补间动画。最后，新建图层，依次添加箭头形状并设置其补间动画和关键帧。同时，输入文本并设置文本的属性和补间动画。

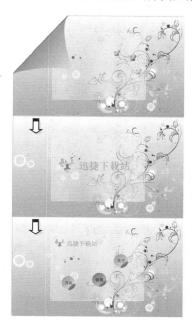

练习4：制作会员注册页

downloads\6\新手训练营\制作会员注册页

提示：本练习中，首先新建文档，在舞台顶部绘制圆角矩形，同时绘制圆环并设置其属性。同时，输入文本并设置文本的大小和颜色。然后，新建图层，依次从添加相应的组件，并设置组件实例名称和属性。最后，新建图层，打开【动作】面板，通过 TileList 对象的 addItem() 方法为组件实例添加图片，指定图片的名称，创建文本样式并将其应用到所有组件中。

练习5：制作心里测试程序

downloads\6\新手训练营\制作心里测试程序

提示：本练习中，首先新建文档，导入素材。同时，新建图层，输入标题文本并在其下方绘制一条直线。依次添加相应的组件，并设置组件的实例名称和属性。然后，新建图层，输入测试题目，在其下方创建组件，并设置组件的实例名称和属性。最后，新建图层，打开【动作】面板，输入相应命令，并将实例存储到数组中，同时为实例的标签文字应用样式。

第 **7** 章

设置网页文本

  Adobe Dreamweaver 简称 DW，其中文名称为"梦想编织者"，是目前业界最流行的静态网页制作与网站开发工具。网页中的文本原始是网页设计中不可或缺的内容，具有传达信息和表达网页主题要素的作用；而 Dreamweaver 在处理网页文本方面具有非常强大的功能，可以为网页文本设置样式、管理段落、创建列表，还可以为网页添加各种特殊文本以及线条。

  在本章中，将详细介绍 Dreamweaver CC 在设置网页文档方面的操作，以及设置网页文本、插入项目列表和设置文本格式等网页文本制作的基础知识和操作技巧。

7.1　Dreamweaver CC 简介

Dreamweaver 使用所见即所得的接口，亦有 HTML 编辑功能，包含设计网站前台页面和开发网站后台程序两个功能，目前可以使用于 Mac 和 Windows 系统中。通过 Dreamweaver，用户既可以快速创建基于 Web 标准的网页，也可以便捷地开发各种大型网站项目。

7.1.1　Dreamweaver CC 新增功能

作为 Dreamweaver 系列软件中的最新版本，Adobe 公司在 Dreamweaver CC 中增加和增强了许多新的功能，这些新功能不仅可以帮助用户轻松创建和更新 Web 和移动内容，而且还可以帮助用户查看、导航和编辑 HTML 标记。

1．设备预览

Dreamweaver 新增的设备预览功能，可以让用户在多个设备上同时测试即将发布的正式版网页。通过该功能，不仅可以查看网页如何在各种外形规格下进行回流，而且还可以在页面中测试交互功能。并且，在使用该功能时，用户无需安装任何移动应用程序或连接物理设备到桌面，只需使用设备扫描自动生成的 OR 代码，即可在设备上预览网页。

另外，在桌面上触发的实时检查会反映在所有已连接设备上，以帮助用户检查各种元素并按需要调整设计。

2．可视媒体查询

新增的可视媒体查询功能，可以直观显示页面中的媒体查询，并可帮助用户可视化不同断点处的网页以及网页组件在不同视口中的回流的差异程度。而且，该功能可以在不影响其他视口页面设计的情况下，在不同视图中查看页面及进行特定于某个视图的设计更改。

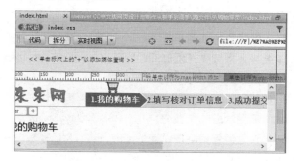

每个类别可包含一个或多个媒体查询。用户可通过单击【显示可视媒体查询栏】按钮或单击【隐藏可视媒体查询栏】按钮，来隐藏或显示【可视媒体查询】栏。

在【可视媒体查询】栏的水平行上包括绿色、蓝色和紫色三栏。

- ❏ **绿色**　包含 max-width 条件的媒体查询。
- ❏ **蓝色**　同时包含 min-width 和 max-width 条件的媒体查询。
- ❏ **紫色**　包含 min-width 条件的媒体查询。

3．Linting 和 Emmet 支持

Linting 是分析代码以标记代码的潜在错误或可疑用法的过程。用户可以使用新版 Dreamweaver 中的 linting 代码，来调试常见的错误代码。Dreamweaver 可以在加载、保存或编辑 HTML、CSS 和 JavaScript 文件时对它们执行 linting，其错误和警告将在新的输出面板中列出。

对于喜欢使用代码来设计网页的开发人员来讲，其新版本中增加的 Emmet 缩写代码功能，将会节省开发人员编写代码的时间因为 Emmet 缩写

很容易记忆和输入。例如，当用户按 Tab 键时，它们将会在【代码】视图中展开为完整的代码。

4．代码视图预览功能

新版本的 Dreamweaver 增加了代码视图实时预览功能，当用户使用【拆分】视图时，可在【实时】或【设计】视图中实时查看对图像或颜色所做的任何更改。而当用户使用【代码】视图时，旧版本中会将图像仅显示为名称，同时会将颜色显示为一组模糊的数字（除非使用了预定义的颜色）。

新版本中的代码视图预览功能，可以直接在【代码】视图内快速预览图像和颜色，以帮助用户从视觉上将图像文件名和颜色格式与所呈现的实际图像或颜色联系起来。由此，可加快设计决定的速度并大幅减少开发时间。

5．Bootstrap 集成

Bootstrap 是用于开发响应迅速、移动优先网站的最受欢迎的免费 HTML、CSS 和 JavaScript 框架。该框架包括响应迅速的 CSS 和 HTML 模板，适用于按钮、表格、导航、图像旋转视图以及可能会在网页上使用的其他元素。除此之外，Bootstrap 还提供了部分可选的 JavaScript 插件，以协助只具备基本编码知识的开发人员也可以开发出快速响应的出色网站。

通过新版本的 Dreamweaver，用户不仅可以创建 Bootstrap 文档，而且还可以使用 Bootstrap 来创建现有的网页。

用户可以执行【文件】|【新建】命令，在弹出的【新建文档】对话框中打开【启动器模板】选项卡，在其列表中选择相应的模板，即可开始设计Bootstrap 网站。

6．实时视图新增功能

Dreamweaver 现在了实时视图编辑和菜单等功能，包括编辑表格、新增菜单、嵌套插入等功能。

在新版本的 Dreamweaver 中，用户可以在实时视图中将元素插入到其他元素之中；而当用户在【插入】面板、【资源】面板或实时视图中拖动元素，并将鼠标悬停在页面上的不同元素上时，会看到嵌套元素的可视化反馈。

除此之外，用户还可以使用【元素显示】中的格式设置选项，或者执行【修改】|【表格】命令，在实时视图中轻松、快速地编辑表格。

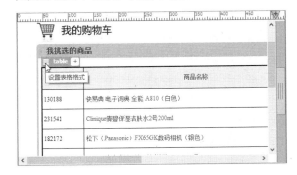

另外，新版本中的实时视图中，还提供了修改、格式、命令、站点、编辑等菜单，以使实时视图中的编辑功能更加完善。

7．DOM 面板

新版本的 Dreamweaver 将元素快速视图更改为 DOM 面板，该面板可以提供元素快速视图所提供的所有功能以及更多功能。除此之外，用户可以在工作区中永久使用该面板，并允许用户同时打开两个文档和访问其 DOM 面板。

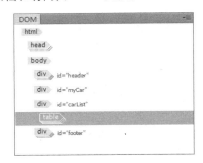

8．技术预览

Dreamweaver 新增的技术预览功能，可以提供某些功能的预览，并通过收集客户反馈及根据反馈来改进这些功能，并将其作为 Dreamweaver 的核心功能包含在内。

用户可以在【首选项】对话框的【技术预览】选项卡中，通过勾选【启用代码高亮显示】复选框，来启用该功能。

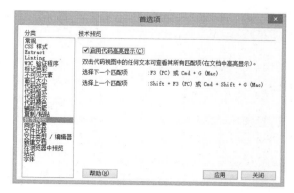

该版本中的预览功能为代码高亮显示，也就是会高亮显示代码视图中任何选定文本的所有匹配项。

9. 支持%单位

Dreamweaver 新增了 Extract 面板%度量单位，当用户单击 Extract 面板中的资源时，会显示一个在像素和%之间进行切换的选项，用户可通过不同的选项来查看不同度量单位下的元素属性。

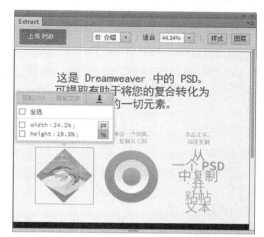

10.【全部】和【当前】模式

新版本的 Dreamweaver 为用户提供了【全部】和【当前】两种不同的 CSS Designer 模式，用于查看和编辑 CSS 属性。

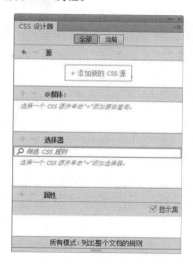

其中，两种不同模式的具体功能如下所述。

❑ 【全部】模式　此模式将列出当前文档中的所有 CSS、媒体查询和选择器，而它对【设计】或【实时】视图中的选定内容不敏感。如果要创建 CSS、媒体查询和选择器，此模式是最佳选择。

❑ 【当前】模式　此模式将列出【设计】或【实时】视图中所有选定元素的已计算样式。在 CSS 文件中，如果焦点位于选择器上，则此模式将显示此选择器的属性。如果要编辑与文档中所选元素关联的选择器的属性，此模式是最佳选择。

> **提示**
>
> 除了上述介绍的 10 种新功能之外，Dreamweaver 还新增或更改了【插入】面板、【帮助】菜单、测试服务器工作流程、属性值提示，以及页面底部文档栏下拉菜单选项、编码工具栏等功能。

7.1.2　Dreamweaver CC 工作界面

Dreamweave CC 相对于旧版本软件来讲，不仅增加了启动界面的优美感，而且在其工作界面中也进行一些细微的改进。

Dreamweaver CC 工作界面中的窗口组成的具体情况如下所述。

- **菜单栏** 菜单栏中包含各种操作执行菜单命令，以及切换按钮如【最小化】、【最大化】、【还原】和【关闭】等按钮。

- **工作区切换器** 允许用户更改窗口的界面以【新手】、【代码】、【默认】、【设计】或【Extract】方式显示，以及允许用户进行新建工作区、管理工作区和保存当前工作区等操作。

- **标签选择器** 位于【文档】窗口底部的状态栏中，用于显示环绕当前选定内容的标签，以及该标签的父标签等，可体现出这些标签的层次结构。

- **面板组** 显示 Dreamweaver 提供的各种面板，默认显示插入、CSS 设计器、CSS 过渡效果和文件等面板。

- **编码工具栏** 用于显示 Dreamweaver 中的各种编码工具，包括打开文档、显示代码浏览器、选择父标签等 15 种常用工具。

7.2 设置网页文档

网页是一个文件，而网站则是由众多的网页组成的，因此文件管理其实就是对众多网页的一种管理。用户创建站点之后，便可以根据网站的整体设计着手开始制作网页文件了。

7.2.1 创建站点

站点是制作网站的首要工作，是理清网络结构脉络的重要工作之一。不管是网页制作新手还是专业网页设计师，都必须从构建站点开始。

1. 创建本地站点

在 Dreamweaver 中，执行【站点】|【新建站点】命令，弹出【站点设置对象 未命名站点 2】对话框。打开【站点】选项卡，在【站点名称】文本框中输入站点名称，同时单击【本地站点文件夹】

选项右侧的【浏览文件夹】按钮。

然后，在弹出的【选择根文件夹】对话框中，选择站点文件夹位置，单击【选择文件夹】按钮即可。

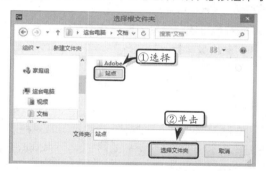

最后，在【站点设置对象 未命名站点 2】对话框中，单击【保存】按钮即可。

2. 设置站点服务器

在【站点设置对象 动漫设计】对话框中，打开【服务器】选项卡。默认情况下，该选项卡中不存在服务器设置，用户需要单击列表框下方的 ➕ 按钮，来添加服务器。

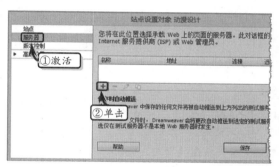

在弹出的对话框的【基本】选项卡中，将【连接方法】选项设置为 FTP，并设置相应选项。

其中，在默认连接方法为 FTP 状态下，【基本】选项卡中各选项的具体含义，如下所述。

- ❑ **服务器名称**　用于指定服务器的名称。
- ❑ **连接方法**　用于设置服务器的连接方法，包括 FTP、SFTP、FTP over SSL/TLS（隐式加密）、FTP over SSL/TLS（显式加密）、本地/网络、WebDAV 和 RDS 等选项。
- ❑ **FTP 地址**　用于输入 FTP 服务器的地址，其 FTP 地址是计算机系统完整的 Internet 名称；其右侧的【端口】是 FTP 连接的默认端口 21。
- ❑ **用户名**　用于设置连接 FTP 所需使用的用户名。
- ❑ **密码**　用于设置连接 FTP 所需使用的密码，当禁用【保存】复选框时，在每次连接远程服务器时系统都会提示输入密码。
- ❑ **测试**　单击该按钮，可以测试所设置的 FTP 地址、用户名和密码。
- ❑ **根目录**　用于输入远程服务器上用于存储公开显示的文档的目录（文件夹）。
- ❑ **Web URL**　用于输入 Web 站点的 URL。
- ❑ **使用被动式 FTP**　启用该复选框，可以使本地软件建立 FTP 连接，而非请求远程服务器来建立 FTP 连接。

❑ **使用 IPv6 传输模式** 启用该复选框，可以启用支持 IPv6 的 FTP 服务器。

❑ **使用以下位置中定义的代理** 启用该复选框，可以使用【首选项】对话框中所设置的代理主机或代理端口。

❑ **使用 FTP 性能优化** 启用该复选框，可以对所连接的 FTP 服务器的性能进行优化操作。

❑ **使用其他的 FTP 移动方法** 启用该复选框，可以使用其他 FTP 中移动文件的方法。

> **提示**
>
> 【基本】选项卡中的【连接方式】选项，除了 FTP 连接方法之外，还包括 SFTP、FTP over SSL/TLS(隐式加密)、FTP over SSL/TLS(显式加密)、本地/网络和 WebDAV 连接方法。

在对话框中打开【高级】选项卡，该选项卡中的内容不会随着【连接方式】选项的改变而改变，它是固定不变的。

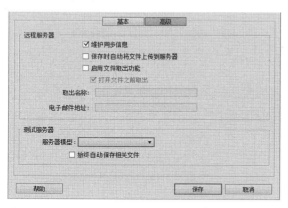

在【高级】选项卡中，主要包括以下几种选项。

❑ **维护同步信息** 启用该复选框，可以自动同步本地和远程文件。

❑ **保存时自动将文件上传到服务器** 启用该复选框后，在保存文件时 Dreamweaver 会自动将文件上传到远程站点。

❑ **启用文件取出功能** 启用该复选框，可以激活"存回/取出"系统，同时激活【打开

文件之前取出】、【取出名称】和【电子邮件地址】选项。

❑ **服务器模型** 用于设置测试服务器类型，包括 JSP、PHP MySQL、ASP VBScript 等 8 种类型。

❑ **始终自动保存相关文件** 启用该复选框，系统会自动保存相关联的文件。

> **提示**
>
> 除了【服务器】选项之外，用户还可以设置站点的【版本控制】和【高级设置】选项。

7.2.2 创建网页文档

创建站点之后，用户便可以创建网页文档，将其保存到站点中，并对网页文档进行设置和浏览。

Dreamweaver 为用户提供了 HTML、CSS、JS、PHP 等多种文档类型，不仅可以创建空白网页文档，而且还可以创建流体网格布局文档、启动器模板和网站模板文档。

1．创建空白文档

在 Dreamweaver 中，用户可通过欢迎屏幕和命令菜单两种方法来新建文档。

启动 Dreamweaver 软件，在欢迎屏幕中的【新建】栏中，选择所需创建的文档类型，即可快速创建所选文档类型的空白文档。

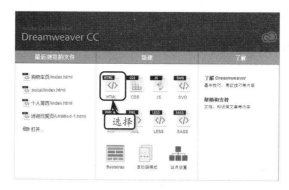

在 Dreamweaver 窗口中，执行【文件】|【新建】命令，在弹出的【新建文档】对话框中，打开【新建文档】选项卡，在【文档类型】列表中选择 HTML 文档类型，然后在【框架】列表中选择一种框架类型，单击【创建】按钮即可。

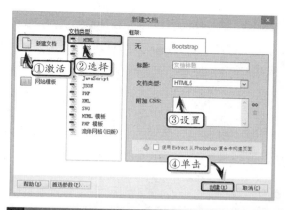

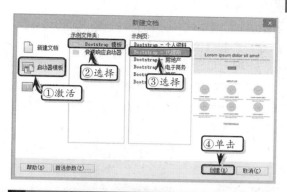

2．创建流体网格文档

流体网格布局，可以帮助用户创建可以应对不同屏幕尺寸的 CSS 布局。而新版的 Dreamweaver 将流体网格文档归纳到【新建文档】类中了，用户只需执行【文件】|【新建】命令，在弹出的【新建文档】对话框中，打开【新建文档】选项卡，选择【流体网格（旧版）】选项，单击【创建】按钮即可。

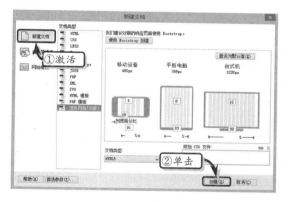

3．创建启动器模板文档

Dreamweaver 附带启动器模板，以帮助用户设计站点页面。

执行【文件】|【新建】命令，在弹出的【新建文档】对话框中，打开【启动器模板】选项卡，在【示例文件夹】列表框中选择模板类型，同时在【示例页】列表中选择一种模板，单击【创建】按钮即可。

4．创建网站模板文档

网站模板文档是基于用户所创建的网站模板文件进行创建的，在创建之前用户还需要将网站中的文档保存为模板类型，否则将无法显示模板示例内容。

执行【文件】|【新建】命令，在弹出的【新建文档】对话框中，打开【网站模板】选项卡，在【站点】列表框中选择一个站点，同时选择一个站点模板，单击【创建】按钮即可。

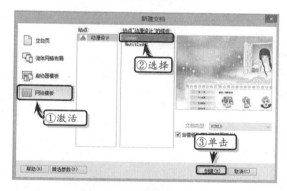

7.2.3　设置网页属性

页面属性关乎整个网页页面的美观性，是网页设计的基础。而页面属性，是对网页文档中的内容进行的简单定义。

执行【修改】|【页面属性】命令，弹出【页面属性】对话框。在【页面属性】对话框中的【分类】栏中，为用户提供了【外观（CSS）】、【外观

（HTML）】、【链接（CSS）】、【标题（CSS）】、【标题/编码】和【跟踪图像】6 个选项卡。

1．外观（CSS）

在【页面属性】对话框中，打开【外观（CSS）】选项卡，指定网页中包括字体、背景颜色、背景图像等若干基本页面的布局选项。

在【外观（CSS）】选项卡中，主要包括下列几个选项。

- ❏ **页面字体** 用于指定在网页中使用的默认字体系列。
- ❏ **大小** 用于指定在网页中使用的默认字体的大小。
- ❏ **文本颜色** 用于指定显示字体时所使用的默认字体颜色，可通过单击【文本颜色】框来选取颜色。
- ❏ **背景颜色** 用于设置页面的背景颜色，可通过单击【背景颜色】框来选取颜色。
- ❏ **背景图像** 用于设置背景图像，可通过单击【浏览】按钮来选取背景图像文件。
- ❏ **重复** 用于指定背景图像在页面上的显示方式，其中 no-repeat 选项表示仅显示背景图像一次，repeat 选项表示横向和纵向重复或平铺图像，repeat-x 选项表示可横向平铺图像，repeat-y 选项表示可纵向平铺图像。
- ❏ **左/右/上/下边距** 用于指定网页文档中内容到浏览器左侧、右侧、上侧和下侧的距离。

2．外观（HTML）

在【页面属性】对话框中，打开【外观（HTML）】

选项卡，以 HTML 或 XHTML 标签的属性方式定义网页文档中一些基本对象的样式。

在【外观（HTML）】选项卡中，主要包括下列几个选项。

- ❏ **背景图像** 用于设置网页的背景图像，可通过单击【浏览】按钮选取背景图像文件。
- ❏ **背景** 用于设置页面的背景颜色，单击【文本颜色】框可选取背景颜色。
- ❏ **文本** 用于指定文本的默认颜色。
- ❏ **已访问链接** 用于指定已访问链接的颜色。
- ❏ **链接** 用于指定链接文本的颜色。
- ❏ **活动链接** 用于指定当鼠标（或指针）在链接上单击时所应用的颜色。
- ❏ **左/上边距** 用于指定页面到浏览器左侧和上侧的距离。
- ❏ **边距宽度/高度** 用于指定页面到浏览器右侧和下侧的距离。

3．链接（CSS）

在【页面属性】对话框中，打开【链接（CSS）】选项卡，指定链接字体样式、字体大小、颜色等选项。

在【链接（CSS）】选项卡中，主要包括下列

几个选项。

- ❑ **链接字体** 用于指定链接文本使用的默认字体系列。
- ❑ **大小** 用于指定链接文本的字体大小，其字体单位可以为 px（像素）、pt（点）、in（英寸）、cm（厘米）等。
- ❑ **链接颜色** 用于指定应用于链接文本的颜色。
- ❑ **已访问链接** 用于指定应用于已访问链接的颜色。
- ❑ **变换图像链接** 用于指定当鼠标（或指针）位于链接上时所出现的颜色。
- ❑ **活动链接** 用于指定当鼠标（或指针）在链接上单击时所出现的颜色。
- ❑ **下划线样式** 用于指定应用于链接的下划线样式，包括【始终有下划线】、【始终无下划线】、【仅在变换图像时显示下划线】和【变换图像时隐藏下划线】4 种样式。

4．标题（CSS）

在【页面属性】对话框中，打开【标题（CSS）】选项卡，指定页面标题的字体、字体大小和颜色等。

在【标题（CSS）】选项卡中，主要包括下列两个选项。

- ❑ **标题字体** 用于指定标题文本使用的默认字体系列。
- ❑ **标题 1~6** 用于指定最多 6 个级别的标题标签使用的字体大小和颜色。

5．标题/编码

在【页面属性】对话框中，打开【标题/编码】

选项卡，指定用于创作网页的语言专用文档编码类型，以及与该编码类型配合使用的 Unicode 范式。

在【标题/编码】选项卡中，主要包括下列几个选项。

- ❑ **标题** 用于指定在"文档"窗口和大多数浏览器窗口标题栏中所出现的页面标题。
- ❑ **文档类型** 用于指定一种文档类型定义。
- ❑ **编码** 用于指定文档字符所使用的编码，当用户选择 Unicode(UTF-8)选项时则不需要实体编码。
- ❑ **重新载入** 单击该按钮可以转换现有文档或者使用新编码重新打开它。
- ❑ **Unicode 标准化表单** 只有将【编码】选项设置为 Unicode(UTF-8)时该选项才被激活，它包括 4 种 Unicode 范式。
- ❑ **包括 Unicode 签名（BOM）** 启用该复选框，可以在文档中包括一个字节顺序标记（BOM）。而 BOM 是位于文本文件开头的 2~4 个字节，可将文件标识为 Unicode。

6．跟踪图像

在【页面属性】对话框中，打开【跟踪图像】选项卡，用于设置在设计页面时用作向导参考的图像文件。

在【跟踪图像】选项卡中，主要包括下列两个

选项：

❑ **跟踪图像** 用于指定在复制设计时作为参考的图像，可通过单击【浏览】按钮来选取图像文件。该图像只供参考，并不会出现在浏览器中。

❑ **透明度** 用于设置跟踪图像的透明度，从完全透明到完全不透明。

7.3 设置网页文本

文本是网页主页元素之一，一般以普通文字、段落或各种项目符号等形式进行显示。由于文本具有易于编辑、存储空间小等优点，因此在网站制作中具有不可取代的地位。

7.3.1 插入网页文本

在 Dreamweaver 中，除了可以手动输入网页文本之外，还可以通过粘贴和导入的方法，来插入网页文本。

1. 直接输入

直接输入是创建网页文本最常用的方法，用户可以在【代码和设计】视图和【设计】视图中输入文本内容。

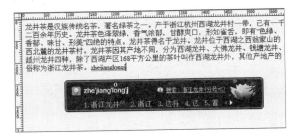

提示

用户也可以在【代码视图】中相关的 XHTML 标签中输入字符，同样可以将其添加到网页中。

2. 粘贴外部文本

在编辑网页内容时，对于篇幅比较长的文本，则可以直接将外部文本复制到【设计】视图中。例如，在某个网页中复制一段文本，切换到 Dreamweaver 文档中，执行【粘贴】命令或按 Ctrl+V 组合键，即可粘贴该文本。

但是在粘贴外部文本时，普通的粘贴方法会连同外部文本的格式设置一起粘贴过来。此时，用户可以在复制外部文本之后，执行【编辑】|【选择性粘贴】命令，在弹出的【选择性粘贴】对话框中，选择所需粘贴的文本样式，单击【确定】按钮即可。

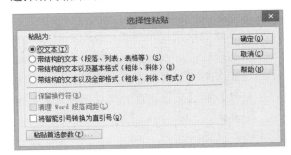

在【选择性粘贴】对话框中，主要包括下列选项。

❑ **仅文本** 仅粘贴文本字符，不保留任何字体格式。

❑ **带结构的文本** 粘贴包含段落、列表和表格等结构的文本。

❑ **带结构的文本以及基本格式** 粘贴包含段落、列表、表格以及粗体和斜体的文本。

❑ **带结构的文本以及全部格式** 粘贴包含段落、列表、表格以及粗体、斜体和色彩等所有样式的文本。

❑ **保留换行符** 启用该复选框，在粘贴文本时将自动添加换行符号。

❑ **清理 Word 段落间距** 启用该复选框，在复制 Word 文本后将自动清除段落间距。

❑ **将智能引号转换为直引号** 启用该复选框，在粘贴文本时会自动将智能引号转换为直引号。

❑ **粘贴首选参数**　单击该按钮，可以在弹出的【首选项】对话框中设置粘贴首选项。

3．导入外部文本

Dreamweaver 为用户提供了导入外部文本功能，使用该功能可以导入 Word 文档。

在【代码和设计】视图中，将光标定位到导入文本的位置，执行【文件】|【导入】|【Word 文档】命令。

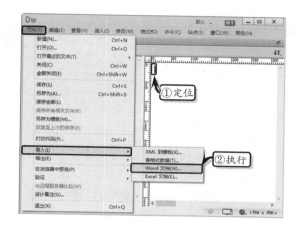

然后，在弹出的【导入 Word 文档】对话框中，选择所需要导入的 Word 文档，单击【打开】按钮。

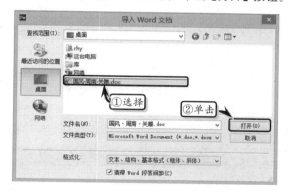

7.3.2　设置文本属性

当用户输入、粘贴或导入文本到网页文档中之后，还需要在【属性】面板中设置文本的 HTML 和 CSS 属性。

1．设置 HMTL 属性

在【属性】面板中，打开 HTML 选项卡，将各项属性设置应用到页面正文的 HTML 代码中。

在 HTML 选项卡中，主要包括下列 15 个属性。

❑ **格式**　用于设置文本的基本格式，可选择无格式文本、段落或各种标题文本。

❑ **类**　为 CSS 类，用于定义当前文档所应用的 CSS 类名称。

❑ **粗体**　用于定义以 HTML 的方式将文本加粗。

❑ **斜体**　用于定义以 HTML 的方式使文本倾斜。

❑ **项目列表**　为普通文本或标题、段落文本应用项目列表。

❑ **编号列表**　为普通文本或标题、段落文本应用编号列表。

❑ **删除内缩区块**　将选择的文本向左侧推移一个制表位。

❑ **内缩区块**　将选择的文本向右侧推移一个制表位。

❑ **标题**　当选择的文本为超链接时，定义当鼠标滑过该段文本时显示的工具提示信息。

❑ **ID**　定义当前选择的文本所属的标签 ID 属性，从而通过脚本或 CSS 样式表对其进行调用，添加行为或定义样式。

❑ **链接**　创建所选文本的超文本链接。

❑ **目标**　指定将链接文档加载到哪个框架或窗口。

❑ **文档标题**　用于显示新建文档的标题。

❑ **页面属性**　单击该按钮，可打开【页面属性】对话框，定义整个文档的属性。

❑ **列表项目**　当选择的文本为项目列表或编号列表时，可通过该按钮定义列表的样式。

2．设置 CSS 属性

在【属性】面板中，打开 CSS 选项卡，将各项属性设置写入文档头或单独的样式表中。

CSS 选项卡中，主要包括下列一些属性。

- ❑ **目标规则**　显示在 CSS 属性检查器中正在编辑的规则，用户也可以单击下拉按钮，在弹出的菜单中创建新的 CSS 规则、新的内联样式或将现有类应用于所选文本。
- ❑ **编辑规则**　单击该按钮，可在打开的【CSS 设计器】面板中编辑 CSS 规则。
- ❑ **CSS Designer**　单击该按钮，可打开【CSS 设计器】面板。
- ❑ **字体**　用于设置目标规则中的字体样式。
- ❑ **大小**　用于设置目标规则中的字体大小。
- ❑ **文本颜色**　用于设置目标规则中的字体颜色。
- ❑ **对齐方式**　用于设置目标规则中文本的对齐属性，包括左对齐、右对齐、居中齐和两端对齐 4 种样式。
- ❑ **文档标题**　用于显示新建文档的标题。
- ❑ **页面属性**　单击该按钮，可打开【页面属性】对话框，定义整个文档的属性。

7.3.3　插入特殊文本

在网页中除了可以插入普通文本之外，还可以插入一些比较特殊的文本。例如，插入特殊符号、水平线、日期等。

1．插入特殊符号

选择插入位置，执行【插入】|HTML|【字符】命令，在展开的级联菜单中选择相应的字符样式即可。

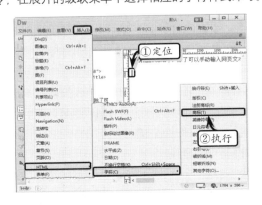

Dreamweaver 允许为网页文档插入 11 种基本的特殊符号，其每种特殊符号的具体作用如下表所述。

图　标	名　称	显示（作用）
🕮	换行符	两段间距较小
"	左引号	"
"	右引号	"
—	破折线	—
-	短破折线	–
£	英镑符号	£
€	欧元符号	€
¥	日元符号	¥
©	版权	©
®	注册商标	®
TM	商标	TM

除了上述 12 种特殊符号之外，用户还可以执行【插入】|HTML|【字符】|【其他字符】命令，选择所需插入的符号，单击【确定】按钮即可。

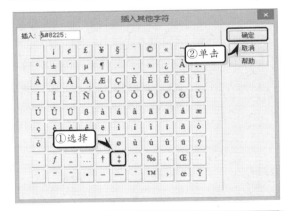

提示

用户也可以在【插入】面板中的 HTML 类别中，单击【字符】下拉按钮，在其下拉列表中选择所需插入的特殊字符即可。

2．插入水平线

Dreamweaver 还为用户提供了插入水平线功能，运用该功能可以方便地插入水平线。

首先，将光标定位在需要插入水平线的位置。然后，执行【插入】|HTML|【水平线】命令，即

可在光标定位处插入一条水平线。

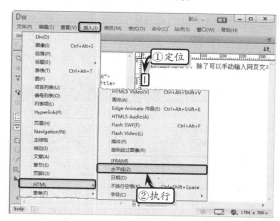

插入水平线之后，在【属性】面板中将会显示水平线的各种属性选项，以方便用户根据实际使用来制作一些相对优美的水平线。

在【属性】面板中，主要包括下列 4 种属性选项。

- □ **水平线** 用于设置水平线的 ID。
- □ **宽/高** 用于设置水平线的宽度和高度，单位可以是像素或百分比。
- □ **对齐** 用于设置水平线的对齐方式，包括默认、左对齐、居中对齐和右对齐。
- □ **阴影** 启用该复选框，可为水平线添加阴影效果。

3. 插入日期

用户不仅可以在网页中插入水平线和特殊符号，而且还可以插入当前时间和日期。

执行【插入】|HTML|【日期】命令，在弹出的【插入日期】对话框中，设置日期和时间选项，单击【确定】按钮即可。

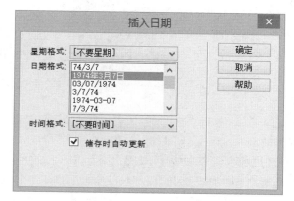

在【插入日期】对话框中，主要包括下列 4 个选项。

- □ **星期格式** 用于设置中文或英文样式的星期显示格式，也可以设置为不显示样式。
- □ **日期格式** 用于设置日期显示格式。
- □ **时间格式** 用于设置时间显示格式。
- □ **存储时自动更新** 启用该复选框，可以在每次保存网页文档时都会自动更新插入的日期时间。

7.4 设置文档列表

列表是网页中常见的一种文本排列方式，包括项目列表和项目编号两种样式。通过设置文档列表，不仅可以美化页面，而且还可以突显出文本的层次性。

7.4.1 项目列表与编号

在 Dreamweaver 中，除了可以通过 HTML 语言来创建项目列表与编号之外，还可以使用【设计】

视图，以直观表达的方法来创建项目列表和编号。

1. 通过【插入】面板创建

在网页中，选择所需创建项目列表与编号的文本。然后，在【插入】面板中，选择 HTML 类别，在其列表中单击【项目列表】按钮，即可为所选文本添加项目列表。

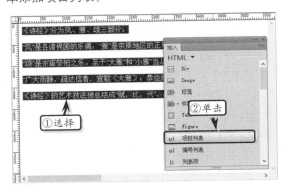

另外，在网页中，选择所需创建项目列表与编号的文本。然后，在【插入】面板中，选择 HTML 类别，在其列表中单击【编号列表】按钮，即可为所选文本添加编号。

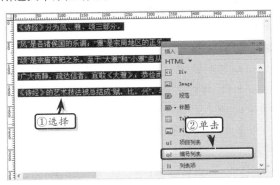

提示

用户也可以直接单击【项目列表】或【编号列表】按钮，输入完一个列表项之后，按下回车键，系统会自动显示下一个列表项。完成输入之后，连续按两次回车键，结束列表的输入。

2. 通过【属性】面板创建

在网页中，选择所需创建项目列表与编号的文本。然后，在【属性】面板中的 HTML 选项卡中，单击【项目列表】或【编号列表】按钮，即可为所选文本添加项目列表或编号列表。

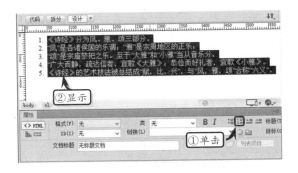

注意

Dreamweaver 只能以段落文本转换列表。在一个段落中的多行内容在转换列表时只会转换到同一个列表项目中。

7.4.2 嵌套项目列表

嵌套项目列表是在一个项目列表中嵌入一个或多个项目列表，以形成上下级关系。一般情况下，用户可通过下列两种方法，来创建嵌套项目列表。

1. 列表项法

首先，为所选文本添加项目列表。然后，在【拆分】视图中的左侧【代码】视图中，将光标定位在 <ul></ul> 标签内所需显示或插入嵌套列表的位置，并在【插入】面板中单击【编号列表】按钮。

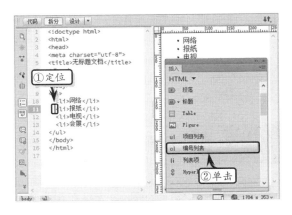

最后，在【插入】面板中，单击【列表项】按钮，添加文本内容后即可实现嵌套列表。

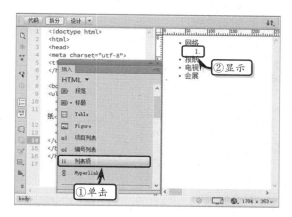

2. 缩进法

首先，在【设计】视图中，为所选文本添加项目列表。然后，选择需要嵌套列表的文本，在【属性】面板中单击【缩进】按钮即可。

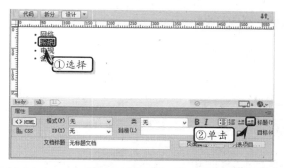

提示

创建嵌套列表之后，选择嵌套列表文本，单击【属性】面板中的【编号列表】按钮，即可更改列表样式。

7.4.3　设置列表属性

创建列表后，用户还可以根据设计需求设置列表的一些常规属性。

选择包含列表的文本，在【属性】面板中单击【列表项目】按钮，即可在弹出的【列表属性】对话框中，设置列表的基本属性。

在【列表属性】对话框中，主要包括下列 5 个选项。

- ❏ **列表类型**　用于指定列表的类型，包括项目列表、编号列表、目录列表和菜单列表 4 种类型。
- ❏ **样式**　用于指定编号列表或项目列表的编号或项目符号的样式。

- ❏ **开始计数**　用于设置编号列表中第一个项目的值。
- ❏ **新建样式**　为所选列表项目指定样式。
- ❏ **重设计数**　设置用来从其开始为列表项目编号的特定数字。

7.5　设置文本格式

对于网页中的文本，除了通过【属性】面板设置基本格式之外，还可以通过 HTML 样式、段落样式等功能，来设置文本格式，从而使页面内容更佳美观、更具有层次感。

7.5.1　设置 HTML 样式

HTML 样式是 HTML 4 引入的，它是一种新的首选的改变 HTML 元素样式的方式。通过 HTML 样式，可以通过使用 style 属性直接将样式添加到 HTML 元素，或者间接地在独立的样式表中（CSS 文件）进行定义。

1. 下划线

<u></u>下划线标签告诉浏览器把其加<u>标签的文本以加下划线样式呈现给用户。对于所有浏览器来说，这意味着要把这段文字加下划线样式方式显示。

选择网页文本，执行【格式】|【HTML 样式】|【下划线】命令，即可为所选文本添加下划线样式。

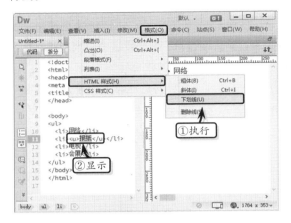

2．删除线

<s></s>标签为删除线标签告诉浏览器把其加<s>标签的文本文字以加删除划线样式（文字中间一道横线）呈现给用户。

选择网页文本，执行【格式】|【HTML 样式】|【删除线】命令，即可为所选文本添加删除线样式。

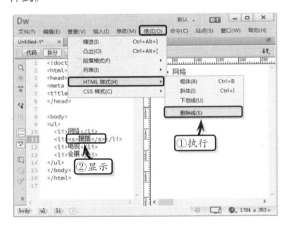

3．粗体

<strong>标签用于强调文本，但它强调的程度更强一些。通常是用加粗的字体（相对于斜体）来显示其中的内容。

选择网页文本，执行【格式】|【HTML 样式】|【粗体】命令，即可为所选文本添加粗体样式。

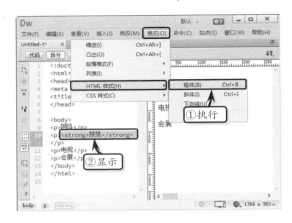

4．斜体

<em></em>标签告诉浏览器把其中的文本表示为强调的内容。对于所有浏览器来说，这意味着要把这段文字用斜体方式呈现给大家显示，这个与 html 斜体效果相同。

选择网页文本，执行【格式】|【HTML 样式】|【斜体】命令，即可为所选文本添加斜体样式。

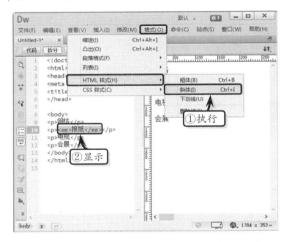

7.5.2　设置段落样式

Dreamweaver 中段落样式只设置标题内容，包括"标题 1"、"标题 2"、"标题 3"…"标题 6"等样式，既可以应用于文本段落，又可以应用于标题。

1．设置段落

将光标定位在空白网页中，执行【格式】|【段落格式】|【段落】命令，系统会在【代码】编辑器中添加一个<p>标签。

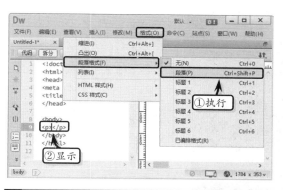

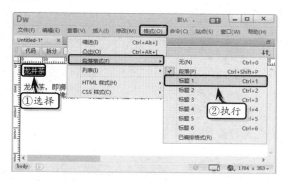

样式。

另外，选择网页文本，执行【格式】|【段落格式】|【段落】命令，即可为所选择内容添加段落标签。

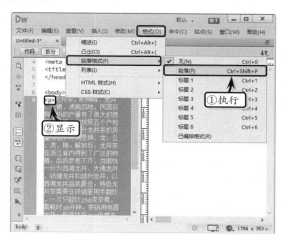

2．设置标题

标题是文章的眉目。各类文章的标题，样式繁多，但无论是何种形式，总要以全部或不同的侧面体现作者的写作意图、文章的主旨。标题一般分为总标题、副标题、分标题等几种。

因此，在 Dreamweaver 中，标题可以分为 6 个级别，不同级别的标题的格式不相同，而"标题1"为最大字号、"标题 6"为最小字号。

选择网页文本，执行【格式】|【段落格式】|【标题 1】命令，即可为所选择内容添加"标题 1"

除此之外，用户还可以将文本设置为其他的标题，如"标题 2"、"标题 3"、"标题 4"等。

3．编排格式

<pre>标签可定义预格式化的文本，被包围在<pre>标签中的文本通常会保留空格和换行符，而文本也会呈现为等宽字体，<pre>标签的一个常见应用就是用来表示计算机的源代码。

在代码中，可以导致段落断开的标签（如标题、<p>和<address>标签）绝不能包含在<pre>标签所定义的块里。尽管有些浏览器会把段落结束标签解释为简单的换行，但是这种行为在所有浏览器上并不都是一样的。

<pre>标签中允许的文本可以包括物理样式和基于内容的样式变化，还有链接、图像和水平分隔线。当把其他标签（例如<a>标签）放到<pre>标签块中时，就像放在 HTML/XHTML 文档的其他部分中一样即可。

例如，选择网页文本，执行【格式】|【段落格式】|【已编排格式】命令。然后在<pre>标签中，对文本进行换行，并插入空格，以测试显示效果。

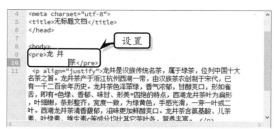

调整后的文本格式，可以在浏览器中浏览网页内容，以查看最新效果。

7.6 练习：制作诗词欣赏页

在制作诗词页面中，用户对文本内容可以进行一些格式设置，如标题、段落等。并且，用户在录入文本时，需要插入特殊字符。在本练习中，将通过制作《送别》诗词，来详细介绍 Dreamweaver 基础工具的使用方法。

练习要点

- 新建文档
- 插入页眉
- 插入标题
- 插入文章
- 插入格式
- 保存文档

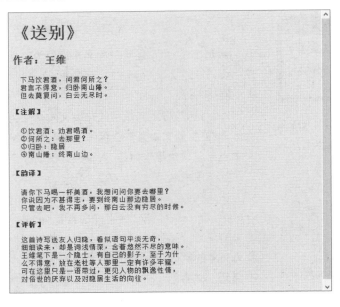

操作步骤 >>>>>

STEP|01 启动 Dreamweaver，在欢迎界面中选择【HTML】选项，创建一个空白页面。

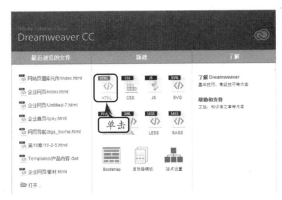

STEP|02 然后，在页面下方的【属性】面板中，单击【页面属性】按钮。

STEP|03 在弹出的【页面属性】对话框中的【外观（CSS）】选项卡中，设置页面的背景颜色。

STEP|04 在【代码】视图中，将光标定位于<body>标签之后，并按回车键。然后，执行【插入】|【页眉】命令。

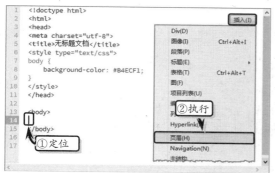

STEP|05 在弹出的【插入 Header】对话框中，单击【确定】按钮。此时，在代码中将插入<header></header>标签。

STEP|06 执行【插入】|【标题】|【标题 1】命令，并插入<h1></h1>标签。

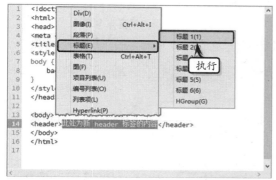

STEP|07 在<h1>标签中，用户可以输入诗词的名称。

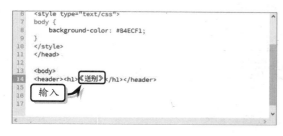

STEP|08 在<h1>标签之后，再插入<h3></h3>标题标签，并输入诗词的作者信息。

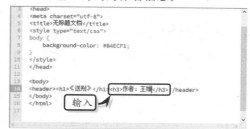

STEP|09 将光标定位于</h3>标签之后，并执行【插入】|【文章】命令。

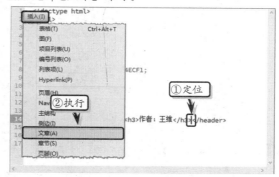

STEP|10 在弹出的【插入 Article】对话框中，单击【确定】按钮，即可在文档中添加该标签。

STEP|11 将光标定位于<article></article>标签中，并执行【格式】|【段落格式】|【已编排格式】命令。

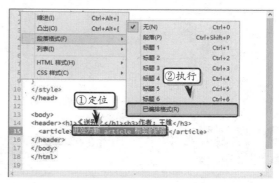

STEP|12 在<pre></pre>标签中，录入诗词的内容。

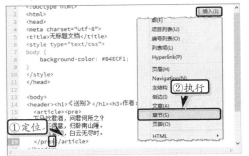

STEP|13 将光标定位于</pre>标签的后面，执行【插入】|HTML|【章节】命令。

STEP|14 在弹出的【插入 Section】对话框中，单击【确定】按钮，即可在文档中添加该标签。

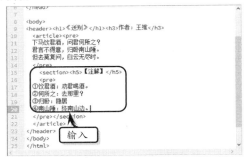

STEP|15 在<section> </section>标签中，再插入文本内容。

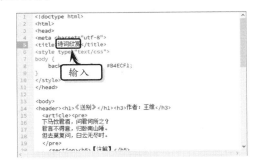

STEP|16 然后，在</section>标签后面添加其他章节内容，并输入文本。

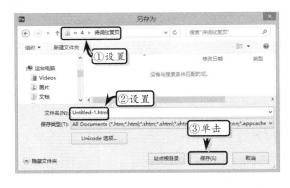

STEP|17 紧接着，修改<title></title>标签中的网页标题名称。

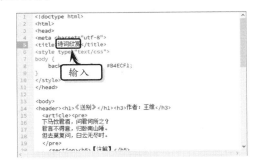

STEP|18 执行【文件】|【保存】命令，在弹出的【另存为】对话框中，设置保存名称和位置，单击【保存】按钮。

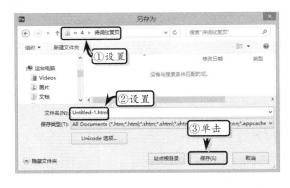

7.7 练习：制作班级管理制度

Dreamweaver 具有强大的文本编辑能力，可以帮助用户制作出界面优美的文本网页。在本练习中，将通过制作班级管理制度网页，来详细介绍新建网页文档、设置网页及文本属性等网页编辑操作方法。

练习要点

- 新建网页
- 设置页面属性
- 插入对象
- 设置段落格式
- 对齐文本
- 插入结构
- 插入水平线

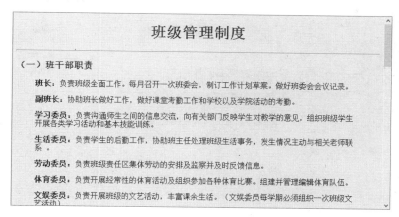

操作步骤

STEP|01 启动 Dreamweaver，在欢迎界面中选择 HTML 选项，创建一个空白页面。

STEP|02 然后，在页面下方的【属性】面板中，单击【页面属性】按钮。

STEP|03 在弹出的【页面属性】对话框中的【外观（CSS）】选项卡中，设置页面的背景颜色。

STEP|04 打开【标题/编码】选项卡，在【标题】文本框中输入网页的标题文本，并单击【确定】按钮。

STEP|05 切换到【设计】视图中，复制已编辑好的"班级管理制度"文本。

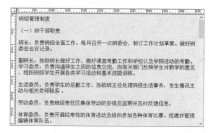

STEP|06 选择全部文本内容，并执行【插入】|Div 命令，在弹出的【插入 Div】对话框中，单击【确定】按钮，即可将文本包含在一个<div></div>标签中。

STEP|07 选择标题名称，执行【格式】|【段落格式】|【标题 1】命令，设置标题的段落格式。

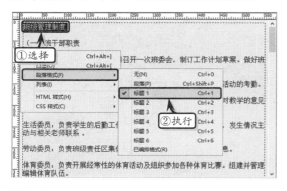

STEP|08 同时，在【属性】面板中，打开 CSS 选项卡，单击【居中对齐】按钮，设置标题为居中显示格式。

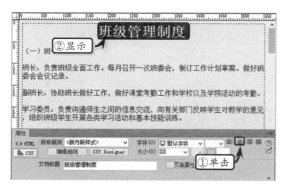

STEP|09 选择标题以外的内容，执行【插入】|【文章】命令。

STEP|10 在弹出的【插入 Article】对话框中，单击【确定】按钮，即可在文档中所选内容外添加

<article></article>标签。

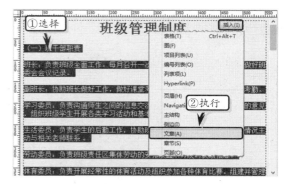

STEP|11 选择"（一）班干部职责"文本，执行【插入】|【章节】命令，在弹出的【插入 Section】对话框中，单击【确定】按钮。

STEP|12 同时，执行【格式】|【段落格式】|【标题 3】命令，设置所选文本的段落格式。

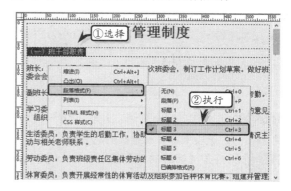

STEP|13 分别选择该节内容中，每段内容中"冒

号"（：）及之前的文本，在【属性】检查器中单击【加粗】按钮，设置文本的加粗格式。

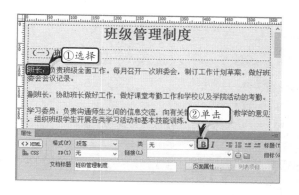

STEP|14 分别选择"二、 学生课堂常规"、"三、班级环境管理制度"等内容，设置为章节内容，并设置节标题为"标题 3"。

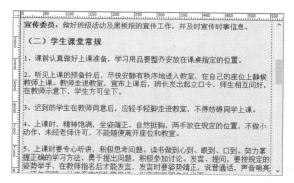

STEP|15 选择"（一） 班干部职责"和"二、学生课堂常规"文本之间的所有内容，执行【格式】|【缩进】命令，缩进文本。用同样的方法，缩进其他文本。

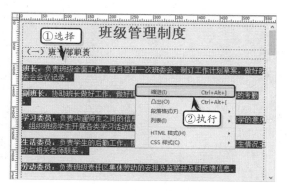

STEP|16 切换到【设计】视图中，将光标定位在标题文本后，执行【插入】|HTML|【水平线】命令，插入一条水平线。

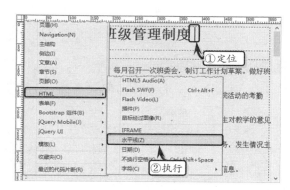

7.8 新手训练营

练习 1：制作图像背景
downloads\7\新手训练营\图像背景

提示：本练习中，首先，新建一个空白文档，在【属性】面板中单击【页面属性】按钮。然后，在弹出的【页面属性】对话框中的【外观（CSS）】文本框中，单击【背景图像】选项后面的【浏览】按钮。

在弹出的【选择图像源文件】对话框中，选择图像文件，并单击【确定】按钮。

最后，在【页面属性】对话框中，将【重复】设

置为 repeat，单击【确定】按钮即可。

练习 2：使用 Web 字体
downloads\7\新手训练营\使用 Web 字体

提示：首先，新建空白文档，执行【插入】|Div 命令，在弹出的【插入 Div】对话框中，将 ID 设置为 "box"，并单击【新建 CSS 规则】按钮，定义 Div 标签的 CSS 规则。在 Div 标签中输入文本，在【属性】面板中的 HTML 和 CSS 选项卡中，分别设置文本的字体样式；并在【代码】视图中，为字体添加空格符号。

然后，执行【修改】|【管理字体】命令，在弹出的【管理字体】对话框中，打开【本地 Web 字体】选项卡。单击【TIF 字体】右侧的【浏览】按钮，添

加字体文件。同时，启用【我已经对以上字体进行了正确许可，可以用于网站】复选框，并单击【添加】按钮。

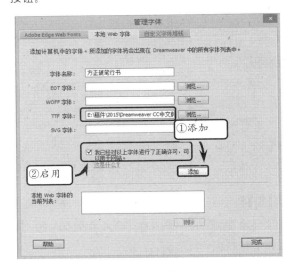

执行【窗口】|【CSS 设计器】命令，在打开的【CSS 设计器】面板中，单击【添加选择器】按钮，添加 ".font01" 选择器，并定义其字体样式。

最后，选中所有文本，在【属性】面板中将【类】设置为 font01，并在【实时】视图中查看最终效果。

练习 3：制作数学试题网页

downloads\7\新手训练营\数学试题网页

提示：首先，新建空白文档，在【属性】面板中单击【页面属性】按钮，在【页面属性】对话框中将【背景颜色】设置为#D6DBF1。同时，执行【插入】|【表格】命令，插入一个 4 行×1 列的表格，并设置表格的属性。

然后，在表格的第 2 行单元格中，插入一个【行数】为 7、【列】为 1、【宽度】为 100%、【边框粗细】为 0、【单元格间距】为 5、【单元格边距】为 1 的表格，并逐行输入相应的文本。

最后，在表格的第 3 行单元格中，插入一个表格并设置其【行】为 5、【列】为 2、【宽】为 100%、【边框】为 0、【填充】为 5、【间距】为 1。然后，在各单元格中输入相应的文本并设置其格式。

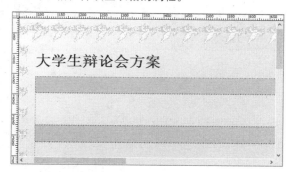

练习 4：制作大学生辩论赛页

downloads\7\新手训练营\大学生辩论赛页

提示：首先，新建空白文档，执行【插入】|Div 命令，在弹出的【插入 Div】对话框中，将 ID 设置为 box，并单击【新建 CSS 规则】按钮，定义 Div 标签的 CSS 规则。

```
#box {
background-image: url(11.jpg);
background-repeat: no-repeat;
height: 897px;
width: 1321px;
margin-top: auto;
margin-right: 100px;
margin-bottom: auto;
margin-left: auto;
padding-top: 70px;
padding-right: 70px;
padding-bottom: 60px;
padding-left: 90px;
}
```

然后，在 Div 标签之间输入标题文本，并设置文本的字体格式。同时，在文本下一行中插入一个 8 行×1 列的表格，并设置表格的属性。

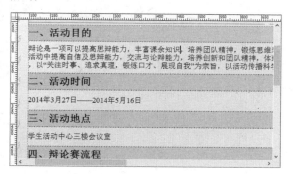

最后，在表格中输入文本，并设置文本的字体格式。

第 **8** 章

设置网页图像元素

　　图像是网页中必不可少的组成部分，单纯的文本会给人单调和枯燥的感觉，而恰当地使用图像可以增加网页的生动性和说服力。在之前的章节中，已介绍了如何使用 Photoshop 处理各种网页图像，以及制作切片网页等知识。本章将详细介绍图像的插入、调整和设置方法，以及其他图像对象的使用方法和应用技巧。

8.1　添加图像

图像是网页中重要的多媒体元素之一，可以弥补纯文本的单调性，增加网页的多彩性。但是，过多的图像会导致网页的打开速度过慢，因此在设计网页时还需要考虑图像的数目、大小和图形格式等因素。

8.1.1　网页图像格式

网页对图像格式并没有太严格的限制，但由于 GIF 和 JPEG 格式的图片文件较小，并且许多浏览器完全支持，因此它们是网页制作中最为常用的文件格式。一般情况下，网页中的图像格式包括下列最常见的 6 种。

1．JPEG（Joint Photographic Experts Group）

JPEG 是 Web 上仅次于 GIF 的常用图像格式。JPEG 是一种压缩得非常紧凑的格式，专门用于不含大色块的图像。JPEG 格式的图像有一定的失真度，但是在正常的损失下肉眼分辨不出 JPEG 和 GIF 图像的差别。而 JPEG 文件只有 GIF 文件的 1/4 大小。JPEG 对图标之类的含大色块的图像不是很有效，不支持透明图和动态图。

2．PNG（Portable Network Graphic）

PNG 格式是 Web 图像中最通用的格式。它是一种无损压缩格式，但是如果没有插件支持，有的浏览器可能不支持这种格式。PNG 格式最多可以支持 32 位颜色，但是不支持动画图。

3．GIF（Graphics Interchange Format）

GIF 是 Web 上最常用的图像格式，它可以用来存储各种图像文件。特别适用于存储线条、图标和计算机生成的图像、卡通和其他有大色块的图像。

GIF 格式的文件容量非常小，形成的是一种压缩的 8 位图像文件，所以最多只支持 256 种不同的颜色。Gif 支持动态图、透明图和交织图。

4．BMP（Windows Bitmap）

BMP 格式使用的是索引色彩，它的图像具有极其丰富的色彩，可以使用 16M 色彩渲染图像。此格式一般用在多媒体演示和视频输出等情况下。

5．TIFF（Tag Inage File Format）

TIFF 格式是对色彩通道图像来说最有用的格式，支持 24 个通道，能存储多于 4 个通道。TIFF 格式的结果要比其他格式更大、更复杂，它非常适合于印刷和输出。

6．TGA（Targa）

TGA 格式与 TIFF 格式相同，都可以用来处理高质量的色彩通道图形。另外，PDD、PSD 格式也是存储包括通道的 RGB 图像的最常见的文件格式。

8.1.2　插入图像

在 Dreamweaver 中，除了可以插入一些普通的图像文件之外，还可以插入鼠标经过图像、Fireworks HTML 等类型的图像。

1．插入普通图像

将光标放置在所需插入图像的位置，执行【插入】|【图像】命令；或者在【插入】面板中，单击 Image 按钮。

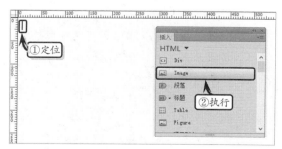

然后，在弹出的【选择图像源文件】对话框中，选择图像文件，单击【确定】按钮即可。

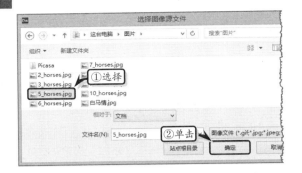

2．插入鼠标经过图像

选择图像插入位置，执行【插入】|HTML|【鼠
标经过图像】命令，在弹出的【插入鼠标经过图像】
对话框中，设置各选项即可。

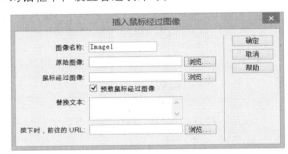

在【插入鼠标经过图像】对话框中，主要包括
下列 6 个选项。

- ❏ **图像名称**　用于设置鼠标经过图像的名称，
  不能与同页面其他网页对象的名称相同。
- ❏ **原始图像**　用于设置页面加载时显示的
  图像。
- ❏ **鼠标经过图像**　用于设置鼠标经过时显
  示的图像。
- ❏ **预载鼠标经过图像**　启用该复选框，在浏
  览网页时原始图像和鼠标经过图像都将
  被显示出来。
- ❏ **替换文本**　用于输入为使用只显示文本
  浏览器的访问者描述图像的注释。
- ❏ **按下时，前往的 URL**　用于设置鼠标单击
  该图像后所转向的目标。

8.1.3　设置图像属性

在网页中插入图像之后，选择图像则会在【属
性】面板中显示图像的各个属性。

其中，图像【属性】面板中，各项参数设置如
下表所述。

属　性	作　用
图像信息	主要用于显示图像缩略图、大小和图像在网页中唯一的标识
Src	用于显示图像的源文件地址
Class	用于图像在网页中所应用的 CSS 样式
宽和高	图像在水平方向（宽）和垂直方向（高）的尺寸
替换	用于指定在只显示文本的浏览器或已设置为手动下载图像的浏览器中代替图像显示的替换文本
标题	用于设置图片的提示信息，设置之后将鼠标停留在图片上将显示提示信息
链接	图像所应用的超链接 URL 地址
编辑	编辑	调用相关的图像处理软件编辑图像（例如，PSD 使用 Photoshop，PNG 使用 Fireworks）
	编辑图像设置	打开【图像优化】对话框，优化图像
	从源文件更新	如使用的是 PSD 文档输出的图像文件，可将图像与源 PSD 关联，单击此按钮进行动态更新
	裁剪	对图像进行裁剪操作，删除被裁剪掉的区域
编辑	重新取样	对已经调整大小的图像重新读取该图像信息

续表

属　性		作　用
亮度和对比度	◑	在弹出的【亮度和对比度】对话框中，调整图像的亮度和对比度
锐化	△	在弹出的【锐化】对话框中，消除图像的模糊效果
目标		指定链接的页应加载到的框架或窗口
地图	指针热点工具　↖	选择图像上方的热点链接，并进行移动或其他操作

续表

属　性		作　用
矩形热点工具	▢	在图像上方绘制一个矩形的热点链接区域
圆形热点工具	◎	在图像上方绘制一个圆形的热点链接区域
多边形热点工具	▽	在图像上方绘制一个多边形的热点链接区域
原始		如使用的是 PSD 文档输出的图像文件，此处将显示 PSD 文档的 URL 路径

8.2　编辑图像

为网页插入图像之后，还需要根据网页的设计需求，对图像进行一系列的更改和调整，以使图像适应网页的整体布局。

8.2.1　更改图像

原始图像添加到网页后，会由于尺寸过大或过小而影响整体布局，此时用户可通过裁剪图像和调整图像大小等方法，来更改图像。

1．调整图像大小

网页中所添加的图像一般会以原始大小进行显示，此时用户可以在【属性】面板中，通过调整【宽】和【高】属性值，来调整图像的大小。

注意

调整图像大小之后，在【宽】和【高】属性选项右侧将新增两个按钮，单击◯按钮可以将图像重置为原始大小，而单击☑按钮则可以提交图像大小。

另外，用户还可以将鼠标移至图像四周的控制点上，通过拖动鼠标的方法来调整图像的大小。例如，将鼠标移至图像右下角的控制点上，拖动鼠标

即可等比例调整图像的大小。

2．裁剪图像

裁剪图像是删除图像中多余的部分，在【属性】面板中，单击【裁剪】按钮，此时系统将自动弹出提示框，提示用户是否进行裁剪操作，单击【确定】按钮即可。

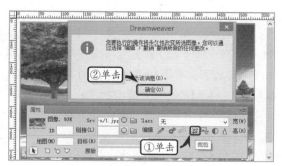

此时，图像中将出现一个裁剪区域，拖动裁剪区域四周的控制点，即可调整裁剪区域。调整完毕

之后，双击或按回车键，完成裁剪操作。

8.2.2 调整图像

调整图像是根据设计需求，调整图像的亮度、对比度、清晰度，以及优化图像和重新取样等操作，以保证图像的最佳品质。

1．优化图像

优化图像是通过调整图像的格式和品质等属性，来达到美化图片和提升网页加载速度的目的。选择图像，在【属性】面板中单击【编辑图像设置】按钮，在弹出的【图像优化】对话框中，单击【预置】下拉按钮，选择一种预置选项，使用预置优化设置。

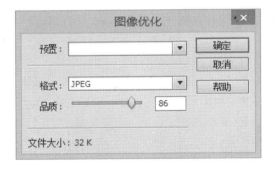

Dreamweaver 为用户提供了【用于照片的 PNG24（锐利细节）】、【用于照片的 JPEG（连续色调）】、【徽标和文本的 PNG8】、【高清 JPEG 以实现最大兼容性】、【用于背景图像的 GIF（图案）】和【用于背景图像的 PNG32（渐变）】6 种预置样式，除了使用每种预置样式默认的设置之外，用户还可以自定义优化设置。

例如，使用【用于背景图像的 GIF（图案）】预置样式时，系统会自动显示默认的各属性设置。

如果用户想自定义优化属性，则可以设置格式、调色板、颜色、失真、色版等属性选项，设置之后其【预置】选项将为空，单击【确定】按钮即可完成自定义优化设置的操作。

2．调整亮度和对比度

调整亮度和对比度主要用于修饰过暗或过亮的图像，该操作可以影响图像的高亮显示、阴影和中间色调。

选择图像，在【属性】面板中单击【亮度和对比度】按钮。在弹出的【亮度和对比度】对话框中，通过调整【亮度】和【对比度】参数值，来调整图片的过暗或过亮效果。

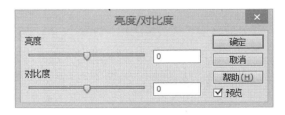

3. 锐化图像

锐化图像是通过增加图像边缘像素的对比度，来达到增加图像清晰度或锐度的优化效果。

选择图像，在【属性】面板中单击【锐化】按钮。在弹出的【锐化】对话框中，通过设置【锐化】选项值，来增加图片的清晰度。

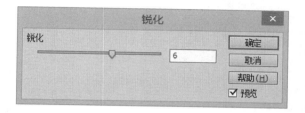

4. 重新取样

在 Dreamweaver 中调整图像大小时，用户可以对图像进行重新取样，以适应其新尺寸。但是，对位图对象进行重新取样时，会在图像中添加或删除像素，以使其变大或变小。

另外，对图像进行重新取样以取得更高的分辨率一般不会导致品质下降。但重新取样以取得较低的分辨率总会导致数据丢失，并且通常会使品质下降。

如果用户想对图像重新取样，只需在【属性】编辑器中单击【重新取样】按钮即可。

8.2.3 使用图像热点

图像地图指被分为多个区域（热点）的图像，而图像热点隶属于图像地图，可以实现"一图多链"的超链接特效。

图像热点只是在一幅图像中的某一部分区域内包含超链接信息，对于图像中其他未定义的区域不存在任何影响，一般用于导航栏制作和地图多点链接等。

1. 绘制热点形状

Dreamweaver 为用户提供了矩形、圆形和多边形三种热点工具，在【属性】面板中选择一种热点工具，移动鼠标至图像上方，拖动鼠标即可绘制热点形状。

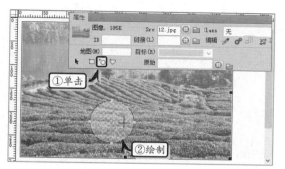

2. 设置热点属性

绘制热点之后，在【属性】面板中将自动显示热点属性。此时，用户可在【连接】文本框中输入连接地址，例如输入地址 http://www.baidu.com。然后，将【目标】选项设置为_blank，将【替换】设置为"百度搜索"。其各属性设置的含义表示单击图像中的热点，将会自动链接到"百度"网页中，进行相应的搜索操作。

最后，保存网页文档，按 F12 键，系统将自动跳转到浏览网页中。在该网页中，单击图像中的热点区域，系统将自动跳转到"百度"页面中。

8.3 插入图像对象

用户除了可以在网页中插入普通图像、鼠标经过图像等基本图像以外，还可以插入其他与图像相关的对象，如背景图像、图像的占位符等。

8.3.1 插入背景图像

虽然网页中的图像一般不允许输入文本或插入其他类型的文件，但是用户可通过插入背景图像的方法，来解决上述文件。

1. 添加背景图片

在【属性】面板中，单击【页面属性】按钮，打开【页面属性】对话框。在【分类】列表框中，选择【外观（CSS）】选项，并单击【背景图像】选项右侧的【浏览】按钮。

在弹出的【选择图像源文件】对话框中，选择图像文件，单击【确定】按钮。

然后，在【页面属性】对话框中，单击【确定】

按钮即可将图像添加到网页背景中。而网页中的文字，则会显示在图像上方。

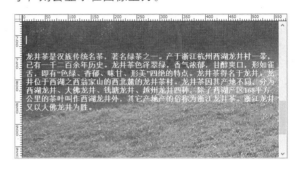

2. 设置重复属性

在默认状态下，网页的背景图像大小如小于网页，则会自动重复显示。用户可以在【页面属性】对话框中设置【重复】选项。

【重复】选项中主要包括下表中的 4 种样式。

样　式	作　用
no-repeat	背景图像不重复
repeat	背景图像重复
repeat-x	背景图像只在水平方向重复
repeat-y	背景图像只在垂直方向重复

8.3.2 插入 Photoshop 智能对象

Dreamweaver 不仅能够插入 PSD 格式的图像，而且还可以以简单的方法直接更新和编辑 PSD

图像。

1. 插入 PSD 格式图像

选择插入位置，执行【插入】|【图像】命令，在弹出的【选择图像源文件】对话框中，选择 PSD 图像文件，单击【确定】按钮。

然后，在弹出的【图像优化】对话框中，设置图像优化选项，单击【确定】按钮即可。

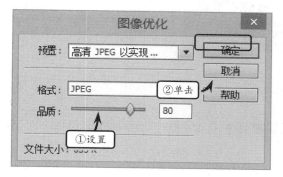

此时，由于所插入的图像未保存，系统会自动弹出【保存 Web 图像】对话框，设置保存名称，单击【保存】按钮即可。

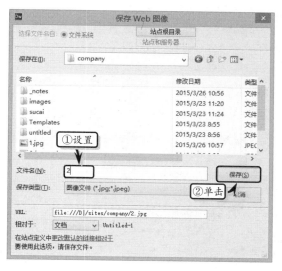

提示

保存 PSD 格式图像后，系统将会在网页的左上角显示【图像已同步】图标，表示该图像为 Photoshop 智能图像。

2. 复制 Photoshop 图像

除了直接插入整个 Photoshop 图像之前，用户还可以复制 Photoshop 图像中的部分区域至网页中。

由于 PSD 格式的图像属于分层图像，因此用户可以在 Photoshop 中有选择地复制图像。例如，在 Photoshop 中选择某个图层，执行【编辑】|【拷贝】命令，复制图层。

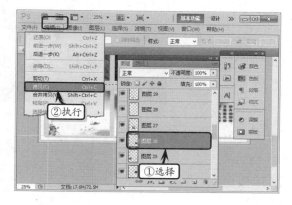

然后，切换到 Dreamweaver 中，执行【编辑】|【粘贴】命令，在弹出的【图像优化】对话框中设置优化选项，单击【确定】按钮。最后，在弹出的【保存 Web 图像】对话框中，设置保存名称，单击【保存】按钮即可。

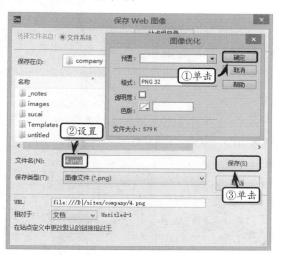

8.4 练习：制作招商信息网页

Dreamweaver 中的 Div 标签具有强大的设计功能，运用该标签不仅可以在网页中添加各种类型的表单元素，而且还可以布局整体网页，从而达到优化网页的目的。在本练习中，将通过制作一个招商信息网页，来详细介绍实用 Div 标签以及嵌套 Div 标签布局网页的操作方法和实用技巧。

练习要点

- 附加 CSS 样式表
- 设置页面属性
- 插入 Div 标签
- 嵌套 Div 标签
- 链接文本
- 制作列表文本
- 使用 map 标签

操作步骤 >>>>

STEP|01 设置页面属性。启动 Dreamweaver，在欢迎界面中选择 HTML 选项，创建一个空白页面。

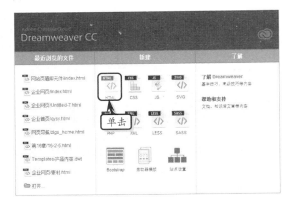

STEP|02 然后，在页面下方的【属性】面板中，单击【页面属性】按钮。

STEP|03 在弹出的【页面属性】对话框中的【外观（CSS）】选项卡中，设置页面文本大小。

STEP|04 打开【标题/编码】选项卡，在【标题】文本框中输入页面标题，并单击【确定】按钮。

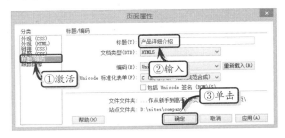

STEP|05 关联 CSS 样式表。执行【窗口】|【CSS 设计器】命令，在打开的【CSS 设计器】面板中，单击【源】窗口中的【添加 CSS 源】按钮，选择【附加现有的 CSS 文件】选项。

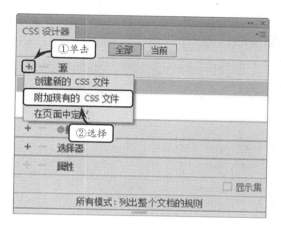

STEP|06 在弹出的【使用现有的 CSS 文件】对话框中，单击【浏览】按钮。

STEP|07 然后，在弹出的【选择样式表文件】对话框中，选择 CSS 样式表文件，单击【确定】按钮即可。

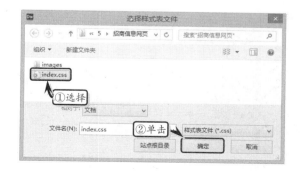

STEP|08 制作版头部分。执行【插入】|Div 命令，

在弹出的【插入 Div】对话框中，将 ID 设置为 logo，并单击【确定】按钮。

STEP|09 删除 Div 标签中的文本信息，执行【插入】|【图像】命令，在弹出的【选择图像源文件】对话框中，选择图像文件，并单击【确定】按钮。

STEP|10 切换到【代码】视图中，修改<img>标签中的代码，并添加 map 代码。

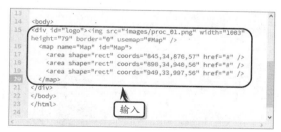

STEP|11 制作导航条。将光标定位在</div>和</body>标签中间，执行【插入】|Div 命令，在【插入 Div】对话框中，将 ID 设置为 nav，并单击【确定】按钮。

STEP|12 紧接着，执行【插入】|Div 命令，插入一个名为 time 的 Div 标签，并在标签中输入文本。

STEP|13 将光标定位在</div>和</div>之间，执行【插入】|Div 命令，插入名为 navText 的 Div 标签。

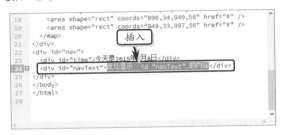

STEP|14 在【属性】面板中，单击【项目列表】按钮，然后在【代码】视图中输入项目列表文本。

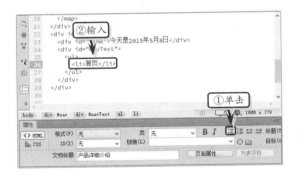

STEP|15 选择文本"首页"，在【属性】面板中的【链接】文本框中输入链接地址。

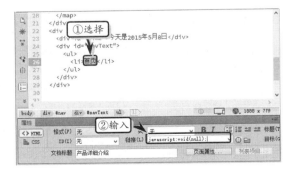

STEP|16 然后，在【代码】视图中，修改链接文本的 HTML 代码。使用同样的方法，制作其他列表目录文本。

STEP|17 制作内容嵌套 Div 标签。将光标定位在</div>和</body>标签中间，插入一个名为 content 的 Div 标签。

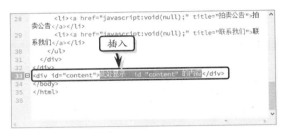

STEP|18 在该 Div 标签中，连续插入名为 leftmain 和 xwzx 的两个 Div 标签。

STEP|19 在 Div 标签 xwzx 内，输入有关新闻中心内容的项目列表，并分别为每个项目列表文本添加链接和关联 CSS 样式表。

STEP|20 将光标定位在</div>和</div>之间，插入一个名为 xwzxbg 的 Div 标签，并删除标签内容的文本。

STEP|21 将光标定位在名为 xwzxbg 的 Div 标签之后的</div>标签处，连续插入名为 rightmain 和 daohang 的 Div 标签，并输入相关代码。

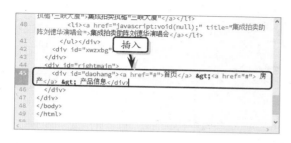

STEP|22 在其后插入一个名为 title 的 Div 标签，并在标签中输入文本信息。

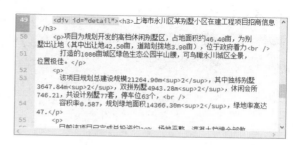

STEP|23 插入名为 banner 的 Div 标签，删除文本。

紧接着插入名为 detailTilte 的 Div 标签，并输入文本信息。

STEP|24 在其后插入一个名为 detail 的 Div 标签，在该标签中输入文本内容，并设置文本的段落格式。

STEP|25 制作版尾内容。将光标定位在</div>和</body>标签之间，插入一个名为 footer 的 Div 标签，并在标签之内输入版尾文本。

8.5 练习：制作新闻图片网页

现在的门户网站上大多都有新闻板块，出现的新闻类别也是多种多样，除了传统的文字新闻外，图片新闻、音频、视频新闻也很常见。在本练习中，将通过插入图片来制作一个新闻图片网页。

练习要点

- 插入图片
- 插入表格
- 合并单元格
- 设置表格属性
- 设置单元格属性
- 新建 CSS 规则
- 应用 CSS 规则
- 设置字体格式

操作步骤

STEP|01 设置页面属性。启动 Dreamweaver，在欢迎界面中选择 HTML 选项，创建一个空白页面。

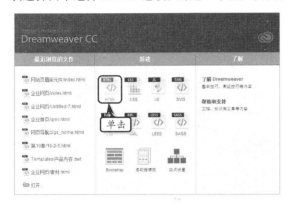

STEP|02 然后，在页面下方的【属性】面板中，单击【页面属性】按钮。

STEP|03 在弹出的【页面属性】对话框中的【外观（CSS）】选项卡中，设置文本的字体大小。

STEP|04 然后，切换到【代码】视图中，输入有关表格属性设置的 CSS 规则。

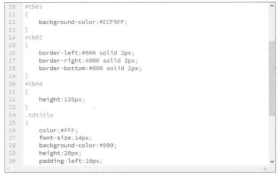

STEP|05 制作表头部分。执行【插入】|【表格】命令，在弹出的【表格】对话框中，设置表格大小，单击【确定】按钮，插入一个 1 行 1 列的表格。

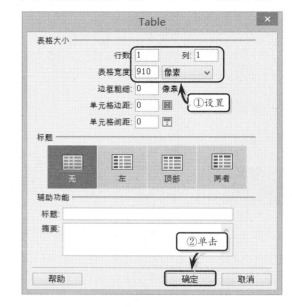

STEP|06 在【设计】视图中，选中表格，在【属性】面板中，将 Align 设置为【居中对齐】。

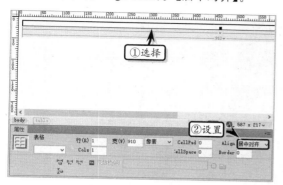

STEP|07 将光标定位在表格内，执行【插入】|【图像】命令，在弹出的【选择图像源文件】对话框中，选中图像文件，单击【确定】按钮。

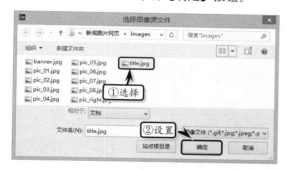

STEP|08 制作主体表格。执行【插入】|【表格】命令，在弹出的【表格】对话框中，设置表格大小，单击【确定】按钮，插入一个 2 行 2 列的表格。

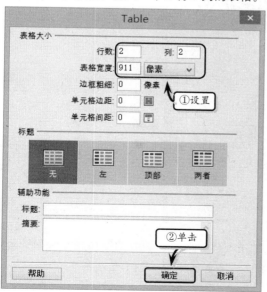

STEP|09 在【设计】视图中，选中表格，在【属性】面板中，将 ID 设置为 tb02，将 Align 设置为【居中对齐】。

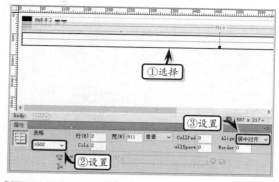

STEP|10 制作主体嵌套表格。选择第 1 行中的第 1 列单元格，执行【插入】|【表格】命令，在弹出的【表格】对话框中，设置表格大小，并单击【确定】按钮。

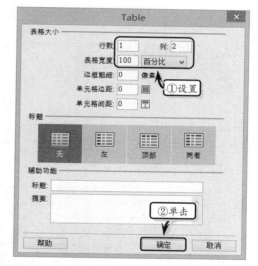

STEP|11 选择左侧第 1 列的单元格，在【属性】面板中，将【宽】设置为 49%。

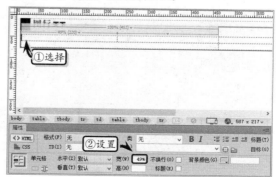

STEP|12 然后，执行【插入】|【图像】命令，选择图像文件，单击【确定】按钮。

STEP|13 选择左侧第 2 列的单元格，在【代码】视图中的<tb>标签内，输入设定单元格属性的代码。

STEP|14 同时，执行【插入】|【表格】命令，在弹出的【表格】对话框中，设置表格大小，单击【确定】按钮，插入表格并将表格命名为 tb03。

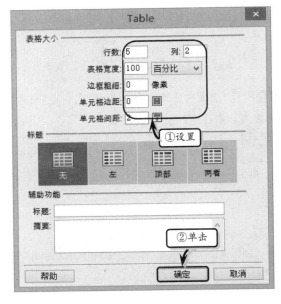

STEP|15 选择 tb03 表格中第 1 行的所有单元格，单击【属性】面板中的【合并所选单元格】按钮，合并所选单元格。

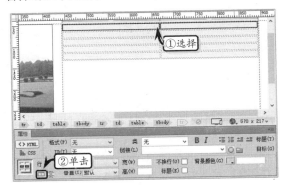

STEP|16 在合并后的单元格中输入文本，选择文本，执行【格式】|【段落格式】|【标题 3】命令，设置文本格式。

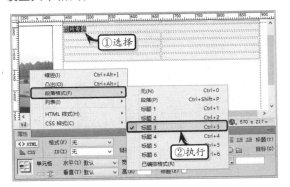

STEP|17 选择 tb03 表格中第 2 行第 1 列单元格，执行【插入】|【图像】|【图像】命令，选择图像文件，并单击【确定】按钮。

STEP|18 同时，在【属性】面板中，将【水平】选项设置为【居中对齐】。使用同样的方法，为该

表格中的其他单元格添加图像和文本。

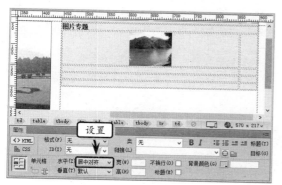

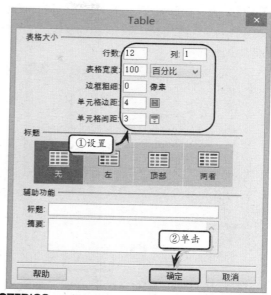

STEP|19 制作右侧列表栏。选择 tb02 表格右侧列中的上下两个单元格，单击【属性】面板中的【合并所选单元格】按钮，合并所选单元格。

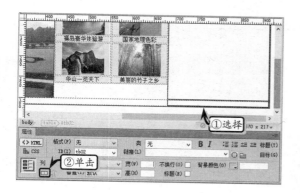

STEP|22 选择第 1 行，输入文本，并在【属性】面板中将【水平】设置为【左对齐】，将【目标规则】设置为【.tdtitle】。

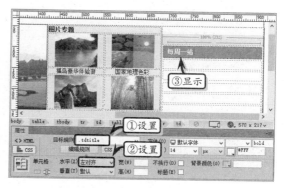

STEP|20 同时，在【属性】面板中，将【宽】设置为 233，将【水平】设置为【居中对齐】。

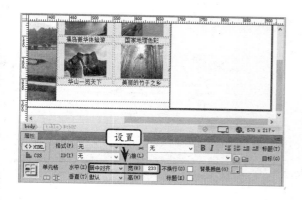

STEP|23 使用类似的方法，分别为本表格中的其他行添加文本或图像。

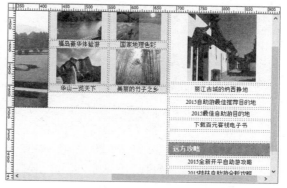

STEP|21 执行【插入】|【表格】命令，在弹出的【表格】对话框中，设置表格大小，单击【确定】按钮，插入表格并将表格命名为 tb05。

STEP|24 制作底部图片栏。将光标定位在 tb02 表格的第 2 行中，插入一个 3 行 4 列的表格，并将该表格命名为 tb04。

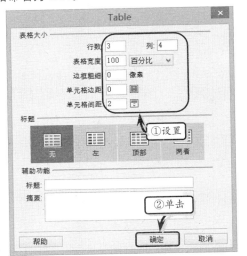

STEP|25 合并第 1 行中的所有单元格，输入文本，选择该单元格，在【属性】面板中将【目标规则】设置为【.tdtitle】。

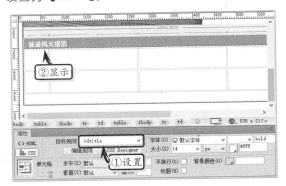

STEP|26 选择第 2 行第 1 列单元格，在【属性】面板中，将【水平】设置为【居中对齐】，同时在该单元格中插入相应的图像。

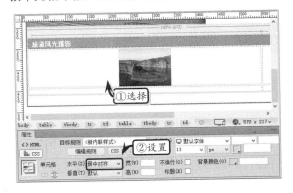

STEP|27 使用同样的方法，分别为该表格中的其他单元格添加文本或图像。

8.6 新手训练营

练习 1：制作鼠标经过图像

◎downloads\8\新手训练营\鼠标经过图像

提示：本练习中，首先新建空白文档，执行【插入】|Div 命令，在弹出的【插入 Div】对话框中，将 ID 设置为 box，并单击【新建 CSS 规则】按钮，创建 CSS 规则以设置标签的大小，其 CSS 规则代码如下所述：

```
#box {
height: 640px;
width: 1137px;
}
```

然后，删除 Div 标签内的文本，执行【插入】|HTML|【鼠标经过图像】命令，在弹出的【插入鼠标经过图像】对话框中，设置【原始图像】和【鼠标经过图像】选项，单击【确定】按钮即可。

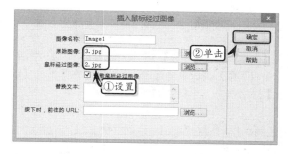

然后，执行【文件】|【保存】命令，保存网页，并按 F12 键在网页中查看最终效果。

练习2：制作景点介绍网页

⊙downloads\8\新手训练营\景点介绍网页

提示：在本练习中，首先新建空白文档，在【代码】视图中创建 CSS 样式代码，其代码如下所述：

```
<style type="text/css">
<!--
body
{
background-color:#F1F7D0;
font-family:"宋体";
}
.STYLE1 {
font-size: 24px;
font-family: "隶书";
}
.STYLE2 {
font-size: 36px;
font-family: "隶书";
}
.STYLE3 {
font-size: 12px;
font-family: "宋体";
}
#tb01
```

```
{
border:#AD9FE6 solid 1px;
}
-->
</style>
```

在网页中插入一个 6 行 1 列、宽度为 680 像素、单元格边距和间距分别为 2，且名为 tb01 的表格。同时，在表格的第 1 行和第 2 行中输入文本，并设置文本和单元格属性。

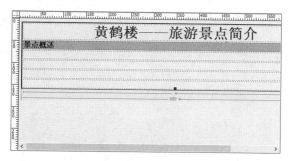

然后，在第 3 行中插入一个 3 行 2 列，宽度为 100% 的表格。分别设置第 1 列每个单元格的宽度，输入文本并设置文本的字体格式。同时，合并第 2 列中的三个单元格，并插入景点图像。

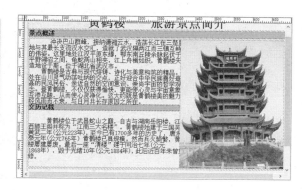

最后，在 tb01 表格的第 4 行和第 5 行中分别输入文本，并设置文本的字体格式及单元格属性。同时，设置第 6 行单元格的高度和填充颜色，完成整个景点网页的制作。

练习3：优化图像

⊙downloads\8\新手训练营\优化图像

提示：在本练习中，首先新建空白文档，执行【插入】|【图像】命令，插入一张图片。

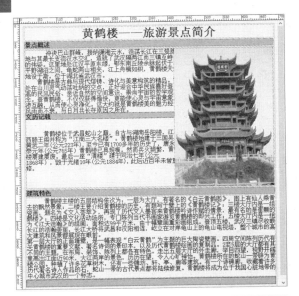

然后，选择图像，单击【属性】面板中的【亮度和对比度】按钮，在弹出的【亮度/对比度】对话框中，将【亮度】和【对比度】分别设置为-15 和 24。最后，单击【属性】面板中的【锐化】按钮，在弹出的【锐化】对话框中，将【锐化】设置为 10，并单击【确定】按钮。

第 9 章

设置网页链接

　　在网页中，超链接可以帮助用户从一个页面跳转到另一个页面，也可以帮助用户跳转到当前页面指定的标记位置。可以说，超链接是连接网站中所有内容的桥梁，是网页最重要的组成部分。Dreamweaver内置了文本、图像、多媒体、可下载文件、电子邮件、脚本等多种链接方式，以协助用户轻松地通过可视化界面为网页添加各类网页链接。本章将详细介绍网页链接与路径及创建各种网页链接的基础知识和实用方法。

9.1 创建文本与图像链接

链接是指从一个网页指向一个目标的链接关系，这个目标可以是网页，也可以是网页中的不同位置，还可以是图片、文件、多媒体、电子邮件地址等。这些文字或者图片称为热点，跳转到的目标称为链接目标，热点与链接目标相联系的就是链接路径。

9.1.1 创建文本链接

文本链接是通过某段文本指向一个目标的连接关系，适用于为某段文本添加注释或评论的设计。

1. 文本链接类型

在创建的文本链接中，包含下列 4 种状态。

❏ **普通** 在打开的网页中，超链接为最基本的状态，即默认显示为蓝色带下划线。

❏ **鼠标滑过** 当鼠标滑过超链接文本时的状态。虽然多数浏览器不会为鼠标滑过的超链接添加样式，但用户可以对其进行修改，使之变为新的样式。

❏ **鼠标单击** 当鼠标在超链接文本上按下时，超链接文本的状态，即为无下划线的橙色。

❏ **已访问** 当鼠标已单击访问过超链接，且在浏览器的历史记录中可找到访问记录时的状态，即为紫红色带下划线。

2. 链接文本

在网页中选择文本，在【插入】面板的 HTML 类别中，单击 Hyperlink 按钮，或者执行【插入】|Hyperlink 命令。

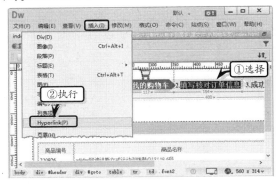

然后，在弹出的 Hyperlink 对话框中，设置链接、目标、标题等选项，单击【确定】按钮即可。

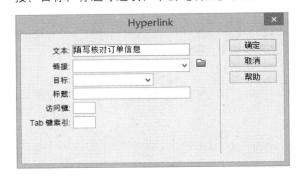

其中，在 Hyperlink 对话框中，主要包括下列 6 种选项。

❏ **文本** 显示在设置超链接时选择的文本，表示即将进行超链接的文本内容。

❏ **链接** 用于设置链接的文本路径，可通过单击【浏览】按钮选择链接文本。

❏ **目标** 用于设置链接到的目标框架，其中 _blank 表示将链接文件载入到新的未命名浏览器中，_parent 表示将链接文件载入到父框架集或包含该链接的框架窗口中，_self 表示将链接文件作为链接载入同一框架或窗口中，_top 表示将链接文件载入到整个浏览器窗口并删除所有框架。

❏ **标题** 用于设置鼠标经过链接文本所显示的文字信息。

❏ **访问键** 在其中设置键盘快捷键以便在浏览器中选择该超级链接。

❏ **Tab 键索引** 用于设置 Tab 键顺序的编号。

在为文本添加超级链接后，用户还可在【属性】面板中，选择 HTML 选项卡 <> HTML 。然后，在【链接】右侧的【输入】文本框中，输入超级链接的地址或修改超级链接，以及设置【标题】和【目标】等属性。

单击【属性】面板中的【页面属性】按钮，可以改变网页中超级链接的样式。除此之外，使用 CSS 也可以改变超级链接的样式。

9.1.2　创建图像链接

图像链接是通过某个图像指向一个目标的连接关系。在网页中选择图像，在【属性】面板中，单击【链接】选项右侧的【浏览文件】按钮。

然后，在弹出的【选择文件】对话框中，选择要链接的图像文件，并单击【确定】按钮。

在为图像添加超级链接后，保存文档并按 F12 键打开 IE 窗口，当鼠标指向链接图像并且单击后，在新窗口中打开所链接的文件。

9.2　编辑链接

为保证整个网站的运行，在创建网页链接之后，除了通过检查链接状态来检查断掉的链接之外，还需要通过测试链接、更改链接和设置新链接的相对路径等方法，来更正和测试网站中的链接。

9.2.1　检查链接状态

当用户为网页创建链接之后，可通过"链接检查器"功能，来检查网页中的链接状态。

首先，执行【窗口】|【结果】|【链接检查器】命令，在弹出的【链接检查器】面板中查看链接状态。

在面板中的【显示】选项中，包括【断掉的链接】、【外部的链接】和【孤立的文件】三种检查类型，用于查找断掉、外部和孤立的链接。

除此之外，用户还可以通过单击左侧的【检查链接】按钮，在展开的菜单中选择所需执行的检查方式，包括【检查当前文档中的链接】、【检查整个当前本地站点的链接】和【检查站点中所选文件中的链接】三种。

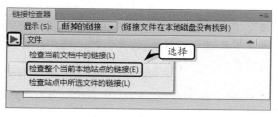

当用户选择【检查整个当前本地站点的链接】
选项时，Dreamweaver 将自动检查本地站点的所有
链接，并在【链接检查器】面板中显示检查结果，
包括总链接、正确、断掉和外部链接等检查结果。

当用户需要修改断掉的无效链接，可以在【链
接检查器】面板中，单击链接地址，对其进行修改
即可。

9.2.2 测试链接

创建链接之后，用户可通过"打开链接页面"
的方法，来测试所创建的链接。

首先打开包含链接的网页，选择链接对象。然
后，执行【修改】|【打开链接页面】命令，即可
弹出所创建的链接页面，以方便用户对链接内容进
行修改。

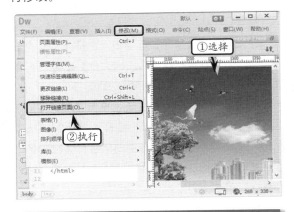

> **提示**
>
> 用户可通过执行【编辑】|【首选项】命令，
> 在【常规】选项卡中，通过设置【移动文件
> 时更新链接】选项，来启动自动更新功能。

9.2.3 更改所有链接

在 Dreamweaver 中，当用户不小心删除某个
文件所链接到的文件时，则需要对该链接进行更
改，以杜绝发送断掉的链接现象。但是，对于大型
的网站来讲，在查找并更改众多链接中的某个链接
时，会比较费时费力。此时，用户可通过更改整个
站点范围内的链接方法，来解决上述文件。

选择所需更改站点内的某个文件，执行【站点】
|【改变站点范围内的链接】命令，在弹出的【更
改整个站点链接（站点-动漫设计）】对话框中，设
置相应选项即可。

在该对话框中，主要包括下列两个选项。

- ❑ **更改所有的链接** 单击该选项后的【浏览
  文件】按钮，在弹出的对话框中选择所需
  修改的目标文件即可。当用户所需更改的
  链接为电子邮件链接、FTP 链接、空链接
  或脚本链接时，则需要在文本框中直接输
  入所要更改的链接的完整文本。

- ❑ **变成新链接** 单击该选项后的【浏览文
  件】按钮，在弹出的对话框中选择所需修
  改的替换文件即可。当用户所需更改的链
  接为电子邮件链接、FTP 链接、空链接或
  脚本链接时，则需要在文本框中直接输入
  所要替换的链接的完整文本。

> **提示**
>
> 当用户对整个站点范围内的链接进行更改
> 之后，其所选文件将变成孤立文件（即本地
> 硬盘上没有任何文件指向该文件），此时用
> 户可安全地删除该文件，而不会破坏本地站
> 点中的任何链接。

9.2.4 设置新链接的相对路径

默认情况下，Dreamweaver 使用相对路径来创建指向站点中其他页面的链接。此时，如果要更改站点根目录中的相对路径，必须通过重新定义本地文件夹来充当服务器上文档根目录的等效目录，以确定文件站点根目录中的相对路径。

首先，执行【站点】|【管理站点】命令，在弹出的【管理站点】对话框中，双击【您的站点】列表框中的站点名称。

然后，在弹出的【站点设置对象 站点 2】对话框中，选择【高级设置】栏中的【本地信息】选

项卡。在【链接相对于】栏中选中【文档】或【站点根目录】选项，设置新链接的相对路径即可。

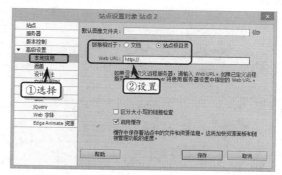

提示

使用本地浏览器预览文档时，除非指定了测试服务器，或在【首选项】对话框中的【在浏览器中预览】选项卡中，启用【使用临时文件预览】复选框，否则文件中站点根目录相对路径链接的内容将不会被显示。

9.3 创建其他链接

在 Dreamweaver 中，除了可以创建文本和图像链接之外，还可以创建电子邮件、脚本、锚记等链接。

9.3.1 创建电子邮件链接

电子邮件链接是网页中必不可少的链接对象，以方便收集网友对该网站的建议或意见，它可以以文本和图像等对象进行创建。一般情况下，用户可以使用下列两种方法，来创建电子邮件链接。

1. 属性设置法

在【属性】面板中的【链接】文本框中输入 E-Mail 地址，其输入格式为 mailto:name@

server.com。其中，name@server.com 替换为要填写的 E-mail 地址。例如，为图形添加邮件链接时，则需要选择图像，然后在【链接】文本框中输入邮件地址即可。

2．插入法

首先，将光标放置在空白区域，并在【插入】面板的 HTML 选项卡中，单击【电子邮件链接】按钮。

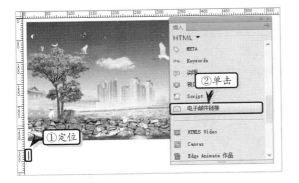

然后，在弹出的【电子邮件链接】对话框中，设置邮件链接的显示文本内容和邮件地址，单击【确定】按钮，即可在光标处显示电子邮件链接内容。

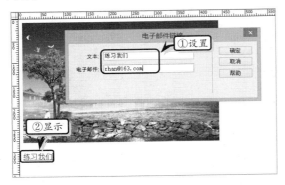

提示

创建电子邮件链接之后，按 F12 键打开 IE 窗口，单击链接对象，即可链接到用户客户端的 E-Mail 软件中的【新邮件】对话框中。

9.3.2 创建脚本链接

脚本链接即执行 JavaScript 代码或调用 JavaScript 函数。首先，在网页中选择链接对象。然后，在【属性】面板的【链接】文本框中输入内容"javascript:"，其后跟 JavaScript 代码或一个函数调用。

创建脚本链接之后，在【代码】视图中将会显示新创建的脚本链接代码。

9.3.3 创建空链接

空链接是未指派的链接，用于向页面上的对象或文本附加行为。例如，可向空链接附加一个行为，以便在指针滑过该链接时交换图像或显示绝对定位的元素（AP 元素）。

在网页中选择链接对象，在【属性】面板中的【链接】文本框中，输入#（井号）即可。

另外，用户也可以在【链接】文本框中，输入"javascript:;"（javascript 后面依次接一个冒号和一个分号）。

9.3.4 创建文件下载链接

文件下载链接是指通过链接一些 EXE 文件或ZIP 文件等下载类型的文件,以方便用户对该链接文件进行直接下载。下载链接类型所链接的文件不支持浏览器打开,只支持文件下载。

创建文件下载链接的方法和创建网页链接的方法完全一样。首先,在网页中选择链接对象,并单击【属性】面板中【链接】文本框后方的【浏览文件】按钮。

然后,在弹出的【选择文件】对话框中,选择所需链接到的文件,单击【确定】按钮即可。

9.3.5 创建锚记链接

锚记链接是指同一个页面中不同位置处的链接。例如,在网页标题列表中设置一个锚点,并在网页的该标题相对应的位置设置一个锚点链接,从而形成一个锚记链接状态,以方便用户通过链接快速跳转到所需浏览的位置。

首先,需要为跳转到的浏览位置处添加锚点。在网页中将光标定位到所需添加锚点的位置,切换到【代码】视图中,在光标处输入<a>标签,并在标签中添加 id 属性设置,例如锚点代码"<a name="锚点" id="锚点"></a>"。

此时,返回【设计】视图中,将会发现在光标处插入了一个锚记标识。

用户可通过【属性】面板来设置锚记的名称，在网页中选择需要链接到锚记的对象，并在【属性】面板中的【链接】文本框中输入符号#和锚记名称，创建锚记链接。

> **提示**
>
> 用户也可以选择需要设置锚记的对象，在【属性】面板中拖动【链接】文本框后面的【指向文件】按钮，到页面中的锚记上即可。

9.4 练习：制作页面导航条

导航条是每个网页必不可少的，是最常用的链接方式。使用导航条，不仅可以增加网页的美观性，而且还可以节省网页资源、增加网页内容。在本练习中，将详细介绍使用网页链接功能制作页面导航条的操作方法和实用技巧。

> **练习要点**
>
> - 创建 CSS 文件
> - 关联 CSS 文件
> - 插入 Div
> - 创建链接
> - 使用项目列表

操作步骤 ▶▶▶▶

STEP|01 关联 CSS 样式表文件。新建空白文档，在【代码】视图中，更改网页标题。

```
1  <!doctype html>
2  <html>
3  <head>
4  <meta charset="utf-8">
5  <title>翔宇科技--企业文化</title>
6  </head>
7
8  <body>
9  </body>
10 </html>
11
```

STEP|02 执行【窗口】|【CSS 设计器】命令，在

打开的【CSS 设计器】面板中，单击【添加 CSS 源】按钮，选择【附加现有的 CSS 文件】选项。

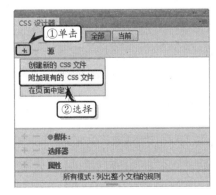

STEP|03 在弹出的【使用现有的 CSS 文件】对话框中，单击【浏览】按钮。

STEP|04 在弹出的【选择样式表文件】对话框中，选择上面所保存的 CSS 文件，单击【确定】按钮。

STEP|05 制作导航页。在【设计】视图中，执行【插入】|Div 命令，在弹出的【插入 Div】对话框中，输入 ID 名称，单击【确定】按钮。

STEP|06 删除 Div 标签中的内容，同时执行【插入】|Div 命令，在弹出的【插入 Div】对话框中，输入 ID 名称，单击【确定】按钮。

STEP|07 此时，在【属性】面板中，单击【项目列表】按钮，并在【设计】视图中输入列表内容。

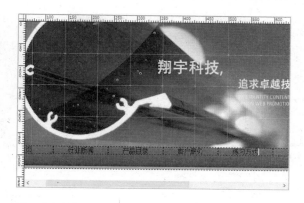

STEP|08 切换到【代码】视图中，选择文本"首页"，在【属性】面板中的 CSS 选项卡中，将字体颜色设置为#fff。

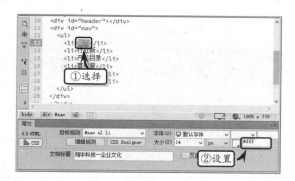

STEP|09 然后，在【属性】面板中的 HTML 选项卡中，设置该文本的链接地址。

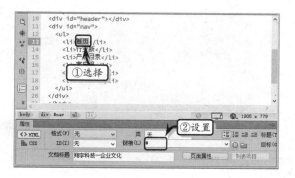

STEP|10 此时，【代码】视图中将显示已添加的链接地址。在该链接地址后面，添加表示空标题的代码"title=""。

```
 7    </head>
 8
 9    <body>
10    <div id="header"></div>
11    <div id="nav">
12      <ul>
13        <li><a href="#" title="">首页</a></li>
14        <li>行业新闻</li>
15        <li>产品目录</li>
16        <li>客户服务</li>
17        <li>练习方式</li>
18        <li>关于我们</li>
19      </ul>
20    </div>
```

输入

STEP|11 使用同样的方法，分别为其他列表文本添加链接地址和标题属性。

```
 7    </head>
 8
 9    <body>
10    <div id="header"></div>
11    <div id="nav">
12      <ul>
13        <li><a href="#" title="">首页</a></li>
14        <li><a href="#" title="">行业新闻</a></li>
15        <li><a href="#" title="">产品目录</a></li>
16        <li><a href="#" title="">客户服务</a></li>
17        <li><a href="#" title="">练习方式</a></li>
18        <li><a href="#" title="">关于我们</a></li>
19      </ul>
20    </div>
21    </body>
```

STEP|12 最后，保存网页文档，按 F12 键在浏览器中预览最终效果。

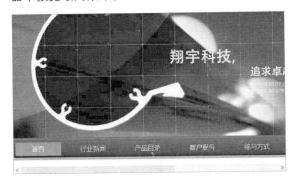

9.5 练习：制作网站引导页

网站引导页是访问者刚刚打开网站时显示的页面，可以是文字、图片和 Flash 等。引导页也可以称为网站的脸面，其设计得是否好，关系到整个网站的精神面貌和主题思想。在本练习中，将通过导入 PSD 分层图像，来制作网站引导页。

练习要点
● 插入图像
● 设置图像属性
● 设置页面属性
● 创建图像热点
● 插入 Div 标签

操作步骤 ≫≫≫

STEP|01 设置页面属性。新建空白文档，单击【属性】面板中的【页面属性】按钮，在弹出的对话框中设置大小、字体颜色和边距值。

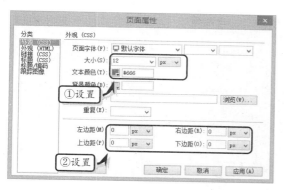

STEP|02 然后，打开【标题/编码】选项卡，设置【标题】选项，并单击【确定】按钮。

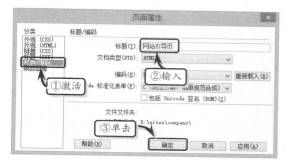

STEP|03 设置同步图像。执行【插入】|【图像】命令，在弹出的【选择图像源文件】对话框中，选择图像文件，单击【确定】按钮。

STEP|04 在弹出的【图像优化】对话框中，设置图像的格式、品质等参数，并单击【确定】按钮。

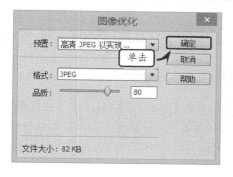

STEP|05 然后，在弹出的【保存 Web 图像】对话框中，设置保存位置和名称，并单击【保存】按钮。

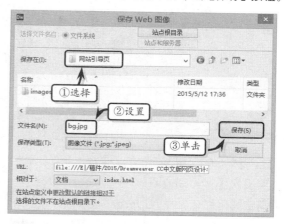

STEP|06 此时，在图像的左上角，将显示【图像已同步】图标。

STEP|07 绘制图像热点。选择图像，在【属性】检查器中，单击【矩形热点工具】按钮，在图像上的"进入网站"处绘制一个矩形。

STEP|08 选择该矩形热点区域，在【属性】检查器中，设置【链接】为 yindaoye.html、【目标】为"_self"、【替换】为"进入网站"。

STEP|09 制作 Div 标签。执行【插入】|Div 命令，在弹出的【插入 Div】对话框中，设置 ID 名称，并单击【新建 CSS 规则】按钮。

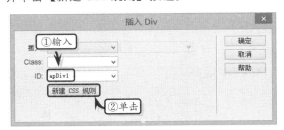

STEP|10 然后，在弹出的【新建 CSS 规则】对话框中，直接单击【确定】按钮。

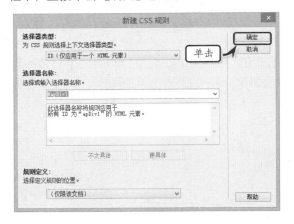

STEP|11 在弹出的【# apDiv1 的 CSS 规则定义】对话框中，打开【定位】选项卡，设置相应选项，并单击【确定】按钮。

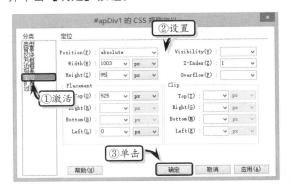

STEP|12 最后，在 Div 标签中输入相应的文本内容即可。

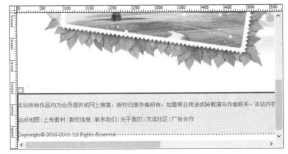

9.6 新手训练营

练习 1：制作百科网页

downloads\9\新手训练营\百科网页

提示：本练习中，首先新建空白网页，单击【属性】面板中的【页面设置】按钮，设置链接颜色和网页标题。同时，在【代码】视图中输入 CSS 样式表代码。

```
6   <style type="text/css">
7   #tb01
8   {
9       border:#CCC solid 2px;
10  }
11  #tb02
12  {
13      margin-top:5px;
14      border:#CCC solid 2px;
15  }
16  .tdtitle
17  {
18      background-image:url(Images/02.JPG);
19      background-repeat:repeat-x;
20      padding-left:10px;
21      font-size:15px;
22      font-family:"微软雅黑";
23      font-weight:bold;
24      height:29px;
```

```
4   <meta charset="utf-8">
5   <title>销售网络页面</title>
6   <style type="text/css">
7   #tb01{
8       border:#84bb84 solid 1px;
9       font-weight:bold;
10  }
11  #tb02{
12      border:#84bb84 solid 1px;
13      font-size:13px;
14  }
15  </style>
16  </head>
17
```

然后，在网页中插入一个 2 行 2 列、宽度为 800 像素的表格，设置表格的居中对齐样式。同时，合并相应的单元格，关联 CSS 样式，插入图像，输入文本并设置文本的字体格式和链接属性。

然后，在网页中插入一个 2 行 1 列、宽度为 800 像素且居中对齐的表格，并将该表格的 ID 设置为 tb01。设置第 1 行单元格的高度、对齐方式和背景颜色，并输入标题文本。同时，在第 2 行中插入销售网络图像，并设置图像的多边形热点区域。

最后，在表格下方再插入一个 2 行 1 列、宽度为 800 像素的表格。在第 1 行中输入标题文本，并关联 CSS 样式表。随后，在第 2 行中插入一个 6 行 4 列的表格，关联 CSS 样式，输入文本内容，并设置文本的链接属性。

最后，在 tb01 表格下方插入一个 5 行 1 列、宽度为 800 像素且居中对齐的表格，并将该表格的 ID 设置为 tb02。分别设置每行单元格的高度、对齐方式和背景颜色，分别输入文本并设置文本的链接地址。

练习 2：制作销售网络页
downloads\9\新手训练营\销售网络页

提示：首先，新建空白文档，在【代码】视图中修改网页标题，并输入 CSS 样式代码。

练习 3：制作脚本链接
downloads\9\新手训练营\脚本链接

提示：在本练习中，首先新建一个空白文档，执行【插入】|【表格】命令，插入一个 2 行 1 列的表格，

并设置表格的对齐方式。

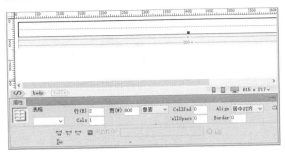

然后，将光标定位在第 1 行中，执行【插入】|【媒体】|Flash Video 命令，在弹出的对话框中选择 Flash 文件，并设置播放方式和影片尺寸。单击【确定】按钮，在该单元格中插入一个视频文件。

最后，将光标定位在第 2 行中，执行【插入】|【图像】|【图像】命令，插入一个关闭图像。同时，在【属性】面板中，将【水平】设置为【右对齐】，将【链接】设置为 "JavaScript:window.close()"。

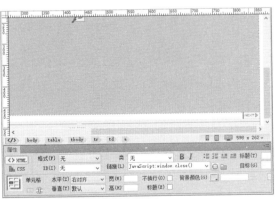

练习 4：制作文件下载链接

downloads\9\新手训练营\文件下载链接

提示：在本练习中，首先新建一个空白文档，插入一个 2 行 1 列的表格，设置表格属性。然后，在第 1 行中插入一个 Flash Video 文件，并设置播放方式和影片尺寸。

最后，在第 2 行中插入一个提示下载文件的图片，选择图片，在【属性】面板中单击【链接】后面的【浏览文件】按钮，在弹出的对话框中选择下载文件即可。

第 10 章

设计多媒体网页

在网页中适当地添加一些多媒体元素，可以给浏览者的听觉或视觉带来强烈的震撼，从而可以给用户留下深刻的印象。在网页中可以插入多种类型的多媒体元素，例如网页中的背景音乐或 MTV 等。除此之外，还可以向网页中添加使用 Shockwave 的影片以及各种插件，通过使用这些元素来丰富网页的效果、增强页面的可视性。本章将详细介绍创建多媒体页面的基础知识和实用技巧，以帮助用户制作出更加完美的网页。

10.1 插入 Flash

Flash 是由 Adobe 公司推出的交互式矢量图和 Web 动画的标准，利用它可以创作出即漂亮又可以改变尺寸的导航界面及其他奇特的效果，是目前网络上最流行、最实用的动画格式。

10.1.1 插入 Flash 动画

Flash 动画属于 SWF 格式的文件，用户可以在网页中直接插入，并通过该【属性】面板来设置 Flash 动画的各项属性。

1. 插入普通 Flash 动画

在网页中选择插入位置，执行【插入】|HTML|Flash SWF 命令；或者在【插入】面板中，选择 HTML 类别，单击 Flash SWF 按钮。

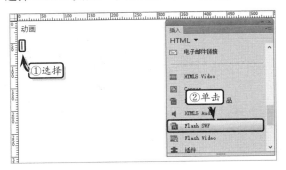

然后，在弹出的【选择 SWF】对话框中，选择 SWF 文件，并单击【确定】按钮。

此时，系统会自动弹出【对象标签辅助功能属性】对话框，设置相应选项，单击【确定】按钮即

可。另外，用户也可以直接单击【取消】按钮，插入 Flash SWF 文件。

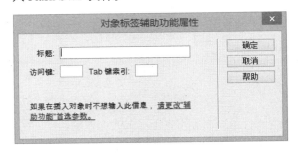

2. 设置 Flash SWF 文件属性

选择插入的 Flash SWF 文件，可在【属性】面板中设置 Flash SWF 的相关属性。

【属性】面板中的各选项的具体含义如下表所述。

选 项	含 义
ID	为 SWF 文件指定唯一的 ID
宽和高	以像素为单位指定影片的宽度和高度
文件	指定 SWF 文件的路径，单击文件夹图标可以浏览指定文件
FL 编辑	单击该按钮，可以在弹出的 Flash 软件中，编辑影视文件
背景颜色	指定影片区域的背景颜色
编辑	启动 Flash 以更新 FLV 文件，如果没有安装 Flash，则此按钮被禁用
Class	用于对影片应用的 CSS 类
循环	启用该复选框，可使影片连续播放
自动播放	启用该复选框，在加载页面时将自动播放影片

续表

选 项		含 义
垂直/水平边距		指定影片上、下、左、右空白的像素数
品质	低品质	自动以最低品质播放 Flash 动画以节省资源。
	自动低品质	检测用户计算机，尽量以较低品质播放 Flash 动画以节省资源
	自动高品质	检测用户计算机，尽量以较高品质播放 Flash 动画以节省资源
	高品质	自动以最高品质播放 Flash 动画
比例	默认	显示整个 Flash 动画
	无边框	使影片适合设定的尺寸，因此无边框显示并维持原始的纵横比
	严格匹配	对影片进行缩放以适合设定的尺寸，而不管纵横比例如何
WWmode	窗口	默认方式显示 Flash 动画，定义 Flash 动画在 DHTML 内容上方
	不透明	定义 Flash 动画不透明显示，并位于 DHTML 元素下方
	透明	定义 Flash 动画透明显示，并位于 DHTML 元素上方
对齐		设置影片在页面中的对齐方式
参数		定义传递给 Flash 影片的各种参数

3．设置透明动画

如果 Flash 动画没有背景图像，则可以在【属性】面板中的【参数】选项将其设置为透明动画。

首先，插入一个不包含背景的 Flash 动画，保存文档。在 IE 浏览器中浏览 Flash 动画。此时，用户会发现该动画为黑色背景，并且覆盖了背景图像。

然后，在 Dreamweaver 文档中，选中该 Flash 动画，将 Wmode 选项设置为【透明】。

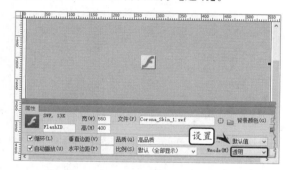

设置完成后，再次保存该文档，并通过 IE 浏览器浏览网页中的动画效果。此时，可以发现 Flash 动画的黑色背景被隐藏，网页背景图像完全显示。

10.1.2 插入 Flash 视频

FLV 是一种新的视频格式，全称为 Flash Video。用户可以向网页中轻松添加 FLV 视频，而无需使用 Flash 创作工具。

1．累进式下载视频

累进式下载视频是将 FLV 文件下载到站点访

问者的影片上，然后进行播放。但是，累进式下载视频方法运行允许在视频下载完成之前就开始播放视频。

选择插入视频位置，执行【插入】|HTML|Flash Video 命令，在弹出的【插入 FLV】对话框中，单击【浏览】按钮。

【插入 FLV】对话框中，各选项的具体含义如下表所述。

选　项	含　义
视频类型	用于设置视频类型，包括【累进式下载视频】和【流视频】两种类型
URL	用于指定 FLV 文件的相对路径或绝对路径
外观	用于指定视频组建的外观，可通过单击其下拉按钮，在下拉列表中选择外观样式
宽度和高度	以像素为单位指定 FLV 文件的宽度和高度
限制宽高比	启用该复选框，可保持视频组件宽度和高度之间的比例不变
检测大小	用于确定 FLV 文件的准确宽度和高度
自动播放	启用该复选框，可以在页面打开时自动播放 FLV 文件
自动重新播放	启用该复选框，可以重复播放 FLV 视频

然后，在弹出的【选择 FLV】对话框中，选择所需插入的 FLV 文件。

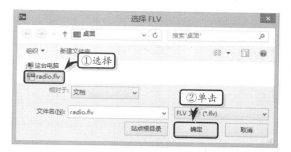

最后，在【插入 FLV】对话框中，单击【确定】按钮，文档中将会出现一个带有 Flash Video 图标的灰色方框。

此时，用户可以在【属性】面板中，设置 FLV 文件的尺寸、文件 URL 地址、外观等属性。

保存该文档并预览效果，可以发现当鼠标经过该视频时，将显示播放控制条；反之离开该视频，则隐藏播放控制条。

<table>
<tr><td>提示</td></tr>
</table>

与常规 Flash 文件一样，在插入 FLV 文件时，Dreamweaver 将插入检测用户是否拥有可查看视频的正确 Flash Player 版本的代码。如果用户没有正确的版本，则页面将显示替代内容，提示用户下载最新版本的 Flash Player。

2. 流视频

流视频是对视频内容进行流式处理,并在一段可确保流畅播放的很短的缓冲时间后在网页上播放该内容。

选择插入视频位置,执行【插入】|HTML|Flash Video 命令,在弹出的【插入 FLV】对话框中,将【视频类型】选项设置为【流视频】,设置有关流视频的相关选项,并单击【确定】按钮。

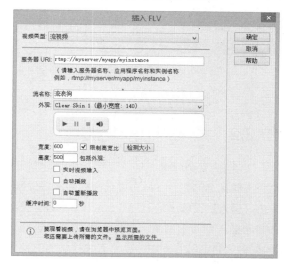

【插入 FLV】对话框中的各选项的具体含义,如下表所述。

选项名称	作　　用
服务器 URI	指定服务器名称、应用程序名称和实例名称
流名称	指定想要播放的 FLV 文件的名称。扩展名.flv 是可选的

续表

选项名称	作　　用
外观	指定视频组件的外观,所选外观的预览会显示在【外观】弹出菜单的下方
宽度	以像素为单位指定 FLV 文件的宽度
高度	以像素为单位指定 FLV 文件的高度
限制高宽比	保持视频组件的宽度和高度之间的比例不变。默认情况下会选择此选项
实时视频输入	指定视频内容是否是实时的,启用该复选框后组件的外观上只会显示音量控件,用户无法操纵实时视频
自动播放	指定在 Web 页面打开时是否播放视频
自动重新播放	指定播放控件在视频播放完之后是否返回起始位置
缓冲时间	指定在视频开始播放之前进行缓冲处理所需的时间（以秒为单位）

设置完成后,文档中同样会出现一个带有 Flash Video 图标的灰色方框。此时,用户还可以在【属性】面板中,重新设置 FLV 视频的尺寸、服务器 URI、外观等属性。

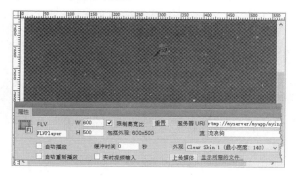

10.2 插入 HTML5 媒体

新版的 Dreamweaver 除了可以插入 Flash 动画和视频之外,还可以插入 HTML5 媒体,包括 HTML5 音频和 HTML5 视频两种类型的媒体。

10.2.1 插入 HTML5 音频

HTML5 音频元素提供一种将音频内容嵌入到网页中的标准方式。在网页中选择音频放置位置,单击【插入】面板中的 HTML5 Audio 按钮,音频会自动插入到指定位置,并以图标的形式进行显示,同时【代码】视图中将显示有关音频的 HTML 代码。

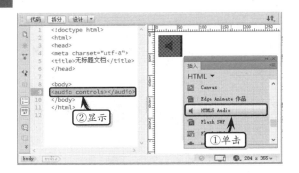

插入 HTML5 音频之后，在网页中只显示了音频图标。此时，用户还需要在【属性】面板中单击【源】按钮右侧的【浏览】按钮。在弹出的【选择音频】对话框中，选择音频文件，单击【确定】按钮即可。

除了设置【源】选项之外，用户还可以在【属性】面板中设置其他属性选项。

其中，在【属性】面板中，除了有【源】、【Alt 源 1】和【Alt 源 2】选项之外，还有下列几个选项。

❏ **Title**（标题）　用于设置音频文件的标题。

❏ **回退文本**　用于设置在不支持 HTML5 的浏览器中显示的文本。

❏ **Controls**（控件）　启用该复选框，可以在 HTML 页面中显示音频控件。

❏ **Loop**（循环音频）　启用该复选框，可以连续播放音频。

❏ **Autoplay**（自动播放）　启用该复选框，在加载网页时便自动播放音频。

❏ **Muted**（静音）　启用该复选框，表示下

载音频之后该音频为静音状态。

❏ **Preload**（预加载）　用于设置下载时音频的加载内容，选择 auto（自动）选项，则在页面下载时加载整个音频文件；选择 metadata（元数据）选项，则在页面下载完成之后仅下载元数据。

设置各属性选项并保存网页后，按 F12 键即可在浏览器中预览音频效果。

10.2.2　插入 HTML5 视频

HTML5 视频元素提供一种将电影或视频嵌入网页中的标准方式。在网页中选择视频放置位置，单击【插入】面板中的 HTML5 Video 按钮，视频会自动插入到指定位置，并以图标的形式进行显示，同时在【代码】视图中将显示有关视频的 HTML 代码。

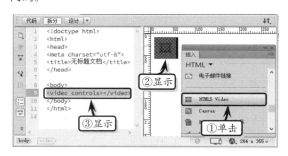

插入 HTML5 视频之后，网页中只显示了视频图标。此时，用户还需要在【属性】面板中设置各属性选项。

其中，在【属性】面板中，除了有用于设置视频地址的【源】、【Alt 源 1】和【Alt 源 2】选项之外，还包括下列几个选项。

- **Title**（标题） 用于设置视频文件的标题。
- **W**（宽度）和 H（高度） 以像素为单位设置视频的宽度和高度。
- **Poster**（海报） 用于设置视频完成下载后或单击【播放】按钮后所显示的图像的地址。
- **回退文本** 用于设置在不支持 HTML5 浏览器中所显示的文本。
- **Controls**（控件） 启用该复选框，可以在 HTML 页面中显示视频控件。
- **Loop**（循环视频） 启用该复选框，可以连续播放视频。
- **Autoplay**（自动播放） 启用该复选框，在加载网页时便自动播放视频。
- **Muted**（静音） 启用该复选框，表示下载音频之后该音频为静音状态。
- **Preload**（预加载） 用于设置下载时视频的加载内容，选择 auto（自动）选项，则在页面下载时加载整个视频文件；选择 metadata（元数据）选项，则在页面下载完成之后仅下载元数据。
- **Flash 回退** 用于设置对于不支持 HTML5 视频的浏览器所使用的 SWF 文件地址。

10.2.3 HTML5 媒体属性

当用户插入 HTML5 媒体后，会发现系统是使用 HTML5 中的<video>标签和<audio>标签来播放音频和视频文件的。其中，<video>标签专门用来播放视频文件或电影，而<audio>标签专门用来播放音频文件。

在支持 HTML5 的浏览器中，使用<video>标签和<audio>标签播放音频视频文件，不需要安装插件，浏览器可以直接识别。

在 HTML5 中，使用<audio>标签与<video>标签播放音频视频文件，具有的属性大致相同，其详细介绍如下所述。

1. Src 属性

Src 属性主要用于设置音频视频文件的 URL

地址。

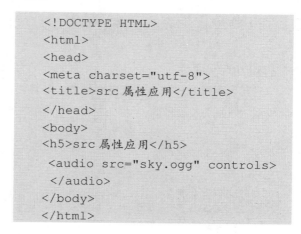

```
<!DOCTYPE HTML>
<html>
<head>
<meta charset="utf-8">
<title>src 属性应用</title>
</head>
<body>
<h5>src 属性应用</h5>
 <audio src="sky.ogg" controls>
 </audio>
</body>
</html>
```

上述代码中，在<audio>标签中，使用 src 属性指定音频文件的 URL 地址。

2. Preload 属性

Preload 属性默认为只读，主要用于指定在浏览器中播放音频和视频文件时，是否对数据进行预加载。如果是的话，浏览器会预先对视频或音频文件进行缓冲，这样可以提高播放的速度。

Preload 属性有三个可选值，包括 none、metadata 与 auto，默认值为 auto。none 表示不进行预加载；metadata 表示只预加载媒体的元数据（媒体字节数、第一帧、插入列表、持续时间等）；auto 表示加载全部视频或音频。

使用方法如下：

```
< audio src="sky.ogg" preload=
"auto"></ audio >
```

3. Poster 属性

Poster 属性为<video>标签的独有属性，主要用于当视频不可用时，使用该标签展示一幅代用的图片。使用方法如下：

```
<video src="sky.ogv" poster="tp1.
jpg"></video>
```

4．Autoplay 属性

该属性主要用于指定在页面中加载音频视频文件后，设置为自动播放。

```
<!DOCTYPE HTML>
<html>
<head>
<meta charset="utf-8">
<title>autoplay 属性应用</title>
</head>
<body>
<h5>autoplay 属性应用</h5>
 <audio src="sky.ogg" controls
 autoplay="true" ></audio>
</body>
</html>
```

在上述代码中，使用 autoplay 属性将 ogg 视频文件加载到页面中。

5．Loop 属性

该属性主要用于设置是否循环播放视频或音频文件，使用方法如下：

```
< audio src="sky.ogg" autoplay
loop></ audio >
```

6．Controls 属性

该属性主要用于设置是否为视频或音频文件添加浏览器自带的播放控制条。该控制主要包括播放、暂停和音乐控制等功能。使用方法如下：

```
<audio src="sky.ogg" controls >
</ audio >
```

7．Width 和 height 属性

该属性主要用于设置视频的宽度和高度，以像素为单位，使用方法如下：

```
<video src="sky.ogv" width="300"
height="200" ></video>
```

8．NetworkState 属性

默认属性为只读，当音频或视频文件在加载时，可以使用 <video> 标签或 <audio> 标签的 networkState 属性读取当前的网络状态。

9．Error 属性

在播放音频和视频文件时，如果出现错误，error 属性将返回一个 MediaError 对象，该对象有 5 种错误状态。

```
<!DOCTYPE HTML>
<html>
<head>
<meta charset="utf-8">
<title>Error 属性应用</title>
<script>
function err()
{
    var audio = document.
  getElementById("Audio1");
  audio.addEventListener
  ("error",function(){
switch (audio.error.code)
    {
      case MediaError.MEDIA_
      ERROR_ABORTED:
aa.innerHTML="音频的下载过程被
终止";
      break;
      case MediaError.MEDIA_
      ERROR_NETWORK:
aa.innerHTML="网络发生故障，音频
的下载过程被中止";
      break;
      case MediaError.MEDIA_
      ERROR_DECODE:
aa.innerHTML="解码失败";
      break;
```

```
        case MediaError.MEDIA_
        ERROR_SRC_NOT_
        SUPPORTED:
    aa.innerHTML="不支持播放的视频
    格式";
            break;
        default:
            aa.innerHTML="发生未知
            错误";
        }
    },false);
aa.innerHTML="error 属性未发现错
误";
}
</script>
</head>
<body onload="err()">
<h5 id="aa"></h5>
 <audio id="Audio1" src="sky.ogg"
 controls></audio>
</body>
</html>
```

上述代码中，页面加载时，会触发 err() 事件。Err() 事件读取 ogg 视频文件，使用 error 属性返回错误信息。如果没有出现错误，则显示"error 属性未发现错误"；否则，显示相应的错误信息。

10. ReadyState 属性

可以使用 <video> 标签或 <audio> 标签的 readyState 属性返回媒体当前播放位置的就绪状态，共有 5 个可能值。

11. CurrentSrs 属性

默认属性为只读，主要用于读取播放中的音频或视频文件的 URL 地址。

12. Buffered 属性

属性为只读，可以使用 <video> 标签或 <audio> 标签的 Buffered 属性来返回一个对象，该对象实现 TimeRanages 接口，以确认浏览器是否已缓冲媒体数据。

13. Paused 属性

该属性主要用来返回一个布尔值，表示是否处于暂停播放中，true 表示音频或视频文件暂停播放，false 表示音频或视频文件正在播放。

```
<!DOCTYPE HTML>
<html>
<head>
<meta charset="utf-8">
<title>paused 属性应用</title>
<script>
    function toggleSound() {
        var Audio1 = document.
        getElementById("Audio1");
        var btn = document.
        getElementById("btn");
        if (Audio1.paused) {
          Audio1.play();
          btn.innerHTML = "暂停";
        }
        else {
          Audio1.pause();
          btn.innerHTML ="播放";
        }
    }
</script>
</head>
<body>
<h5>paused 属性应用</h5>
<audio id="Audio1" src="sky.ogg"
controls></audio>
 <br/> <br/>
 <button id="btn" onclick=
 "toggleSound()">播放</button>
</body>
</html>
```

通过浏览器，用户可以单击按钮来控制音频文件当前是播放状态，还是暂停状态。

10.2.4 HTML5 媒体方法

<video>标签与<audio>标签都具有以下 4 种方法。

1. Play 方法

使用 play 方法播放音频或视频文件。在调用该方法后，paused 属性的值变为 false。

2. Pause 方法

使用 pause 方法暂停播放音频或视频文件，在调用该方法后，paused 属性的值变为 true。

3. Load 方法

使用 Load 方法重新载入音频或视频文件，进行播放。这时，标签的 error 值设为 null，playbackRat 属性值变为 defaultPlaybackRate 属性值。

4. CanPlayType 方法

使用 canPlayType 方法来测试浏览器是否支持要播放的音频或视频的文件类型，语法如下：

```
Var support = videoElement.
canPlayType(type);
```

videoElement 表示<video>标签或<audio>标签。方法中使用参数 type，来指定播放文件的 MIME 类型。

```
<!DOCTYPE HTML>
<html>
<head>
<meta charset="utf-8">
<title>视频播放</title>
<script>
var video;
function play()
{
video = document.getElementById
```

```
("video");
    video.play();
}
function pause()
{
video = document.getElementById
("video");
    video.pause();
}
</script>
</head>
<body>
  <video id="video" autobuffer=
  "true">
  <source src="4.ogv" type=
  'video/ogg; codecs="theora,
  vorbis"'>
 </video>
<p>
<input name="play" type="button"
onClick="play()" value="播放">
<input name="pause" type=
"button" onClick="pause()"
value="暂停">
</p>
</body>
</html>
```

在上述代码中，向网页中插入一段 ogv 视频，通过单击【播放】或【暂停】按钮实现视频的播放或暂停功能。

10.2.5　HTML5 媒体事件

在页面中，对视频或音频文件进行加载或播放时，会触发一系列事件。用户可以使用 JavaScript 脚本捕捉该事件并进行处理。事件的捕捉和处理主要使用 <video> 标签和 <audio> 标签的 addEventListener 方法对触发事件进行监听，语法如下：

```
videoElement.addEventListener
(type,listener,useCapture);
```

上述代码中，videoElement 表示<video>标签和<audio>标签；type 表示事件名称；listener 表示绑定的函数；useCapture 表示事件的响应顺序，是一个布尔值。

在使用<video>标签与<audio>标签播放视频或音频文件时，触发的一系列事件介绍如下表所示。

名　称	描　述
Pause	播放暂停，当执行了 pause 方法时触发
Loadedmetadata	浏览器获取完毕媒体的时间长和字节数
Loadeddata	浏览器已加载完毕当前播放位置的媒体数据，准备播放
Waiting	播放过程由于得不到下一帧而暂停播放，但很快就能够得到下一帧
Abort	浏览器在下载完全部媒体数据之前中止获取媒体数据，但是并不是由错误引起的
Loadstart	浏览器开始在网上寻找媒体数据
Seeked	Seeking 属性变为 false，浏览器停止请求数据
Timeupdate	当前播放位置被改变，可能是播放过程中的自然改变，也可能是被人为地改变，或由于播放不能连续而发生的跳变
Error	获取媒体数据过程中出错
Emptied	<video>标签和<audio>标签所在网络突然变为未初始化状态
Playing	正在播放

续表

名　称	描　述
Canplay	浏览器能够播放媒体，但估计以当前播放速率不能直接将媒体播放完毕，播放期间需要缓冲
Durationchange	播放时长被改变
volumechange	Volume 属性（音量）被改变或 muted 属性（静音状态）被改变
Canplaythrough	浏览器能够播放媒体，而且以当前播放速率能够直接将媒体播放完毕，不再需要进行缓冲
Seeking	Seeking 属性变为 true，浏览器正在请求数据
Progress	浏览器正在获取媒体数据
Suspend	浏览器暂停获取媒体数据，但是下载过程并没有正常结束
Ended	播放结束后停止播放
Ratechange	defaultplaybackRate 属性（默认播放速率）或 playbackRate 属性（当前播放速率）被改变
Loadstart	浏览器开始在网上寻找媒体数据
Stalled	浏览器尝试获取媒体数据失败
Play	即将开始播放，当执行了 play 方法时触发，或数据下载后标签被设为 autoplay（自动播放）属性

```
<!DOCTYPE HTML>
<html>
<head>
<meta charset="utf-8">
<title>捕捉事件</title>
<script>
var video;
function play() {
    video = document.
    getElementById("video");
    video.addEventListener
    ("pause", function(){
    catchs = document.
    getElementById("catchs");
    catchs.innerHTML="捕捉到 pause
```

```
事件";
    }, false);
video.addEventListener("play",
function(){
    catchs = document.
    getElementById("catchs");
    catchs.innerHTML="捕捉到 play
    事件";
    }, false);
    if(video.paused) {
        video.play();
    }
    else {
        video.pause();
    }
}
</script>
</head>
<body>
    <video id="video" autobuffer=
    "true">
    <source src="4.ogv" type=
    'video/ogg; codecs="theora,
```

```
    vorbis"'>
    </video>
    <input name="play" type="button"
    onClick="play()" value="播放">
    <span id="catchs"></span>
</body>
</html>
```

在上述代码中，为页面添加视频播放和暂停的事件捕捉功能。当用户单击【播放】按钮播放视频时，会自动捕捉事件。

10.3 插入其他媒体对象

在 Dreamweaver 中，除了通过 HTML5 和 Flash 方式插入动画和视频之外，还可插入其他格式的视频、音频文件，以及 Edge Animate 文件。

10.3.1 插入 Edge Animate

Dreamweaver 运行用户导入 Adobe Edge Animate 排版（OAM 文件），以方便用户轻松使用 Adobe Edge Animate 软件开发的 HTML 应用，减轻了用户编写代码的繁琐工作。

在网页中，选择 OAM 文件放置位置，在【插入】面板中，单击【Edge Animate 作品】按钮。在弹出的【选择 Edge Animate 包】对话框中，选择 OAM 文件，单击【确定】按钮即可。

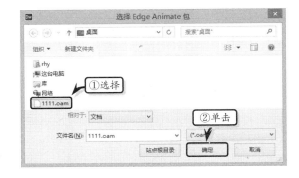

导入 OAM 文件之后，在网页中将显示 OAM 文件图标。同时，用户可以在【属性】面板中设置 OAM 文件的 ID、宽度和高度等属性。

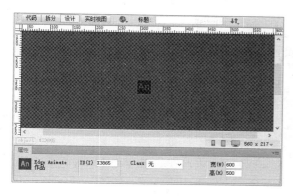

10.3.2　插入媒体插件

Dreamweaver 为用户提供了"插件"功能，以方便用户将计算机中的音频和视频文件嵌入到网页中。

1. 插入音频文件

首先，在网页中选择插入位置。然后，执行【插入】|HTML|【插件】命令，或者单击【插入】面板中的【插件】按钮。

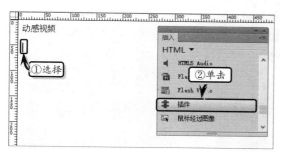

然后，在弹出的【选择文件】对话框中，选择需要插入到网页中的音频文件，并单击【确定】按钮。

此时，网页中将显示插入的音频文件。用户可在【属性】面板中设置音频文件的属性，例如设置

宽度和高度值，来调整音频文件的大小。

2. 插入视频文件

首先，在网页中选择插入位置。然后，执行【插入】|HTML|【插件】命令，或者单击【插入】面板中的【插件】按钮。

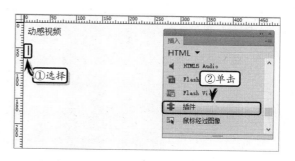

然后，在弹出的【选择文件】对话框中，选择需要插入到网页中的视频文件，并单击【确定】按钮。

此时，在网页中将显示插入的视频文件。用户可在【属性】面板中设置视频文件的属性，例如设置宽度和高度值，来调整视频文件的大小。

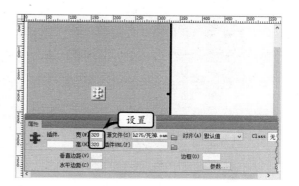

10.4 练习：制作音乐播放网页

在很多休闲和娱乐的网站中都添加有 Flash 音乐，可以实现播放、暂停、快进和后退等功能，使网站给访问者一种轻松舒适的感觉。在本练习中，将通过制作一个个人空间网页，来详细介绍制作音乐播放网页的操作方法。

练习要点

- 插入 Div 标签
- 插入图像
- 插入表格
- 设置表格属性
- 关联 CSS 文件
- 绘制图像热点
- 使用媒体插件

操作步骤 》》》》

STEP|01 设置网页标题。新建空白文档，在【代码】视图中，将网页标题更改为"个人空间"。

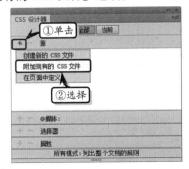

STEP|02 关联 CSS 文件。执行【窗口】|【CSS 设计器】命令，单击【添加 CSS 源】命令，选择【附加现有的 CSS 文件】选项。

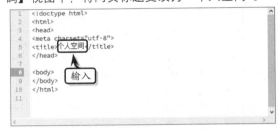

STEP|03 在弹出的【使用现有的 CSS 文件】对话框中，单击【浏览】按钮。

STEP|04 然后，在弹出的【选择样式表文件】对话框中，选择 CSS 样式表文件，并单击【确定】按钮。

STEP|05 插入媒体。执行【插入】|Div 命令，在弹出的【插入 Div】对话框中，输入 ID 名称，单击【确定】按钮。

STEP|06 然后，执行【插入】|HTML|【插件】命令，在弹出的【选择文件】对话框中，选择媒体文件，单击【确定】按钮。

STEP|07 选择该媒体插件，在【属性】面板中设置其【宽】、【高】和【垂直边距】属性。

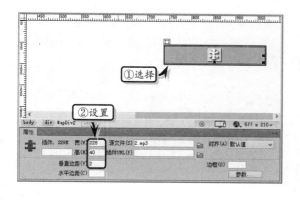

STEP|08 制作版头部分。执行【插入】|【表格】命令，在弹出的【表格】对话框中，设置表格尺寸，单击【确定】按钮。

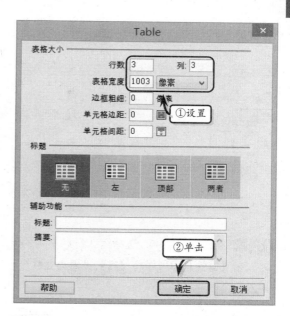

STEP|09 然后，在【代码】视图中，输入表示表格宽度值和居中对齐的代码。

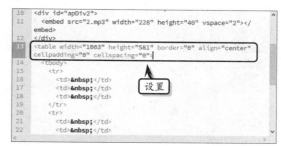

STEP|10 选择第 1 行中的三个单元格，在【属性】面板中将【高】设置为 121，并单击【合并所选单元格】按钮，合并所选单元格。

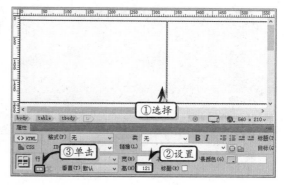

STEP|11 将光标定位在合并后的单元格中，执行【插入】|【图像】|【图像】命令，选择图像文件，

单击【确定】按钮。

击【确定】按钮。

STEP|12 制作图像热点。选择第 2 行第 1 列的单元格，在【属性】面板中将【高】设置为 230，同时插入一个图片。

STEP|15 制作主体内容。在【属性】面板中，单击【页面属性】按钮。在弹出的【页面属性】对话框中，设置【大小】和【文本颜色】，并单击【确定】按钮。

STEP|13 选择图片，在【属性】面板中单击【圆形热点工具】按钮，在图片中绘制图像热点。

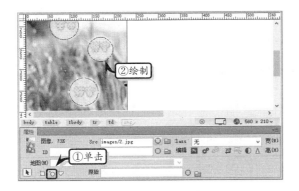

STEP|16 在第 2 行第 2 列单元格中，插入一个名为 apDiv1 的 Div 标签，并在标签内输入文本内容。

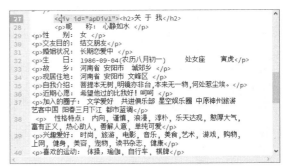

STEP|14 选择第 2 行第 2 列的单元格，执行【插入】|【图像】|【图像】命令，选择图片文件，单

STEP|17 选择第 2 行第 3 列的单元格，执行【插入】|【图像】|【图像】命令，选择图片文件，单击【确定】按钮。

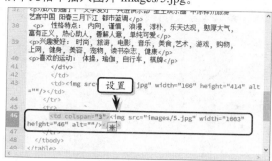

该单元格中插入图片 images/5.jpg。

STEP|18 选择第 3 行中的所有单元格，单击【属性】面板中的【合并所选单元格】按钮。同时，在

10.5 练习：制作导航条版块

在网站设计过程中，为了吸引浏览者注意，需要制作一些 Banner 效果，尤其是将 Banner 制作成具有 Flash 的动画效果。在本练习中，将通过制作一个导航条版块网页，来详细介绍制作 Flash Banner 效果的方法。

练习要点

- 插入 Div 标签
- 插入图像
- 插入表格
- 设置表格属性
- 关联 CSS 文件
- 插入 Flash 动画
- 设置 Flash 动画属性

操作步骤 >>>>

STEP|01 设置网页标题。新建空白文档，在【代码】视图中，将网页标题更改为"蒲公英十字绣"。

STEP|02 关联 CSS 文件。执行【窗口】|【CSS设计器】命令，单击【添加 CSS 源】命令，选择

【附加现有的 CSS 文件】选项。

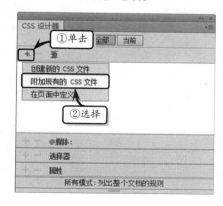

STEP|03 在弹出的【使用现有的 CSS 文件】对话框中，单击【浏览】按钮。

STEP|04 然后，在弹出的【选择样式表文件】对话框中，选择 CSS 样式表文件，并单击【确定】按钮。

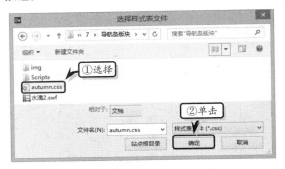

STEP|05 制作版头内容。执行【插入】|Div 命令，在弹出的【插入 Div】对话框中，设置标签名称，并单击【确定】按钮。

STEP|06 在 container 标签中插入一个名为 title 的 Div 标签，输入标签内容并设置其链接属性。

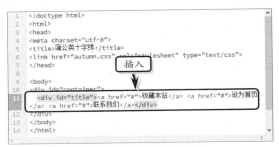

STEP|07 制作 Flash 内容。执行【插入】|Div 命令，在 title 标签之后插入一个名为 banner 的 Div 标签，并删除标签内容。

STEP|08 将光标定位在该标签内，执行【插入】|HTML|Flash SWF 命令，在弹出的【选择 SWF】对话框中，选择 SWF 文件，并单击【确定】按钮。

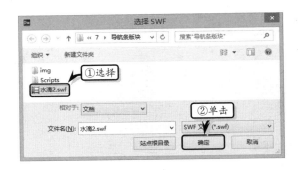

STEP|09 在弹出的【对象标签辅助功能属性】对话框中，直接单击【确定】按钮。

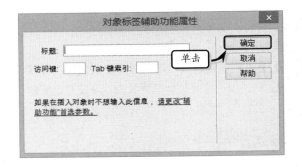

STEP|10 然后，在【属性】面板中将 Wmode 设置为【透明】，同时在【代码】视图中修改 Flash 的大小值。

STEP|11 制作导航内容。将光标定位在 `<div></div>` 标签之间，插入一个无名 Div 标签，同时在【属性】面板中将 Class 设置为 container。

STEP|12 单击【属性】面板中的【项目列表】按钮，在标签内容插入一个项目列表，同时将项目列表的 ID 更改为 top-nav。

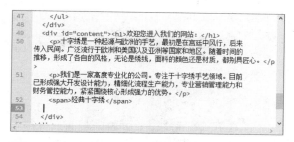

STEP|13 在项目列表中输入列表内容，并分别为每个内容设置链接属性。

```
36        <!--<![endif]-->
37      </object>
38    </div>
39    <div class="container">
40      <ul id="top-nav">
41        <li><a href="#">网站首页</a></li>
42        <li><a href="#">关于我们</a></li>
43        <li><a href="#">产品服务</a></li>
44        <li><a href="#">服务理念</a></li>
45        <li><a href="l">在线购买</a></li>
46        <li><a href="#">加盟连锁</a></li>
47      </ul>
48    </div>
```

STEP|14 制作主体内容。将光标定位在 `<div></div>` 标签之间，插入一个名为 content 的 Div 标签，在标签中输入相关文本并设置文本的字体格式。

```
47      </ul>
48    </div>
49    <div id="content"><h1>欢迎您进入我们的网站：</h1>
50      <p>十字绣是一种起源与欧洲的手艺，最初是在宫廷中风行，后来
传入民间。广泛流行于欧洲和美国以及亚洲等国家和地区。随着时间的
推移，形成了各自的风格，无论是绣法、面料的颜色还是材质，都别具匠心。</p>
51      <p>我们是一家高度专业化的公司。专注于十字绣手艺领域。目前
已形成强大开发设计能力，精细化流程生产能力，专业营销管理能力和
财务管控能力，紧紧围绕核心形成强力的优势。</p>
52      <span>经典十字绣</span>
53      |
54    </div>
```

STEP|15 执行【插入】|【表格】命令，在弹出的【表格】对话框中，设置表格尺寸，单击【确定】按钮。

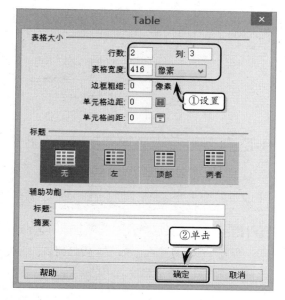

STEP|16 选择第 1 行第 1 列的单元格，在【属性】面板中将【宽度】设置为 135，同时插入一个图片。

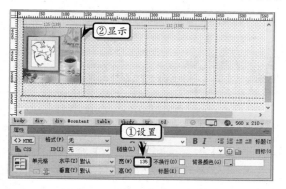

STEP|17 使用同样的方法，设置第 1 行其他单元格的宽度并为其插入图片。同时，在第 1 行单元格

中输入相应的文本，并设置单元格的居中对齐样式。

STEP|18 制作右侧版块。插入一个名为 side-menu 的 Div 标签，输入标题文本并设置文本的字体样式。

STEP|19 同时，在其后插入一个名为 navcontainer 的 Div 标签，在该标签内添加一个项目列表，输入列表内容并设置其链接属性。

```
66    </table>
67    </div>
68    <div id="side-menu"><h2 class="sideheader">十字绣分类</h2>
69        <div id="navcontainer">
70            <ul id="side-nav">
71                <li><a href="#">中国风</a></li>
72                <li><a href="#">人物系列</a></li>
73                <li><a href="#">动物系列</a></li>
74                <li><a href="#">风景系列</a></li>
75                <li><a href="#">花草系列</a></li>
76                <li><a href="#">卡通系列</a></li>
77                <li><a href="#">挂钟系列</a></li>
78                <li><a href="#">金边抱枕</a></li>
79                <li><a href="#">花边抱枕</a></li>
80            </ul>
81        </div>
82    </div>
83    </div>
```

STEP|20 在 Div 标签 navcontainer 后面插入一个名为 pro 的 Div 标签，在其中插入一个 3 行 3 列的表格，设置表格属性并输入表格内容。

```
82        <div id="pro">
83        <table width="116" height="93" border="0" align="center"
cellpadding="0" cellspacing="0">
84        <tbody>
85            <tr>
86                <td height="46" colspan="3" valign="middle"><h2>十字绣
配件</h2></td>
87            </tr>
88            <tr>
89                <td width="33" height="20"><a href="#">绣架</a></td>
90                <td width="37"><a href="#">绣圈</a></td>
91                <td width="46"><a href="#">水溶笔</a></td>
92            </tr>
93            <tr>
94                <td height="24"><a href="#">针线</a></td>
95                <td height="24"><a href="#">布料</a></td>
96                <td height="24"><a href="#">拆器</a></td>
97            </tr>
```

STEP|21 制作版尾内容。最后，插入一个名为 footer 的 Div 标签，并在标签内输入版尾文本。

```
87        <tr>
88            <tr>
89                <td width="33" height="20"><a href="#">绣架</a></td>
90                <td width="37"><a href="#">绣圈</a></td>
91                <td width="46"><a href="#">水溶笔</a></td>
92            </tr>
93            <tr>
94                <td height="24"><a href="#">针线</a></td>
95                <td height="24"><a href="#">布料</a></td>
96                <td height="24"><a href="#">拆器</a></td>
97            </tr>
98        </tbody>
99    </table>
100   </div>
101   </div>
102   <div id="footer">Copyright © 1998 - 2009 © 蒲公英十字绣·手艺
all rights reserved</div>
103   </div>
```

10.6 新手训练营

练习 1：设置背景音乐

downloads\10\新手训练营\背景音乐

提示：本练习中，首先，执行【插入】|【表格】命令，插入一个 2 行 1 列的表格，并设置表格的居中对齐格式。然后，将光标定位在表格内的第 1 行中，

执行【插入】|【图像】命令，插入一个图片，并设置图片大小。最后，执行【插入】|HTML|【插件】命令，插入一个 MP3 音乐文件。同时，单击【属性】面板中的【参数】按钮，在弹出的对话框中设置音乐元素的参数和值。

练习2：在网页插入视频

⊙downloads\10\新手训练营\插入视频

提示：在本练习中，首先执行【插入】|HTML|HTML Video 命令，在网页中插入一个视频元素。然后，选择该视频，在【属性】面板中设置【源】、W 和 H 属性选项，用来定义视频的源文件地址、高度和宽度值。

练习3：制作累进式下载视频

⊙downloads\10\新手训练营\累进式下载视频

提示：在本练习中，首先执行【插入】|HTML|Flash Video 命令，在弹出的【插入 FLV】对话框中，单击【浏览】按钮。在【插入 FLV】对话框中，设置各项选项。

然后，单击【确定】按钮，保存网页文档，按 F12 键预览视频效果。

练习4：插入 HTML 音频

⊙downloads\10\新手训练营\HTML 音频

提示：在本练习中，首先执行【插入】|HTML|HTML Audio 命令，在网页中插入一个 HTML 音频对象。然后，选择该对象，在【属性】面板中设置【源】属性。最后，保存网页文档，按 F12 键预览音频效果。

第 11 章

传统方式布局

　　在网页设计过程中，为了将网页元素按照一定的序列或位置进行排列，首先需要对页面进行布局，而最简单最传统的布局方式就是使用表格。表格是由行和列组成的，而每一行或每一列又包含一个或多个单元格，网页元素可以放置在任意一个单元格中。

　　本章将详细介绍表格的创建和设置方法，以及使用表格布局网页的操作方法，使读者在 Dreamweaver 中能够进行简单的页面布局。

11.1　创建表格

在 Dreamweaver 中，表格的主要功能是对网页元素进行定位与排版。熟练地运用表格，不仅可以任意定位网页元素，而且还可以丰富网页的页面效果。

11.1.1　插入表格

Dreamweaver 为用户提供了极其方便的插入表格的方法。

首先，在网页中将光标定位在需要插入表格的位置。然后，执行【插入】|【表格】命令，或者在【插入】面板中的 HTML 选项卡中，单击 Table 按钮。

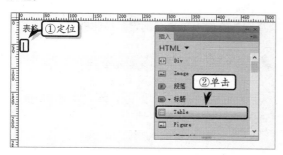

然后，在弹出的 Table 对话框中，设置相应的参数，单击【确定】按钮，即可在网页中插入一个表格。

Table 对话框中，主要包括下列表格中的一些选项。

选　项		作　用
行数		指定表格行的数目
列		指定表格列的数目
表格宽度		以像素或百分比为单位指定表格的宽度
边框粗细		以像素为单位指定表格边框的宽度
单元格边距		指定单元格边框与单元格内容之间的像素值
单元格间距		指定相邻单元格之间的像素值
标题	无	对表格不启用行或列标题
	左	将表格的第一列作为标题列，以便为表格中的每一行输入一个标题
	顶部	将表格的第一行作为标题行，以便为表格中的每一列输入一个标题
	两者	在表格中输入列标题和行标题
标题		提供一个显示在表格外的表格标题
摘要		用于输入表格的说明

> **提示**
>
> 当表格宽度的单位为百分比时，表格宽度会随着浏览器窗口的改变而变化。当表格宽度的单位设置为像素时，表格宽度是固定的，不会随着浏览器窗口的改变而变化。

11.1.2　创建嵌套表格

嵌套表格是在另一个表格单元格中插入的表格，其设置属性的方法与任何其他表格相同。

首先，在网页中插入一个表格，并将光标置于表格中任意一个单元格内。然后，在【插入】面板中的 HTML 选项卡中，单击 Table 按钮。

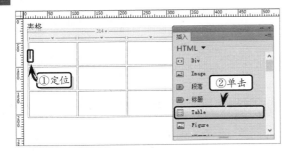

在弹出的 Table 对话框中，设置相应的参数，单击【确定】按钮，即可在原表格中插入一个表格。此时，所插入的表格，相对于原先表格称为嵌套表格。

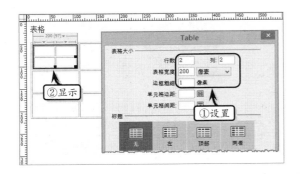

11.1.3　添加表格内容

表格内容的添加方法与普通输入文本和插入图像的方法大体一致。

1．输入文本

首先，将光标定位在表格中的任意一个单元格中。然后，在单元格中直接输入文本即可。

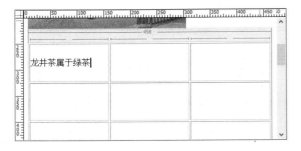

在表格中输入文本时，当表格的单位为百分比（%）时，其单元格的宽度将随着内容的不断增多，而向右延伸。

当表格的单位为像素时，其单元格的宽度不会随着内容增多而发生变化；而单元格的高度则会随着内容的增多而发生变化。

2．插入图像

首先，将光标定位在表格中的任意一个单元格中，并在【插入】面板中的 HTML 选项卡中，单击 Image 按钮。

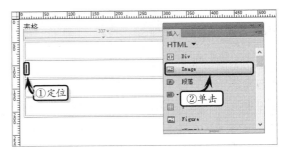

然后，在弹出的【选择图像源文件】对话框中，选择图片文件，单击【确定】按钮即可。

此时，在选中的单元格中，将显示插入的图像。用户可以使用调整图像的操作方法，来调整单元格中的图像大小。

11.2 编辑表格

　　创建表格之后，为使表格符合网页的整体设计要求，还需要对表格进行选择、添加行或列、调整大小等一系列的编辑操作。

11.2.1 选择表格

　　编辑表格的首要工作是选择表格，用户不仅可以选择整个表格，而且还可以选择表格中的一行、一列、一个单元格、多个连续的或不连续的单元格。

1．选择整个表格

　　将鼠标移至表格的左上角、上边框或下边框的任意位置，当光标箭头后面尾随表格图标 时，单击即可选择整个表格。

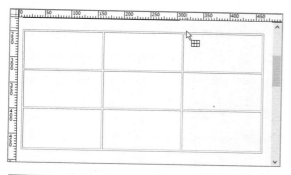

> **提示**
>
> 用户也可以通过单击表格行或列边框的方法，或者右击表格执行【表格】|【选择表格】命令，来选择整个表格。

　　另外，将光标放置于任意一个单元格中，单击状态栏中的【标签选择器】上的<table>标签，也可选择整个表格。

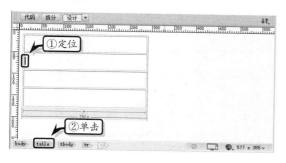

2．选择单元格

　　将光标放置于表格中的某个单元格中，即可选择该单元格。当用户想选择多个连续的单元格时，只需沿任意方向拖动鼠标即可。

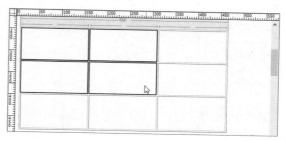

　　而当用户想选择多个不连续的单元格时，只需在按住 Ctrl 键的同时单击其他单元格，即可同时选择多个不连续的单元格。

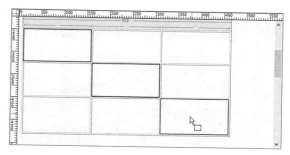

3．选择行或列

　　选择行或列即选择表格中一行或一列中所有的连续单元格。

　　将鼠标移至表格中行的最左端或列的最上端，当光标变成"向右"或"向下"箭头时，单击即可选择整行或整列。

11.2.2 调整表格

　　调整表格包括调整表格的大小，以及添加或删除表格行或列等操作，即确保了整个网页的布局符合设计要求，又准确地定位网页中的各个元素。

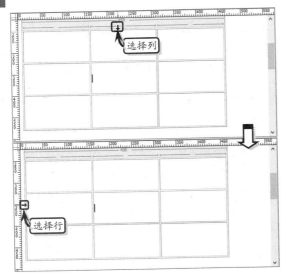

1．调整表格大小

选择整个表格之后，用户会发现在表格的右边框、下边框和右下角会出现三个控制点。此时，将光标移至控制点上，当光标变成"双向箭头"时，拖动鼠标即可调整表格的大小。

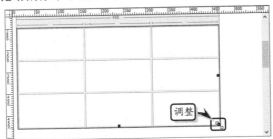

另外，将光标移动到单元格的边框上，当光标变成"左右双向箭头" ↔ 或者"上下双向箭头" ↕ 时，拖动鼠标即可调整单元格的行高或列宽。

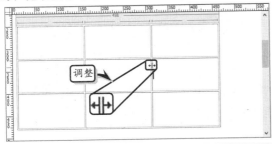

提示

在调整表格的列宽时，可通过按住 Shift 键拖动边框的方法，在保留其他单元格列宽的情况下，调整该单元格的列宽。

2．添加表格行与列

选择任意一个单元格，执行【修改】|【表格】|【插入行】命令，或者右击表格执行【表格】|【插入行】命令，即可在所选单元格的上方插入一个新行。

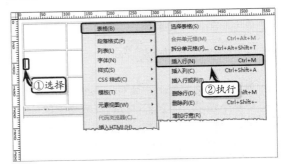

另外，用户也可以右击执行【表格】|【插入列】命令，在所选单元格的左侧插入一个新列。或者单击表格列标题，在展开的菜单中选择【左侧插入列】或【右侧插入列】命令，选择性地插入新列。

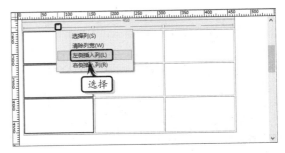

除此之外，用户还可以右击表格，执行【表格】|【插入行或列】命令，在弹出的【插入行或列】对话框中，设置所添加行或列的数目和位置。

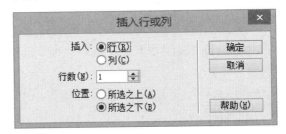

3．删除表格行与列

选择所需删除行中的任意一个单元格，执行【修改】|【表格】|【删除行】或【删除列】命令，或者右击表格执行【表格】|【删除行】或【删除

列】命令，即可删除该行或该列。

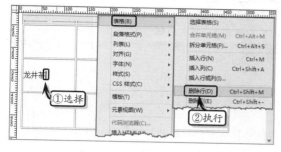

11.2.3 操作单元格

在网页设计过程中，经常会遇到一些不规则的数据排列。此时，可通过合并或拆分单元格的方法，使网页的排版样式符合网页的设计要求。

1．合并单元格

合并单元格可以将同行或同列中的多个连续单元格合并为一个单元格，但所选连续的单元格必须可以组成一个矩形形状，否则将无法合并单元格。

选择两个或两个以上连续的单元格，执行【修改】|【表格】|【合并单元格】命令，或在【属性】面板中单击【合并所选单元格】按钮，即可将所选的多个单元格合并为一个单元格。

> **提示**
>
> 选择连续的多个单元格，右击表格执行【表格】|【合并单元格】命令，也可合并所选单元格。

2．拆分单元格

拆分单元格可以将一个单元格以行或列的形式拆分成多个单元格。

选择所需拆分的单元格，执行【修改】|【表格】|【拆分单元格】命令，或者单击【属性】面板中的【拆分单元格为行或列】按钮。

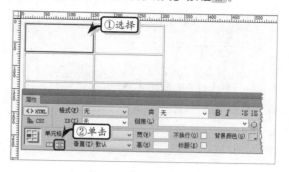

然后，在弹出的【拆分单元格】对话框中，选中【行】或【列】选项，并设置所需拆分的行或列数，单击【确定】按钮即可。

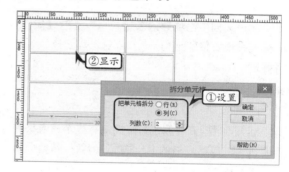

3．复制和粘贴单元格

用户不仅可以在保留单元格设置的情况下，复制和粘贴单个单元格，而且还可以同时复制和粘贴多个单元格。

选择所需复制的单个或多个单元格，执行【编辑】|【拷贝】命令，即可复制所选单元格及内容。

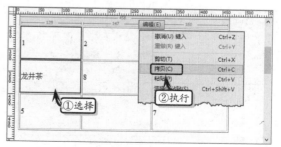

然后，选择所需粘贴单元格的位置，执行【编辑】|【粘贴】命令，即可将源单元格及内容粘贴到所选位置。

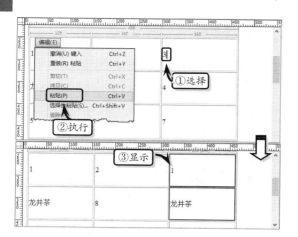

技巧

用户也可以使用快捷键 Ctrl+C 和 Ctlr+V，来复制与粘贴单元格及内容。

11.3 设置表格

对于文档中已创建的表格，可以通过【属性】面板来设置表格的结构、大小、显示样式效果等表格属性。

11.3.1 设置表格属性

选择表格，在【属性】面板中将显示该表格的基本属性，包括表格的 ID 名称、列数、行数、对齐方式等属性。

【属性】面板中各选项的具体含义，如下表所述。

选 项	作 用
表格	用于定义表格在网页文档中唯一的编号标识
行	用于定义表格中包含的行的数量
宽	用于设置表格的宽度，可直接输入数值，单位为像素或百分比
Cols	用于定义表格中包含的列的数量
Cellpad	用于设置单元格边框与内容之间的距离，单位为像素

续表

选 项		作 用
CellSpace		用于设置单元格之间的距离，单位为像素
Align		用于设置表格中单元格内容的对齐方式，包括【默认】、【左对齐】、【居中对齐】和【右对齐】4 种方式
Border		用于设置表格边框的格式，单位为像素
Class		用于设置表格的类 CSS 样式
功能按钮	清除列宽	将已定义宽度的表格宽度清除，转换为无宽度定义的表格，使表格随内容增加而自动扩展宽度
	清除行高	将已定义行高的表格行高清除，转换为无行高定义的表格，使表格随内容增加而自动扩展行高
	将表格宽度转换成像素	将以百分比为单位的表格宽度转换为具体的以像素为单位的表格宽度
	将表格宽度转换成百分比	将以像素为单位的表格宽度转换为具体的以百分比为单位的表格宽度
Fireworks 源文件		如在设计表格时使用了 Fireworks 源文件作为表格的样式设置，则可通过次项目管理 Fireworks 的表格设置，并将其应用到表格中

11.3.2 设置单元格属性

选择表格中的任意一个单元格，在【属性】面板中将显示该单元格的基本属性，包括合并所选单元格、背景颜色、标题等属性。

【属性】面板中有关单元格属性的各选项的具体含义，如下表所述。

选 项	作 用
合并所选单元格，使用跨度	将所选的多个同行或同列单元格合并为一个单元格
拆分单元格为行或列	将已选择的位于多行或多列中的独立单元格拆分为多个单元格
水平	定义单元格中内容的水平对齐方式
垂直	定义单元格中内容的垂直对齐方式
宽	定义单元格的宽度
高	定义单元格的高度
不换行	选中该项目则单元格中的内容将不自动换行，单元格的宽度也将随内容的增加而扩展
标题	选中该项目，则将普通的单元格转换为标题单元格，单元格内的文本加粗并水平居中显示
背景颜色	单击该项目的颜色拾取器，可选择颜色并将颜色应用到单元格背景中

11.4 处理表格数据

Dreamweaver 除了为用户提供插入表格、编辑和设置表格属性等基础表格功能之外，还为用户提供了排序表格数据和导入/导出表格数据等数据处理功能，以方便用户使用外部数据来设计网页。

11.4.1 排序数据

排序数据是指按照一定的规律对表格内的单列数据进行升序或降序排列。

选择表格，执行【命令】|【排序表格】命令。在弹出的【排序表格】对话框中，设置相应选项，单击【确定】按钮即可。

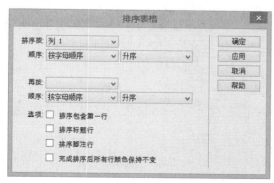

【排序表格】对话框中，各选项的具体含义，如下所述。

❑ **排序按** 用于设置进行排序所依据的列。

❑ **顺序** 用于设置排序的顺序和方向，选择【按字母顺序】选项将按照字母的排列进行排序，而选择【按数字顺序】选项则按照数字的排列进行排序。当选择【升序】方向时，则表示排序按照数字从小到大、字母从A到Z的方向进行排列；当选择【降序】方向时，则表示排序按照数字从大到小、字母从Z到A的方向进行排列。

❑ **再按** 用于设置进行排序所依据的第二依据的列。

❑ **顺序** 用于设置第二依据的排序顺序和方向。

❑ **排序包含第一行** 启用该复选框，可以将表格第一行包含在排序中。

❑ **排序标题行** 启用该复选框，可以指定使用与主体行相同的条件对表格的标题部分中的所有行进行排序。

❏ **排序脚注行** 启用该复选框，可以指定按照与主体行相同的条件对表格的脚注部分中所有的行进行排序。

❏ **完成排序后所有行颜色保持不变** 启用该复选框，可以指定排序之后表格行属性应该与同一内容保持关联。

11.4.2 导入/导出表格数据

Dreamweaver 为用户提供了导入/导出表格数据功能，通过该功能不仅可以将分隔文本格式、Excel 和 Word 等格式的数据导入到 Dreamweaver 中，而且还可以将 Dreamweaver 中的数据导出为普通的表格式数据。

1．导入表格式数据

在 Dreamweaver 文档中，执行【文件】|【导入】|【表格式数据】命令，在弹出的【导入表格式数据】对话框中，设置相应选项，单击【确定】按钮即可。

【导入表格式数据】对话框中，主要包括下列 7 个选项。

❏ **数据文件** 用于设置所需导入的文件路径，可通过单击【浏览】按钮，在弹出的对话框中选择导入文件。

❏ **定界符** 用于设置导入文件中所使用的分隔符，包括【逗点】、【引号】、【分号】、【Tab】和【其他】5 种分隔符；当用户选择【其他】分隔符时，则需要在右侧的文本框中输入新的分隔符。

❏ **表格宽度** 用于设置表格的宽度，选中【匹配内容】选项可以使每个列足够宽以

适应该列中最长的文本字符串；选中【设置为】选项既可以以像素为单位指定表格的固定列宽，又可以按照浏览器窗口宽度的百分比来指定表格的列宽。

❏ **单元格边距** 用于指定单元格内容与单元格边框之间的距离，以像素为单位。

❏ **单元格间距** 用于指定相邻单元格之间的距离，以像素为单位。

❏ **格式化首行** 用于设置表格首行的格式，包括【无格式】、【粗体】、【斜体】和【加粗斜体】4 种格式。

❏ **边框** 用于指定表格边框的宽度，以像素为单位。

2．导入 Excel 数据

在 Dreamweaver 文档中，选择导入位置，执行【文件】|【导入】|【Excel 文档】命令，在弹出的【导入 Excel 文档】对话框中选择 Excel 文件，单击【打开】按钮。

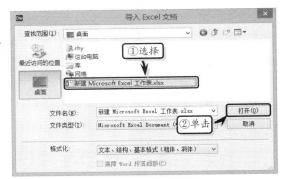

此时，用户可以在 Dreamweaver 文档中，查看导入的 Excel 文档中的数据。对于导入的 Excel 数据表，用户也可以选择该表，在【属性】面板中设置表格的基本属性。

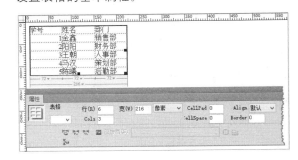

3．导入 Word 数据

在 Dreamweaver 文档中，选择导入位置，执行【文件】|【导入】|【Word 文档】命令，在弹出的【导入 Word 文档】对话框中，选择 Word 文件，单击【打开】按钮。

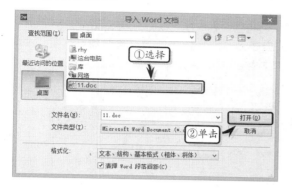

此时，用户可以在 Dreamweaver 文档中，查看导入的 Word 文档中的数据。

序号	姓名	部门
1	金鑫	销售部
2	杨洋	财务部
3	王朗	人事部
4	陈曦	策划部

提示

导入 Word 文档时，其 Word 文档中的内容必须以表格的形式显示，否则所导入的 Word 文档内容将会以普通文本的格式进行显示。

4．导出数据

在 Dreamweaver 文档中，除了可以导入外部数据之外，还可以将 Dreamweaver 文档中的表格导出为普通的表格式数据。

首先，选择表格或任意一个单元格，执行【文件】|【导出】|【表格】命令。然后，在弹出的【导出表格】对话框中，设置【定界符】选项，用于指定分隔符样式；同时设置【换行符】选项，用于指定打开文件所使用的操作系统版本，并单击【导出】按钮。

最后，在弹出的【表格导出为】对话框中，设置保存位置和名称，单击【保存】按钮即可。

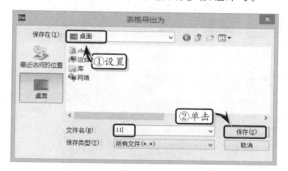

11.5　应用 IFrame 框架

IFrame 框架（浮动框架）又被称作嵌入帧，是一种特殊的框架结构，它可以像层一样插入到普通的 HTML 网页中。但由于 Dreamweaver 中没有提供该框架的可视化操作，因此在应用该框架时还需要编写一些网页源代码。

11.5.1　IFrame 框架概述

IFrame 框架是一种灵活的框架，是一种块状对象，其与层（div）的属性非常类似，所有普通块状对象的属性都可以应用在浮动框架中。当然，浮动框架的标签也必须遵循

HTML 的规则，例如必须闭合等。在网页中使用 IFrame 框架，其代码如下所示。

```
<iframe src="index.html" id=
"newframe"></iframe>
```

IFrame 框架可以使用所有块状对象可以使用的 CSS 属性以及 HTML 属性。IE 5.5 以上版本的浏览器已开始支持透明的 IFrame 框架。只需将 IFrame 框架的 allowTransparency 属性设置为 true，并将嵌入的文档背景颜色设置为 allowTransparency，即可将框架设置为透明。

在使用 IFrame 框架时需要了解和注意，该标签仅在微软的 IE 4.0 以上版本的浏览器中被支持，并且该标签仅仅是一个 HTML 标签。因此在使用 IFrame 框架时，网页文档的 DTD 类型不能是 Strict（严格型）。

11.5.2　插入 IFrame 框架

插入 IFrame 框架的方法非常简单，用户只需在页面中选择插入位置，然后在【插入】面板中的 HTML 选项卡中，单击 IFRAME 按钮即可。

此时，在【代码】视图中，将生成 IFrame 框架的代码，即<iframe></iframe>标签。

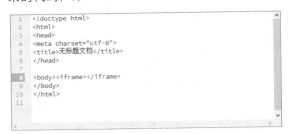

为了完善框架，还需要在<iframe></iframe>标

签中输入源代码，即用于规范框架大小的源代码。

```
<iframe width="700" name="bow"
height="600" scrolling="auto"
frameborder="1" src="Untitled-
4.html"></iframe>
```

此时，页面中插入的 IFrame 框架的位置会变成灰色区域，而 Untitled-4 页面则会出现在 IFrame 框架中，用户可在浏览器中查看最终效果。

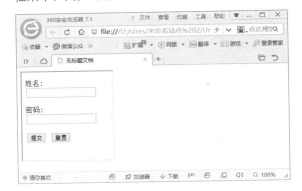

IFrame 框架除了可以使用普通块状对象的属性，也可以使用一些专有的属性，其各种属性的具体含义，如下所述。

- ❏ **width**　定义 IFrame 框架的宽度，其属性值为由整数+单位或百分比组成的长度值。
- ❏ **height**　定义浮动框架的高度，其属性值为由整数+单位或百分比组成的长度值。
- ❏ **name**　用于设置浮动框架的唯一名称。
- ❏ **scrolling**　用于设置浮动框架的滚动条显示方式。
- ❏ **franeborder**　用于控制框架的边框，定义其在网页中是否显示。其属性值为 0 或者 1，0 代表不显示，而 1 代表显示。
- ❏ **align**　用于设置浮动框架在其父对象中的对齐方式，top 属性值表示对齐在其父对象的顶端，middle 属性值表示对齐在其父对象的中间，left 属性值表示对齐在其父对象的左侧，right 属性值表示对齐在其父对象的右侧，bottom 属性值表示对齐在其父对象的底端。
- ❏ **longdesc**　定义获取描述浮动框架的网页的 URL。通过该属性，可以用网页作为浮动框架的描述。

- ❑ **marginheight**　用于设置浮动框架与父对象顶部和底部的边距，其值为整数与像素组成的长度值。
- ❑ **marginwidth**　用于设置浮动框架与父对象左侧和右侧的边距，其值为整数与像素组成的长度值。
- ❑ **src**　用于显示浮动框架中网页的地址，其可以是绝对路径，也可以是相对路径。

11.5.3　链接 IFrame 框架页面

链接 IFrame 框架页面的方法与创建普通链接的方法基本相同，其不同在于所设置的"目标"属性必须与 IFrame 框架名称保持一致。

首先，在页面中选择左侧的图像，并在【属性】面板中将【链接】属性设置为 Untitled-4.html，将【目标】属性设置为 bow。

然后，在页面中选择右侧的图像，并在【属性】面板中将【链接】属性设置为 Untitled-5.html，将【目标】属性设置为 bow。

> **提示**
>
> 其【目标】属性所设置的 bow 必须与 <iframe> 标签中的 name="bow" 的定义保持一致，否则将无法正常打开 IFrame 框架中所链接的页面。

保持当前页面，在浏览器中可以预览 IFrame 框架页面的最终效果。当用户单击浏览器右侧的图片时，在 IFrame 框架中将会显示所链接的页面。

> **提示**
>
> 当用户单击右侧图像时，在 IFrame 框架中出现了滚动条，这是因为 IFrame 框架的大小是固定的，而右侧图像所链接的页面高度超过了框架高度，因此会出现滚动条。

11.6　练习：制作个人简历

表格在网页中是用来定位和排版的，有时一个表格无法满足所有的需要，这时就需要运用到嵌套表格。在本练习中，将通过制作一份个人简历，来详细介绍嵌套表格的使用方法和操作技巧。

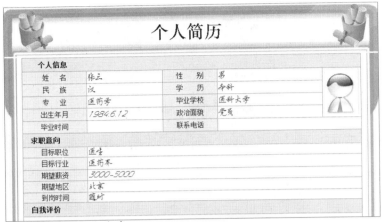

练习要点
● 插入表格
● 设置表格属性
● 嵌套表格
● 插入图像
● 创建 CSS 样式

操作步骤

STEP|01 设置页面属性。新建空白文档，在【属性】面板中单击【页面设置】按钮，在弹出的【页面设置】对话框中，将【大小】设置为 14。

STEP|02 打开【外观（HTML）】选项卡，将【背景】设置为#FFFFFF，并设置各边距值。

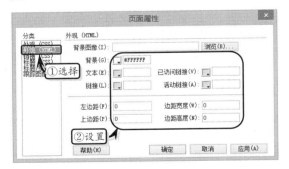

STEP|03 打开【标题/编码】选项卡，将【标题】设置为"个人简历"，并单击【确定】按钮。

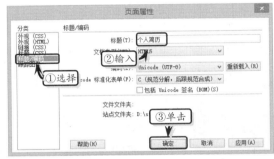

STEP|04 创建 CSS 样式。执行【窗口】|【CSS设计器】命令，在【CSS 设计器】面板中，单击【添加 CSS 源】按钮，选择【创建新的 CSS 文件】选项。

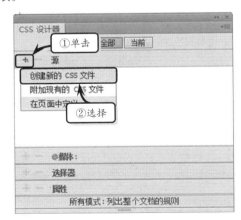

STEP|05 在弹出的【创建新的 CSS 文件】对话框中，单击【浏览】按钮。

STEP|06 然后，在弹出的【将样式表文件另存为】对话框中，设置样式表文件名称和保存位置，单击【保存】按钮即可。

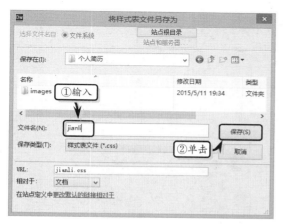

STEP|09 继续单击【添加选择器】按钮，添加一个名为.tdfonts 的选择器，并在【属性】面板中自定义字体样式和大小。

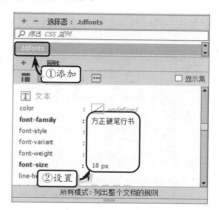

STEP|07 在【CSS 设计器】面板中，单击【添加选择器】按钮，添加一个名为.tbg 的选择器，并在【属性】面板中将 background-color 设置为#4bacc6。

STEP|10 制作基础表格。执行【插入】|【表格】命令，设置表格大小，并单击【确定】按钮。

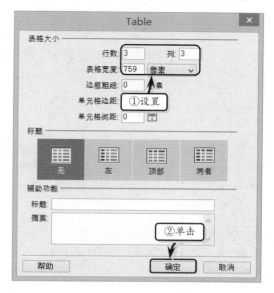

STEP|08 继续单击【添加选择器】按钮，添加一个名为.tdcolor 的选择器，并在【属性】面板中将 background-color 设置为#FFF。

STEP|11 选择第 1 行中的所有单元格，单击【属性】面板中的【合并所选单元格】按钮，同时将【高】设置为 103。

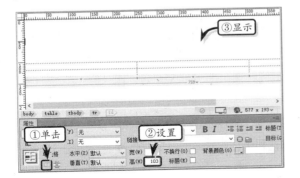

STEP|12 同时，执行【插入】|【图像】命令，在弹出的对话框中选择图像文件，单击【确定】按钮。

STEP|13 选择第 2 行第 1 列单元格，执行【插入】|【图像】命令，选择图像文件，单击【确定】按钮。

STEP|14 选择第 2 行第 3 列单元格，为其插入一张图像，并在【属性】面板中将【水平】设置为【右对齐】。

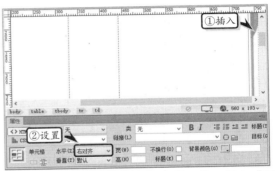

STEP|15 选择第 3 行中的所有单元格，单击【属性】面板中的【合并所选单元格】按钮，合并单元格并为其添加图像。

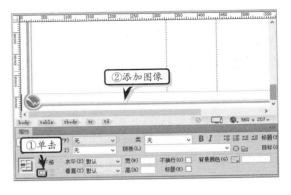

STEP|16 制作表格内容。选择第 2 行第 2 列单元格，在【属性】面板中，设置单元格的宽、高和垂直对齐格式。

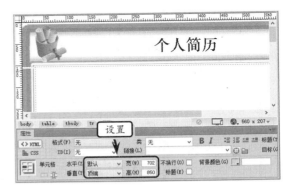

STEP|17 执行【插入】|【表格】命令，在弹出的【表格】对话框中，设置表格尺寸，并单击【确定】按钮。

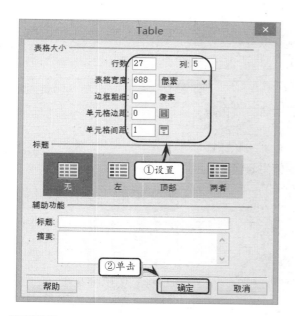

STEP|18 在【属性】面板中，将 Align 设置为【居中对齐】，同时将 Class 设置为 tbg。

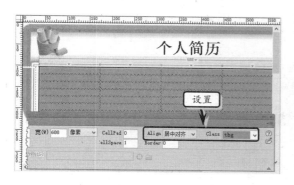

STEP|19 合并第 1 行中的所有单元格，在【属性】面板中设置单元格的背景颜色和高度值。同时，在单元格中输入文本，并设置文本的加粗格式。

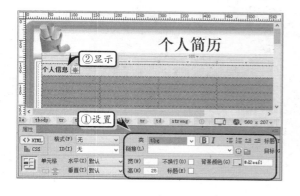

STEP|20 根据简历设计要求，合并相应的单元格，并分别设置不同单元格的不同背景颜色。

STEP|21 选择第 2 行第 1 列单元格，在【属性】面板中设置单元格的属性，并输入文本内容。

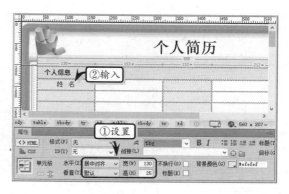

STEP|22 选择第 2 行第 2 列单元格，输入文本内容，并在【属性】面板中设置单元格的基本属性和【类】属性。使用同样的方法，分别制作其他表格内容。

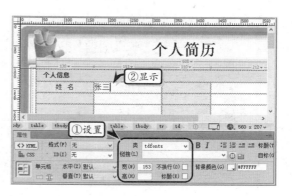

11.7　练习：制作购物车页

用户在网络商城购物时，需要将当前所需购买的商品放在购物车中，以便选择完所有的商品后一次性支付购物款项。此时，购物网站会通过一个表格将用户所购买的商品逐个列举，并计算总额供用户查看和支付。在本练习中，将详细介绍使用表格功能制作购物车网页的操作方法。

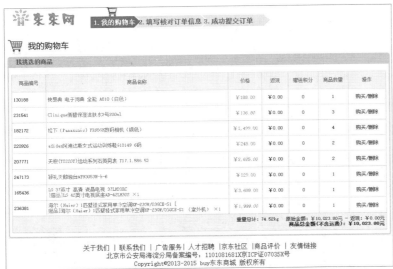

练习要点

- 插入表格
- 设置表格属性
- 插入图像
- 创建 CSS 样式

操作步骤

STEP|01 制作表格结构。将光标置于 ID 为 carList 的 Div 层中。执行【插入】|【表格】命令，设置表格尺寸，单击【确定】按钮。

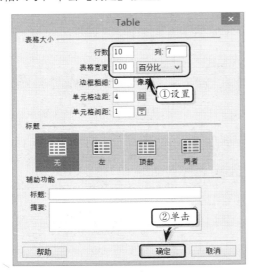

STEP|02 在【属性】检查器中，将 Align 设置为【居中对齐】。

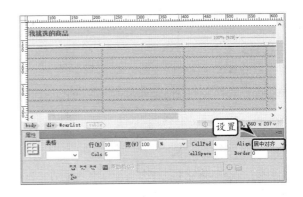

STEP|03 选择所有单元格，在【属性】检查器中，设置【背景颜色】为【白色】（#ffffff）。

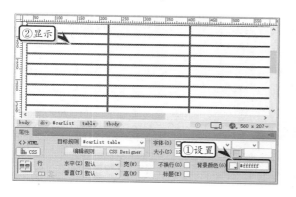

STEP|04 选择第 1 行和最后 1 行所有单元格，在【属性】检查器中，设置【背景颜色】为【蓝色】（#ebf4fb）。

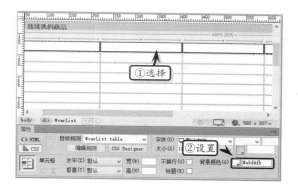

STEP|05 设置第 1 行所有单元格的【高】为 35、【宽】为 9%，输入文本并将【属性】面板中的【水平】选项设置为【居中对齐】。

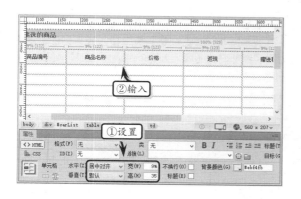

STEP|06 设置最后 1 行的【高】均为 40，并将【属性】面板中的【水平】选项设置为【右对齐】。

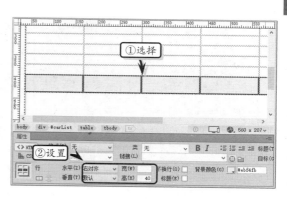

STEP|07 单击【属性】面板中的【合并所选单元格】按钮，合并最后 1 行的单元格并输入相应的文本。

STEP|08 同时选择第 2~9 行的第 3~7 列单元格，在【属性】面板中，将【水平】选项设置为【居中对齐】，分别输入相应的文本，并依次调整列宽。

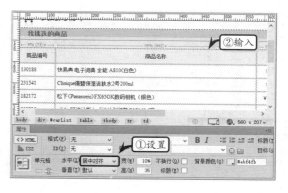

STEP|09 设置 CSS 样式。在【CSS 设计器】面板中，单击【添加选择器】按钮，添加名为.font3 的选择器，并在【属性】面板中设置其字体颜色。

STEP|10 使用同样的方法，分别设置 font4 和 font5 的文本样式。然后将第 1 行所有单元格的【类】设置为 font3，将第 2~9 行的第 2 列的【类】设置为 font5，将第 3 列的【类】设置为 font4。

商品名称		价格	追现	佣
文易典 电子词典 全能 A810(白色)		￥188.00	￥0.00	
Clinique倩碧保湿洁肤水2号 200ml		￥136.80	￥0.00	
松下 (Panasonic) FX65GK数码相机（银色）		￥1,499.00	￥0.00	
adidas阿迪达斯男式运动训练鞋 G18149 6码		￥248.00	￥0.00	
天梭(TISSOT)运动系列石英男表 T17.1.586.52		￥2,625.00	￥0.00	
诺机,天鹅绒白 AY93053N-b-6		￥129.00	￥0.00	
LG 37英寸 高清 液晶电视 37LH20RC （赠品)LG 42英寸电视底座AD-42LH20S ×1		￥3,699.00	￥0.00	
海尔（Haier)1匹壁挂式家用单冷空调KF-23GW.03GCE-S1（ 赠品)海尔（Haier)1匹壁挂式家用单冷空调KF-23GW.03GCE-S1（室外机）×1		￥1,999.00	￥0.00	

11.8 新手训练营

练习 1：导入外部数据

downloads\11\新手训练营\导入外部数据

提示：本练习中，首先执行【文件】|【导入】|【Excel 文档】命令，在弹出的【导入 Excel 文档】对话框中，选择 Excel 文件，单击【打开】按钮。然后，在【设计】视图中，选择所有表格内容，将【属性】面板中的【水平】设置为【居中对齐】，并设置标题文本的字体格式。最后，在【代码】视图中，选择整个表格，在【属性】面板中将单元格之间的空间设置为 1。

员工编号	姓名	性别	身份证号码	出生年	出生日	籍贯	学历
000001	金鑫	男	100000197912280002	1979	12-28	山东潍坊	本科
000002	刘能	女	100000197802280002	1978	02-28	河南安阳	硕士
000003	赵四	男	100000193412090001	1934	12-09	四川成都	专科
000004	沈香	男	100000198001280001	1980	01-28	重庆	博士
000005	孙伟	男	100000197709020001	1977	09-02	天津	本科
000006	孙佳	女	100000197612040002	1976	12-04	沈阳	本科
000007	付红	男	100000198603140001	1986	03-14	北京	本科
000008	孙伟	男	100000196802260001	1968	02-26	江苏淮安	硕士
000009	钱云	男	100000197906080001	1979	06-08	山东济宁	硕士
000010	张晶	女	100000198212120000	1982	12-12	四川成都	本科
000011	郑志刚	男	100000198801090001	1988	01-09	四川简阳	本科
000012	王云	女	100000198110100002	1981	10-10	杭州	本科
000013	刘佳	男	100000197903040001	1979	03-04	武汉	硕士
000014	陈旭	男	100000197412230001	1974	12-23	广州	本科
000015	廉明	男	100000197604030001	1976	04-03	大连	本科
000016	唐明	男	100000198307180001	1983	07-18	济南	本科
000017	蒙少波	男	100000197716180001	1977	04-18	芜湖	硕士
000018	倪华	男	100000197701190001	1977	01-19	承德	硕士
000019	张振	男	100000198412230002	1984	12-23	石家庄	本科
000020	朱茂	男	100000197808080001	1978	08-08	长春	专科

练习 2：制作个人主页

downloads\11\新手训练营\个人主页

提示：在本练习中，首先新建空白文档，设置文档的页面属性并在【代码】视图中输入 CSS 样式代码。

```html
1  <!doctype html>
2  <html>
3  <head>
4  <meta charset="utf-8">
5  <title>我的主页</title>
6  <style type="text/css">
7  <!--
8  .tdbg {
9      background-image: url(images/left2.gif);
10 }
11 body,td,th {
12     font-size: 14px;
13 }
14 body {
15     margin-left: 0px;
16     margin-top: 0px;
17     margin-right: 0px;
18     margin-bottom: 0px;
19 }
20 -->
21 </style>
22 </head>
```

然后，插入一个 2 行 4 列的表格，合并第 1 行中所有的单元格，并在该单元格中插入表头图像。紧接着，在第 2 行第 1 列和第 4 列中插入图像，并设置单元格的属性。

最后，设置第 2 行第 2 列单元格的属性，并在其中插入一个 11 行 1 列的表格，并设置每个单元格的内容和 CSS 样式。同时，设置第 2 行第 3 列单元格的属性，为其插入一个 6 行 4 列的表格，并分别为每个单元格插入图像和输入文本。

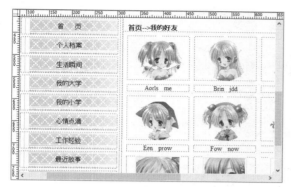

练习 3：制作登录界面

⊙downloads\11\新手训练营\登录界面

提示：在本练习中，首先新建一个空白文档，并执行【插入】|HTML|IFRAME 命令，插入一个浮动框架。然后，在【代码】视图中，输入表示浮动框架大小和链接地址的代码。最后，保存文档，按 F12 键预览最终效果。

练习 4：排序数据

⊙downloads\11\新手训练营\排序数据

提示：在本练习中，首先新建空白文档，执行【插入】|【表格】命令，插入一个 12 行 11 列的表格。然后，在表格中输入数据，并在【属性】面板中设置单元格区域的背景颜色。最后，选择表格，执行【命令】|【排序表格】命令，在弹出的【排序表格】对话框中，将【排序按】设置为【列 11】，将【顺序】设置为【按数字排序】，单击【确定】按钮后，表格中的数据即按总成绩的升序进行排列。

编号	姓名	企业概论	规章制度	法律知识	财务知识	电脑操作	商务礼仪	质量管理	平均成绩	总成绩
018760	王小童	80	84	68	77	86	80	72	78.43	549
018759	张 康	89	85	80	75	69	82	76	79.43	556
018766	东方祥	80	76	83	85	81	67	92	80.57	564
018768	赵 刚	87	83	85	81	65	85	80	80.86	566
018765	苏 户	79	82	85	76	78	86	84	81.43	570
018763	郝莉莉	88	78	90	69	80	83	90	82.57	578
018761	李圆圆	80	77	84	90	87	84	80	83.14	582
018762	郑 远	90	89	83	84	75	79	85	83.57	585
018764	王 浩	80	86	81	92	91	84	80	84.86	594
018767	李 宏	92	90	89	80	77	83	85	85.29	597
018758	刘 韵	93	76	86	85	88	86	92	86.57	606

练习 5：制作软件下载页

⊙downloads\11\新手训练营\软件下载页

提示：在本练习中，首先打开素材文件，删除 Div 显示文本，插入一个 Div 层，并设置其 CSS 属性样式。输入文本，并设置文本的链接属性。然后，插入多个 Div 层，设置 CSS 属性样式，插入图片，输入文本并设置其属性。

最后，依次插入多个 Div 层，输入文本，设置 CSS 和文本属性。同时，插入图片，设置图片属性并在图片后方依次输入相应的文本。

第 **12** 章

设计表单元素

在互联网中，多数网站都会使用动态网页技术，通过读取数据库中的内容，自动更新网页。常见的动态网页技术的种类繁多，包括 ASP、ASP.net、PHP 和 JSP 等。这些动态网页技术，很多都会通过表单实现与用户的交互，获取或显示各种信息。本章将详细介绍在网页中应用表单元素的操作方法和基础知识，从而协助用户制作各类具有交互功能的网页。

表单是实现网页互动的元素,通过与客户端或服务器端脚本程序的结合使用, 可以实现互动性。表单有两个重要组成部分:一是描述表单的 HTML 源代码;二是用于处理表单域中输入的客户端脚本, 如 ASP。

12.1.1 表单概述

当用户在 Web 浏览器中显示的 Web 表单中输入信息, 然后单击【提交】按钮时, 这些信息将被发送到服务器,服务器中的服务器端脚本或应用程序会对这些信息进行处理。服务器向用户 (或客户端) 发回所处理的信息或基于该表单内容执行某些其他操作, 以此进行响应。

表单是一种特殊的网页容器标签。用户可以插入各种普通的网页标签,也可以插入各种表单交互组件,从而获取用户输入的文本, 或者选择某些特殊项目等信息。

表单支持客户端/服务器关系中的客户端。用户在 Web 浏览器 (客户端) 的表单中输入信息后,单击【提交】按钮, 这些信息将被发送到服务器。然后, 服务器中的服务器端脚本或应用程序会对这些信息进行处理。

服务器向用户 (或客户端) 返回所请求的信息或基于该表单内容执行某些操作, 以此进行响应。

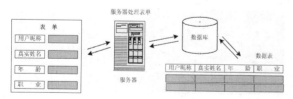

表单可以与多种类型的编程语言进行结合,同时也可以与前台的脚本语言合作,通过脚本语言快速控制表单内容。在互联网中, 很多网站都通过表单技术进行人机交互,包括各种注册网页、登录网页、搜索网页等。

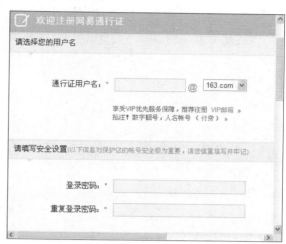

12.1.2 插入表单

了解了表单的基础知识之后,用户便可以在网页中添加表单了,包括插入表单域、插入表单标签和插入域集等内容。

1. 插入表单域

通过表单可以实现网页互动,当然在制作网页时用户需要先添加一个表单域,将表单元素放置到该域,用于告诉浏览器这一块为表单内容。网页中的所有表单元素必须存在于表单域中,否则将无法实现其作用。

在网页中选择所需插入表单域的位置,在【插入】面板中的【表单】选项卡中, 单击【表单】按钮, 即可在指定位置插入一个红色的表单。

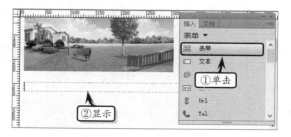

提示

插入表单域之后，如果在【设计】视图中无法显示表单域，则可以通过执行【查看】|【可视化助理】|【不可见元素】命令，来显示表单域。

除了使用【插入】面板中的按钮来插入表单域之外，用户还可以通过编写代码来插入表单域。即在【代码】视图中，通过<form>标签插入表单内容。

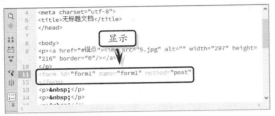

插入表单域之后，选择表单域，可在【属性】面板中设置表单域的属性。

其中，【属性】面板中各表单域属性选项的具体含义，如下表所述。

属 性		作 用
ID		表单在网页中唯一的识别标志，只可在【属性】检查器中设置
Action（动作）		发送表单数据，其值采用 URL 方式。在大多数情况下，该属性值是一个 HTTP 类型的 URL，指向位于服务器上的用于处理表单数据的脚本程序文件或 CGI 程序文件
Method（方法）	默认	使用浏览器默认的方式来处理表单数
	POST	表示将表单内容作为消息正文数据发送给服务器
	GET	把表单值添加到 URL 中，并向服务器发送 GET 请求。因为 URL 被限定在 8192 个字符之内，所以不要对长表单使用 GET 方法

续表

属 性		作 用
Target（目标）	_blank	定义在未命名的新窗口中打开处理结果
	_parent	定义在父框架的窗口中打开处理结果
	_self	定义在当前窗口中打开处理结果
	_top	定义将处理结果加载到整个浏览器窗口中，清除所有框架
Enctype（编码类型）		设置发送表单到服务器的媒体类型，它只在发送方法为 POST 时才有效，其默认值为 application/x-www-form-urlmoded。如果要创建文件上传域，应选择 multipart/form-data
Class（类）		定义表单及其中各种表单对象的样式
Accept Charset（编码）		用于选择当前提交内容的编码方式，如 UTF-8 或者 ISO-8859-1
Title（标题）		如当前没有内容显示，将该标题内容显示
No Validate（没有验证）		如果用户启动该选项，则当输入表单内容时不进行验证操作
Auto Complete（自动完成）		当用户启动该选项时，表单元素将对输入过的内容进行自动提示功能

表单的编码类型是体现表单中数据内容上传方式的重要标识。如用户设置表单的【方法】为默认的 Get 方法后，该编码类型的设置是无效的。而如果用户设置表单的【方法】为 Post 方法，则可以通过编码类型确定数据是上传到服务器数据库中，还是同时存储到服务器的磁盘中。

2. 插入表单标签

用户创建表单域之后，即可向表单域中添加表单元素。但是，在添加表单元素之前，用户需要先添加表单元素的名称，如在文本框之前显示"姓名"或者"用户名"，则表示该文本需要输入的内容。

在网页中选择所需插入表单标签的位置，在【插入】面板的【表单】选项卡中，单击【标签】按钮。此时，将切换至【拆分】视图，在代码中将显示所添加的<label></label>标签。

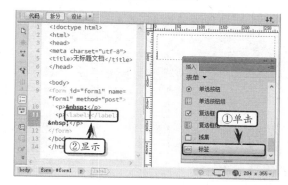

3．插入域集

当表单中所插入的内容比较多且没有好好规划时，其整体会显得杂乱无章。此时，用户可以使用"域集"功能，来解决上述问题。其中，"域集"主要功能是对表单元素中的内容进行分组，生成一组相关的表单元素。

在【插入】面板的【表单】选项卡中，单击【域集】按钮。然后，在弹出的【域集】对话框中，输入标签名称，单击【确定】按钮即可。

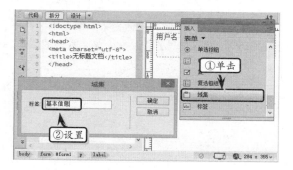

此时，在表单中可以看到一个"基本信息"的边框，用户可在边框内添加基本信息的表单元素内容。

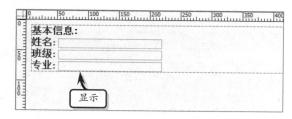

在<label></label>标签之间，用户可以输入表单元素的名称，如输入"用户名："。

<label>标签为<input>标签定义标注（标记），它不会向用户呈现任何特殊效果。不过，它为鼠标用户改进了可用性。如果用户在<label>标签内单击文本，就会触发此控件。也就是说，当用户选择该标签时，浏览器会自动将焦点转到和标签相关的表单控件上。

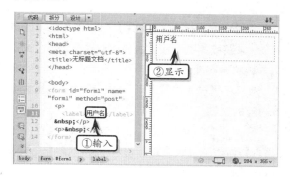

12.2　添加文本和网页元素

文本元素主要用来获取文本信息的表单元素，而网页元素则是用来显示登录密码、搜索对象、电子邮件等网页常用对象的。

12.2.1　添加文本元素

在网页的表单中，最常见的即为文本域，通过文本域可以直接获取用户输入的各种文本信息。一般情况下，文本域可以分为单行文本域和文本区域等。

1. 添加单行文本域

在网页中选择所需插入单行文本域的位置，在【插入】面板的【表单】选项卡中，单击【文本】按钮。此时，在表单域中将显示所添加的文本域，且在文本域前面自动添加了标签内容。

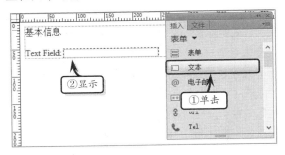

选择文本域，根据设计需求更改前面的文本内容，同时可以在【属性】面板中设置文本域的属性。

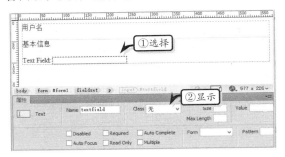

在文本域的【属性】面板中，主要包括下表中的一些选项。

名　称	功　能
Name（名称）	文本域名称是程序处理数据的依据，命名与文本域收集信息的内容相一致。文本域尽量使用英文名称
Max Length（最多字符数）	设置文本框内所能填写的最多字符数
Size（字符宽度）	设置此域的宽度有多少字符，默认为 24 个字符的长度
Value（初始值）	为默认状态下填写在单行文本框中的文字
Title（说明文字）	用于描述当前内容无法显示时，所使用的文字提示内容
Place Holder（期望描述）	对表单元素所期望达到的效果进行描述

续表

名　称	功　能
Disabled（禁用）	表单中的某个表单域被设定为 disabled，则该表单域的值就不会被提交
Required（必填）	表单文本域是必填项，提交表单时，若此文本域为空，那么将提示用户输入后提交
Auto Complete（自动完成）	当用户启动该选项时，表单元素将对输入过的内容进行自动提示功能
Auto Focus（自动对焦）	当页面加载时，该属性使输入焦点移动到一个特定的输入字段
Read Only（只读）	不允许用户修改操作，不影响其他的任何操作
Form（表单）	选择当前文档中，需要操作的表单
Pattern（模式）	pattern 属性规定用于验证输入字段的模式。模式指的是正则表达式
Tab Index（序列）	定义 Tab 键的选择序列
List（列表）	定义与该文本域进行关联的列表 I

2. 添加文本区域

在 Dreamweaver 中，用户可以使用文本区域对象，来获取网页中较多的文本信息。文本区域是文本域的一种变形，不仅可以显示位于多行的文本，而且还可以通过滚动条组件，实现拖动查看输入内容的功能。

在网页中选择所需插入文本区域的位置，在【插入】面板的【表单】选项卡中，单击【文本区域】按钮，即可在表单中插入一个文本区域。

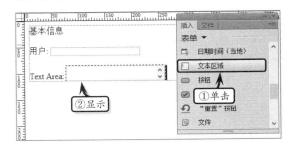

选择插入的文本区域对象，可以在【属性】面板设置文本区域的属性。其属性与单行文本域的属

性十分类似，用户只需修改 Rows（行数）、Cols（一行文本的字数），以及设置 Wrap（文本方式）属性，设置提交的文本区域内容是否换行操作等。

12.2.2　添加网页元素

在网页中，表单中除了文本区域和文本域之外，还包含非常多的网页元素，如密码框、地址栏、电话、搜索等。

1．添加表单密码

在创建登录页面时，需要创建一个密码文本域，以方便用户通过网站验证获取所使用的网页权限。

密码类型的文本域与其他文本域在形式上是一样的，用户在向文本域内输入内容时，密码类型的文本域则不显示输入的实例内容，只显示输入的位数。

在网页中选择所需插入表单密码的位置，在【插入】面板的【表单】选项卡中，单击【密码】按钮，即可在表单指定的光标位置插入该文本域对象，该文本域对象会在对象前面自动显示"Password:"名称。

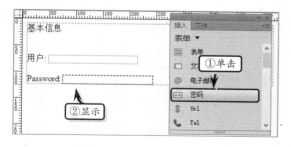

2．添加 URL 对象

URL 对象用于包含 URL 地址的输入域。当用户提交表单时，系统会自动验证 URL 域的值是否为正确的格式。

在网页中选择所需插入 URL 对象的位置，在【插入】面板的【表单】选项卡中，单击 Url 按钮，即可插入一个 URL 对象。

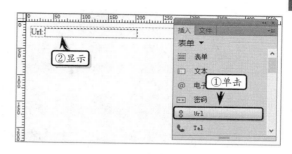

URL 类型只验证协议，不验证有效性。当用户直接输入内容时，它会自动添加"http://"头协议。例如，在 URL 文本框中输入 baidu.com.cn。

此时，当鼠标离开文本框时，系统将在内容前面自动添加"http://"头协议。

3．添加 Tel 对象

Tel 对象明面上是要求输入一个电话号码，但实际上它与文本域没太大区别，并不存在特殊的验证。

在网页中选择所需插入 Tel 对象的位置，在【插入】面板中的【表单】选项卡中，单击 Tel 按钮，即可插入一个 URL 对象。

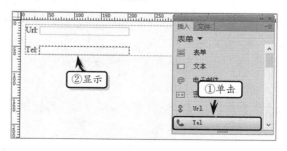

4．添加搜索对象

搜索对象是专门为搜索引擎输入关键字而定义的文本框，它与 Tel 对象一样，没有特殊的验证规则。

在网页中选择所需插入搜索对象的位置，在【插入】面板中的【表单】选项卡中，单击【搜索】按钮，即可插入一个搜索对象。

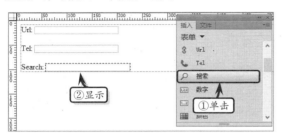

添加搜索对象后，浏览网页时，用户可以在浏览器中看到 Search 框。在该文本框中输入搜索内容后，在文本框的后面将显示一个【关闭】符号 ✖。此时，如果用户单击该【关闭】符号，则可以清除框中所输入的搜索内容。

5．添加数字对象

在 HTML 5 之前，如果用户想输入数字的话，只能通过文本域来实现。并且，还需要用户通过代码进行内容验证，并转换格式等。但有了 number 类型时，用户可以非常方便地添加包含数值的输入域。用户还能够设定对所接受的数字的限定，例如限定允许范围内的最小值、最大值等。

在网页中选择所需插入数字对象的位置，在【插入】面板的【表单】选项卡中，单击【数字】按钮，即可插入一个数字对象。

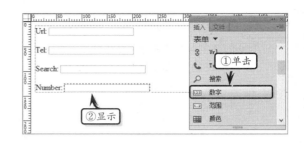

插入数字对象之后，选择该对象，则可以在【属性】面板中设置数字限定属性。

属性	值	描　述
max	number	规定允许的最大值
min	number	规定允许的最小值
step	number	规定合法的数字间隔（如果 step="3"，则合法的数是 -3,0,3,6 等）
value	number	规定默认值

6．添加范围对象

范围对象是一种某一范围内的数据选择器，它可以将输入框显示为滑动条，以供用户对数据进行选择。范围对象和数字对象类似，也具有最小值和最大值选择范围的限定。

在网页中选择所需插入范围对象的位置，在【插入】面板的【表单】选项卡中，单击【范围】按钮，即可插入一个范围对象。

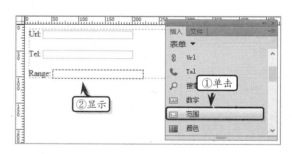

7．添加颜色对象

颜色对象可以在网页中为用户提供一个颜色选择器，以方便用户根据需要选择不同的颜色。

在网页中选择需要插入颜色对象的位置，在【插入】面板的【表单】选项卡中，单击【颜色】按钮，即可插入一个颜色对象。

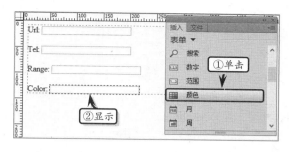

插入颜色对象之后，通过浏览器可以看到，在 Color 对象后面显示一个颜色图块。此时，单击该图块，即可弹出【颜色】对话框。

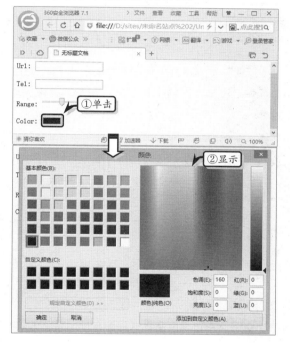

8．添加电子邮件

在注册页面或者登录页面中，如果需要用户输入 Email 地址时，需要添加很多验证代码。而在 HTML 5 里面，Email 将成为一个标签，可以直接使用。

在网页中选择所需插入电子邮件对象的位置，在【插入】面板的【表单】选项卡中，单击【电子邮件】按钮，即可插入一个电子邮件对象。

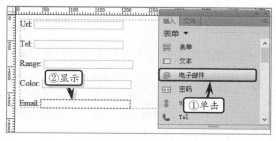

Email 对象用于应该包含 Email 地址的输入域。在提交表单时，需要时会自动验证 Email 域的值是否符合格式要求。

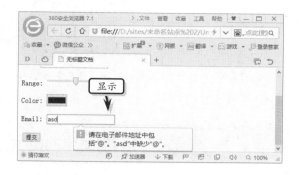

9．添加隐藏对象

隐藏对象用于存储用户输入的信息，如姓名、电子邮件地址等，并在该用户下次访问页面时使用这些数据。

在网页中选择所需插入隐藏对象的位置，在【插入】面板的【表单】选项卡中，单击【隐藏】按钮，即可插入一个隐藏对象。

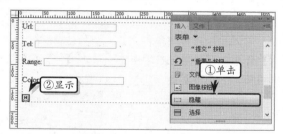

提示

在隐藏域的【属性】面板中，用户可以将默认的值放置到 Value 文本框中。然后，在接收页面中可以接收到该值内容。

10．添加文件对象

文件对象是由文本框和"浏览"按钮组成的，主要用来输入本地文件路径，并通过表单对该文件进行上传。

在网页中选择所需插入文件对象的位置，在【插入】面板的【表单】选项卡中，单击【文件】按钮，即可插入一个文件对象。

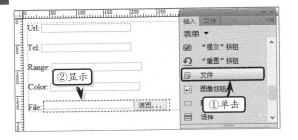

选择所插入的文件对象，可在【属性】面板中设置文件对象的各属性。

文件对象属性中的各选项与其他属性选项大体相同，其中 Multiple 选项为 HTML5 新增的表单属性，启用该复选框可以接受多个值；而 Required 选项也是 HTML5 新增的表单属性，启用该复选框需要在提交表单之前设置相应的数值。

12.3 添加日期和时间元素

在最新版的 Dreamweaver 中，新增加了对日期和时间进行操作的表单对象。用户可以分别添加月、周、日、时间等对象内容。

12.3.1 添加月和周对象

在 Dreamweaver 中，添加月对象即在网页中显示一个月选择器，而添加周对象即在网页中显示一个周选择器。

1. 添加月对象

在网页中选择所需插入月对象的位置，在【插入】面板的【表单】选项卡中，单击【月】按钮，即可插入一个月对象。

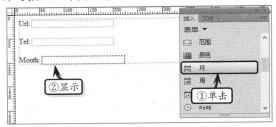

插入月对象之后，在网页中所显示的月对象为一个文本域，但是在浏览器中月对象所显示为"----年--月"。

此时，在浏览器中单击月对象中的下拉按钮，即可弹出日期选择器，用于方便用户选择相应的月份。

2. 添加周对象

在网页中选择所需插入周对象的位置，在【插入】面板的【表单】选项卡中，单击【周】按钮，即可插入一个周对象。

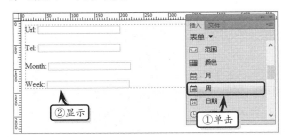

插入周对象之后，在网页中所显示的周对象为一个文本域，但是在浏览器中周对象显示为"----年第--周"。此时，在浏览器中单击周对象中的下拉按钮，即可弹出日期选择器，用于方便用户选择

相应的周信息。

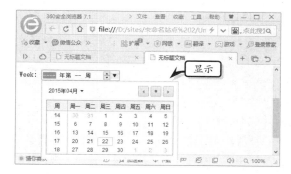

12.3.2　添加日期时间对象

在 Dreamweaver 中，日期时间对象包括【日期对象】、【时间对象】、【日期时间对象】、【本地日期时间对象】4 种网页元素。

1．日期对象

在网页中插入日期对象后，会显示一个日期选择器。

在网页中选择所需插入日期对象的位置，在【插入】面板的【表单】选项卡中，单击【日期】按钮，即可插入一个日期对象。

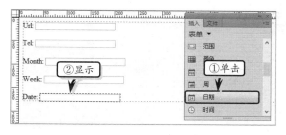

此时，用户可以在浏览器查看到 Date 对象内容，并在文本框中显示"年 1 月 1 日"信息。单击后面的下拉按钮，即可弹出日期选择器，以方便用户选择相应的日期。

2．时间对象

在网页中插入时间对象后，会显示一个时间选择器。

在网页中选择所需插入时间对象的位置，在【插入】面板的【表单】选项卡中，单击【时间】按钮，即可插入一个时间对象。

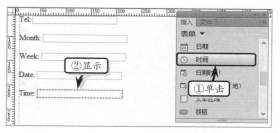

用户可以通过浏览器显示所插入的时间对象，并在页面中显示"--:--"。此时，用户可通过单击微调按钮，来调整网页时间。

> **提示**
>
> 调整网页时间之后，用户可以通过单击【清除】按钮✖，来清除所设置的时间内容。

3．日期时间对象

在网页中插入日期时间对象后，会显示一个包含时区的完整的日期时间选择器。

在网页中选择所需插入日期时间对象的位置，在【插入】面板的【表单】选项卡中，单击【日期时间】按钮，即可插入一个日期时间对象。

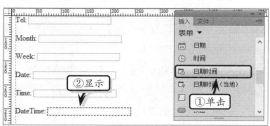

此时，在浏览器中，用户可以看到日期时间对象类似于一个文本域，直接在文本框中输入日期和时间内容即可。

4．本地日期时间对象

在网页中插入本地日期时间对象后，会显示一个不包含时区的完整的日期时间选择器。

在网页中选择所需插入本地日期时间对象的位置，在【插入】面板的【表单】选项卡中，单击【本地日期时间】按钮，即可插入一个本地日期时间对象。

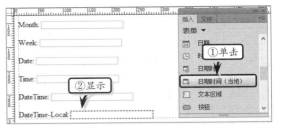

此时，通过浏览器，可以看到在网页中所显示的日期时间（当地）对象为一个选择器。单击其后的下拉按钮，即可选择日期内容，并通过微调按钮来设置当前的时间。

12.4　添加选择与按钮元素

多数用户都知道，在网页中除了一些输入文本、日期或时间外，还包含很多选择项和按钮，如单选按钮、多选项、提交按钮等。下面，将详细介绍在网页中添加选择与按钮元素的操作方法。

12.4.1　添加选择元素

选择元素主要用于选择网页内容，包括选择对象、单选按钮、单选按钮组、复选框、复选框组等选择元素。

1．选择对象

选择对象主要以下拉列表的方法来显示多种选项，它以滚动条的方式，在有限的空间中尽量提供更多选项，非常节省版面。

在网页中选择所需插入选择对象的位置，在【插入】面板的【表单】选项卡中，单击【选择】按钮，即可插入一个选择对象。

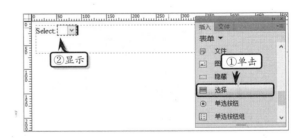

插入选择对象后，选择该对象，在【属性】面板中单击【列表值】按钮。然后，在弹出的【列表值】对话框中，输入项目列表，并通过单击 按钮，来增加列表项，最后单击【确定】按钮即可。

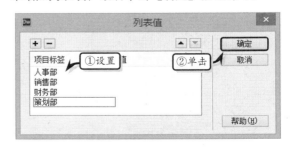

在【列表值】对话框中，用户还可以通过单击━按钮，来删除所选列表项；同时通过单击▲和▼按钮，来上移或下移所选列表项。

此时，用户按 F12 键，即可通过浏览器来查看下拉列表的最终效果，单击下拉按钮，即可在弹出的下拉列表中选择相应的选项。

另外，选择选择对象，在【属性】面板中启用 Multiple 复选框，即可将下拉列表更改为列表选项。

此时，在浏览器中，用户将发现所创建的下拉列表将自动更改为列表形式，并显示所有的列表选项。

列表可以设置默认显示的内容，而无需用户单击弹出。如果列表的项目数量超出列表的高度，则可以通过滚动条进行调节。

2．单选按钮

单选按钮也是一种选择性表单对象，它以组的方式出现，只允许选中其中一个单选按钮。当用户选中某一个单选按钮时，其他单选按钮将自动转换为未选中的状态。

在网页中选择所需插入单选按钮对象的位置，在【插入】面板的【表单】选项卡中，单击【单选按钮】按钮，即可插入一个单选按钮对象。

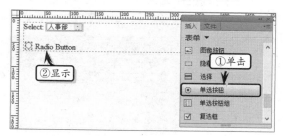

此时，选中单选按钮后面的文本，更改文本内容。同时使用该方法插入多个单选按钮，以组成一个完整的单选按钮选项组。

在网页中选择单选按钮中的"圆点"符号，然后在【属性】面板中启用 Checked 复选框，使当前所选单选按钮变为默认选择状态。

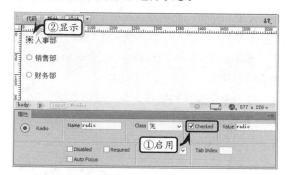

3．单选按钮组

在网页中选择所需插入单选按钮组对象的位置，在【插入】面板的【表单】选项卡中，单击【单选按钮组】按钮。然后，在弹出的【单选按钮组】对话框中，设置相应选项，单击【确定】按钮即可。

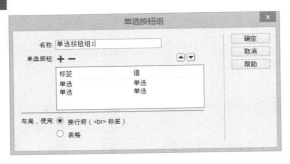

在【单选按钮组】对话框中，主要包括下表中的一些选项。

选 项		作 用
名称		用于设置单选按钮组的名称
单选按钮	标签	单选按钮后的文本标签
	值	在选中该单选按钮后提交给服务器程序的值
	✚	添加单选按钮
	➖	删除当前选择的单选按钮
	▲	将当前选择的单选按钮上移一个位置
	▼	将当前选择的单选按钮下移一个位置
布局，使用	换行符	定义多个单选按钮间以换行符分隔
	表格	定义多个单选按钮通过表格进行布局

4．复选框

复选框是一种允许用户同时选择多项内容的选择性表单对象，它在浏览器中以矩形框表示。插入复选框时，用户可以先插入一个域集，再将复选框或者复选框组插入到域集中，以表示为这些复选框添加标题信息。

在网页中选择所需插入复选框对象的位置，在【插入】面板的【表单】选项卡中，单击【复选框】按钮，即可插入一个复选框对象。

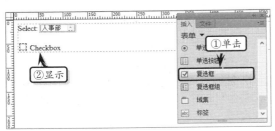

插入复选框之后，可在【属性】面板中，通过启用 checked 复选框的方法，使当前所选复选框变为默认选择状态。

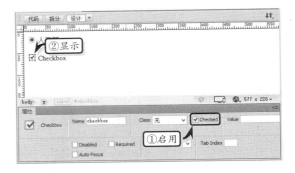

5．复选框组

复选框组与单选按钮组在设置上是类似的，其两者的区别在于：单选按钮组中只能选择一个选项，而复选框组中可以选择多个选项或者全部选项。

首先，在网页中选择所需插入域集的位置，在【插入】面板的【表单】选项卡中，单击【域集】按钮。在弹出的【域集】对话框中，输入标签文本，并单击【确定】按钮。

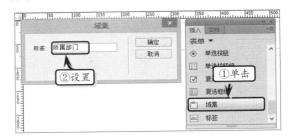

然后，将光标定位在域集中，在【插入】面板的【表单】选项卡中，单击【复选框组】按钮。在弹出的【复选框组】对话框中，设置相应选项，单击【确定】按钮即可。

此时，在文档中，用户可以看到以换行符方式显示的一组复选框内容。

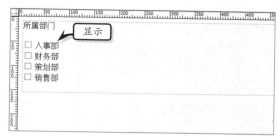

按 F12 键之后，用户可在浏览器中查看复选框组对象的最终状态，并通过勾选选项来体验复选框组的功能。

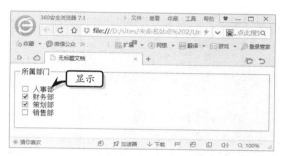

提示

在插入复选框时，应注意复选框的名称只允许使用字母、下划线和数字。在一个复选框组中，可以选中多个复选框的项目，因此可以预先设置多个初始选中的值。

12.4.2 添加按钮元素

在表单中录入内容后，用户需要单击表单中的按钮，才可以将表单中所填写的信息发送到服务器。而在网页中，按钮包含普通按钮、"提交"按钮、"重置"按钮和图像按钮。

1. 添加普通按钮

在纯文本类型的表单按钮中，可以分为 button 和 submit 两种类型，而普通的按钮则为 button 类型。

在网页中选择所需插入普通按钮对象的位置，在【插入】面板的【表单】选项卡中，单击【按钮】按钮，即可插入一个普通按钮对象。

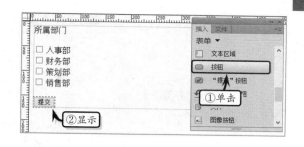

然后，将视图切换到【拆分】视图中，在【代码】视图中查看当前所添加的按钮类型，如 type="button"。

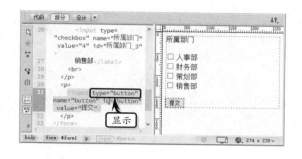

2. 添加"提交"按钮

Submit 类型的按钮可以提交表单，所有称为"提交"按钮。而 Button 类型的按钮需要绑定事件才可以用来提交数据。

在网页中选择所需插入"提交"按钮对象的位置，在【插入】面板中的【表单】选项卡中，单击【"提交"按钮】按钮，即可插入一个"提交"按钮对象。

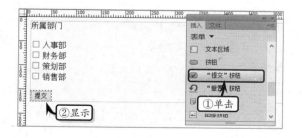

从外观上看，这两个按钮没有什么区别，但在【代码】视图中可以看到两者之间类型不同。当用户在单击【"提交"按钮】按钮时，其所插入的按钮类型为 Submit 类型。

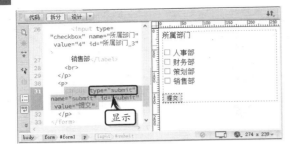

Submit 类型的按钮并不是万能的，在某些情况下使用 Button 绑定事件比使用 Submit 类型的按钮具有更好的效果。例如，当用户想要在页面中实现局部刷新时，直接使用 Button 绑定事件就可以了。但在使用 Button 绑定事件时，当用户触发事件的同时会自动提交表单。相比之下，Submit 只有在需要表单提交时才会带有数据，而 Button 默认下是不提交任何数据的。

3．添加"重置"按钮

在网页中选择所需插入"重置"按钮对象的位置，在【插入】面板的【表单】选项卡中，单击【"重置"按钮】按钮，即可插入一个"重置"按钮对象。

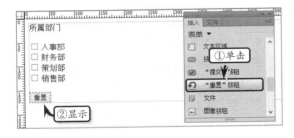

网页中的"重置"按钮，主要用于清除表单中的设置，方便用户一次性删除所有的输入内容。该按钮常用于制作登录功能。

4．添加图像按钮

图像按钮主要用于提交表单，如果使用图像来执行任务而不是提交数据，则需要将某种行为附加到表单对象。

在网页中选择所需插入图像按钮对象的位置，在【插入】面板的【表单】选项卡中，单击【图像按钮】按钮。在弹出的【选择图像源按钮】对话框中，选择一个图像文件，单击【确定】按钮即可。

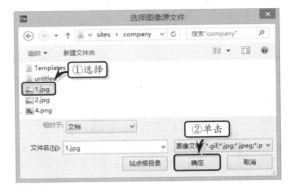

此时，在文档中，将显示所插入的图像，用户可以通过浏览器查看该图像按钮方法。另外，选择该图像，则可以在【属性】面板中设置图像按钮的属性。

【属性】面板中，各选项的具体含义如下表所述。

属 性 名	作　　用
Name（图像名称）	用于设置图像的名称
Src（源文件）	指定要为该按钮使用的图像
Form Action（提交执行动作）	用户可以设置该按钮提交时，可以执行的其他操作
W（宽）	设置图像的宽度
H（高）	设置图像的高度
Form Enc Type（编码类型）	可以选择表单中提交时，数据传输的类型
Form No Validate（取消验证）	启用该复选框后，禁止对表单中的数据进行验证
编辑图像	启动默认的图像编辑器，并打开该图像文件以进行编辑

续表

属 性 名	作 用
Class（类）	使用户可以将 CSS 规则应用于对象
Disabled（禁用）	表单中的某个表单域被设定为 disabled，则该表单域的值就不会被提交
Auto Focus（自动对焦）	当页面加载时，该属性使输入焦点移动到一个特定的输入字段

12.5 练习：制作用户注册页面

设计用户注册页面时，不仅需要使用文本字段和按钮等表单对象，还需要使用到项目列表等表格对象，可以供用户在页面中进行选择。除此之外，还需要使用文本域组件，来获取输入的大量文本，以获取用户注册的个人信息。在本练习中，将通过 Dreamweaver 中的表单功能，来制作一个用户注册页面。

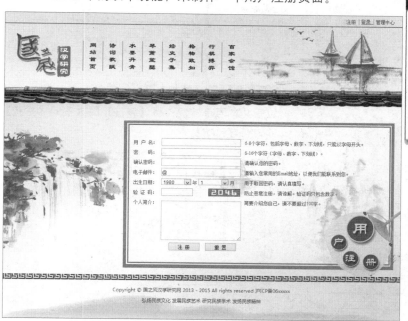

练习要点
- 插入表单
- 插入文本
- 插入密码域
- 插入文本区域
- 插入按钮
- 关联 CSS 规则

操作步骤 ►►►►

STEP|01 插入 Div 标签。打开素材文件，将光标置于 ID 为 registerBG 的 Div 层中，执行【插入】|Div 命令，输入 ID 名称 inputLabel，并单击【确定】按钮。用同样的方法，分别创建 inputField 和 inputComment 的 Div 标签。

STEP|02 将光标定位在 ID 为 inputLabel 的 Div 层中，输入文本内容，并在【属性】面板中将【格式】设置为【段落】。

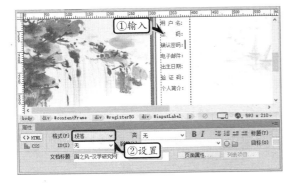

STEP|03 将光标置于 ID 为 inputComment 的 Div 层中，输入文本，并在【属性】面板中将【格式】设置为【段落】。

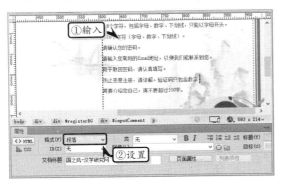

STEP|04 插入表单元素。将光标置于 ID 为 inputField 的 Div 层中，单击【插入】面板中的【表单】按钮，插入一个表单容器。

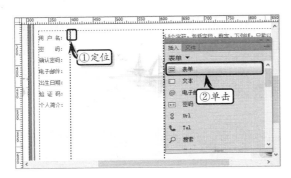

STEP|05 选择表单容器，在【属性】检查器中设置其 ID 为 regist、Action 为 "javascript:void(null);"。

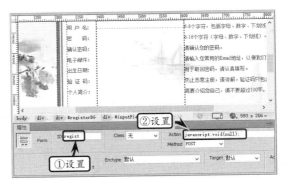

STEP|06 将光标置于表单中，单击【插入】面板中的【文本】按钮，插入文本表单元素，并在【属性】面板中定义 ID。

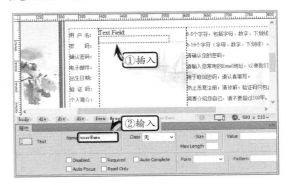

STEP|07 删除文本表单中的文本内容，将光标定位在文本表单右侧，将【属性】面板中的【格式】设置为【段落】。

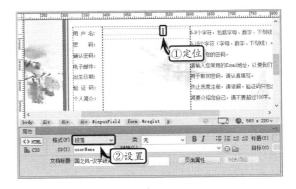

STEP|08 在文本字段右侧按组合键 Shift+Ctrl+Space，插入一个全角空格，并按 Enter 键换行。单击【插入】面板中的【密码】按钮，插入密码表单，删除文本并将 ID 设置为 userPass。用同样的方法，在其下方插入 ID 为 rePass 的密码表单。

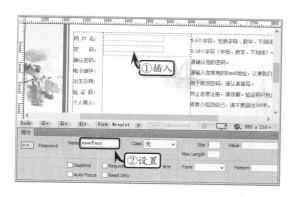

STEP|09 在重复输入密码域的右侧插入全角空格，再按 Enter 键换行。单击【插入】面板中的【电子邮件】按钮，插入电子邮件表单，并在【属性】面板中设置初始值和 ID。

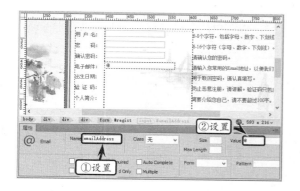

STEP|10 在电子邮件域右侧插入全角空格，再按回车键换行。单击【插入】面板中的【选择】按钮，插入选择表单并在【属性】面板中定义 ID。

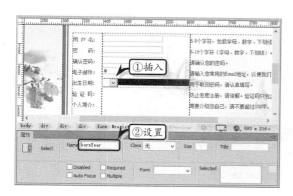

STEP|11 单击【属性】面板中的【列表值】按钮，在弹出的【列表值】对话框中，设置列表内容，并单击【确定】按钮。

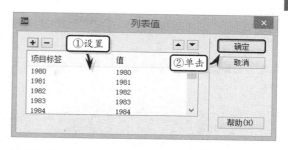

STEP|12 在列表菜单右侧输入一个"年"字，使用同样的方法插入一个 ID 为 bornMonth 的列表菜单，并在【列表值】对话框中设置列表内容。

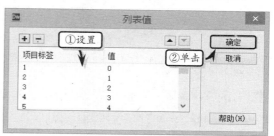

STEP|13 在列表菜单右侧输入一个"月"字，完成列表菜单的制作。

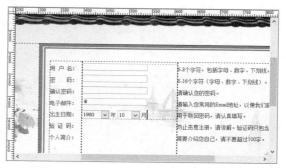

STEP|14 在列表菜单下方插入一个文本表单，删除表单内文本，并在【属性】面板中定义其 ID。

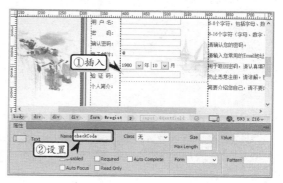

STEP|15 在文本表单的下方，单击【插入】面板中的【文本区域】按钮，插入名为 introduction 的文本区域表单，并在【属性】面板中定义宽度和字符数。

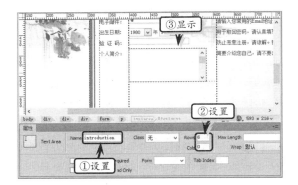

STEP|16 在文本区域表单下方，单击【插入】面板中的【按钮】按钮，插入一个按钮并在【属性】面板中定义 ID 和值。

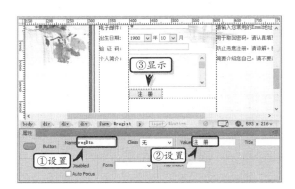

STEP|17 在注册按钮右侧插入两个全角空格，单击【插入】面板中的【按钮】按钮，再次插入一个按钮并在【属性】面板中定义 ID 和值。

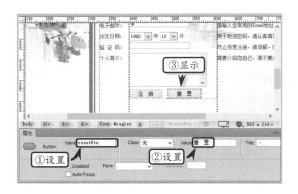

STEP|18 关联 CSS 规则。分别选中 ID 为 userName、userPass、rePass、emailAddress 和 instruction 的表单，在【属性】检查器中，将【类】设置为 widField。

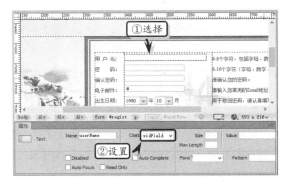

STEP|19 分别选中 bornYear、bornMonth 以及 checkCode 三个表单，在【属性】检查器中，将【类】设置为 narrowField。

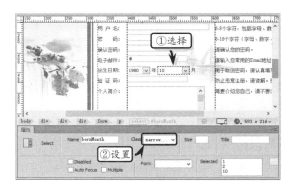

STEP|20 插入验证图像。在验证码的表单右侧插入 12 个全角空格，然后执行【插入】|【图像】命令，选择图像文件，单击【确定】按钮，插入验证码的图像。

12.6 练习：制作问卷调查表

调查表是网络中最常使用的表格之一，用户除了可以使用文本区域、按钮、列表或菜单等表单元素来制作调查表之外，还可以使用单选按钮组和复选按钮组等来制作调查表，为用户提供客观性的选择，从而提高用户填写问卷调查的效率。在本练习中，将通过制作问卷调查表，来详细介绍表单元素的使用方法和操作技巧。

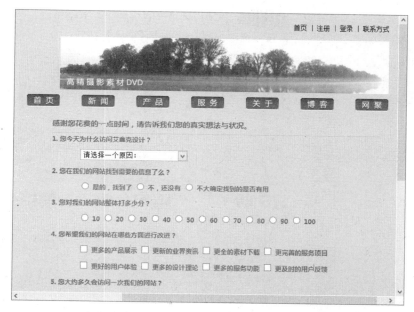

练习要点

- 插入列表菜单
- 使用单选按钮组
- 使用复选框组
- 设置文本格式
- 使用按钮

操作步骤 >>>>

STEP|01 添加文本。打开素材文件，在页面的中间位置输入文本，并在【属性】面板中将【格式】设置为【段落】。

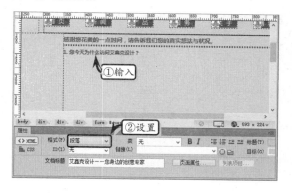

STEP|02 添加列表菜单。按 Enter 键换行，在【插入】菜单的【表单】选项卡中，单击【选择】按钮。

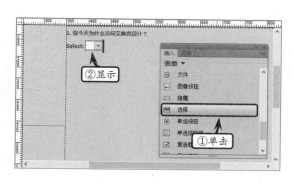

STEP|03 在【属性】面板中，将 ID 设置为 list，将 Class 设置为 labels。

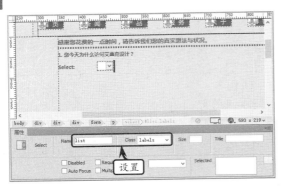

STEP|04 添加列表菜单内容。选中列表菜单，删除前面的文本，在【属性】面板中，单击【列表值】按钮。

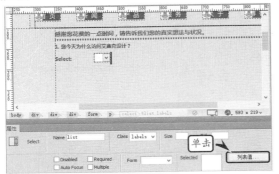

STEP|05 然后，在弹出的【列表值】对话框中，设置列表内容，并单击【确定】按钮。

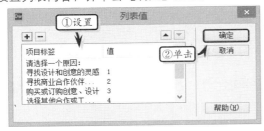

STEP|06 在列表菜单的右侧，按 Enter 键换行，即可插入下一个段落。此时，将【属性】面板中的【类】设置为【无】，并输入第 2 个问题文本。

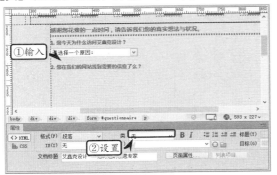

STEP|07 添加单选按钮组。按 Enter 键换行，并单击【插入】面板中的【单选按钮组】按钮。

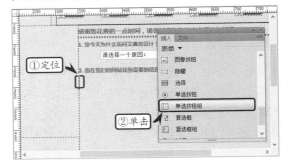

STEP|08 在弹出的【单选按钮组】对话框中，设置按钮选项内容，并单击【确定】按钮。

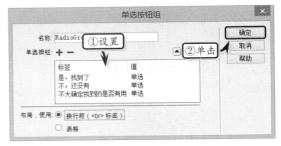

STEP|09 然后，在【属性】面板中，将【类】设置为 labels。

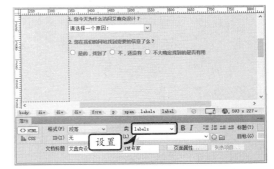

STEP|10 切换到【代码】视图中，删除单选按钮组代码中的
标签，使单选按钮呈水平排列。

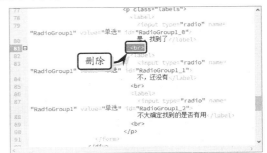

STEP|11 使用同样的方法，输入第 3 个问题文本，并在该文本下方插入一组单选按钮组。

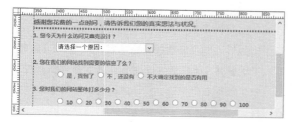

STEP|12 添加复选框组。输入第 4 个问题文本，换行后单击【插入】面板中的【复选框组】按钮。

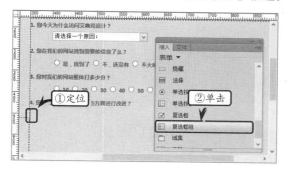

STEP|13 在弹出的【复选框组】对话框中，设置复选框内容，并单击【确定】按钮。

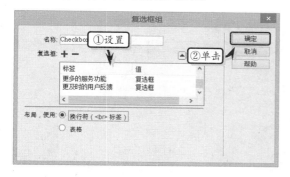

STEP|14 同样，在【属性】面板中将【类】设置为 labels，并在【代码】视图中删除相应的
标签。

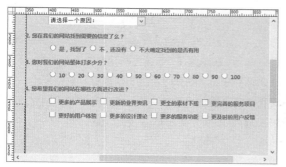

STEP|15 添加按钮。用同样的方法，制作其他问题。在第 7 个问题后换行，在【属性】面板中将【类】设置为 buttonsSet。

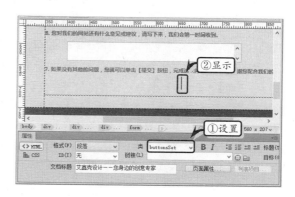

STEP|16 在【插入】面板中，单击【"提交"按钮】按钮，并在【属性】面板中设置 Name 选项。

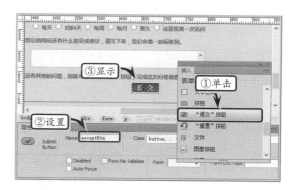

STEP|17 切换到【代码】视图中，删除"value="提交""代码中的"提交"。使用同样的方法，添加"重置"按钮。

12.7 新手训练营

练习1：添加域集

downloads\12\新手训练营\域集

提示：本练习中，首先新建空白文档，执行【插入】|【表单】|【域集】命令，在弹出的【域集】对话框中设置【标签】选项，并单击【确定】按钮。然后，选择域集对象，在【属性】面板中设置标题文本的字体格式。最后，在【域集】表单中插入各种表单对象，并按 F12 键预览最终效果。

练习2：制作留言板

downloads\12\新手训练营\留言板

提示：在本练习中，首先打开素材文件，输入文本并定义 CSS 样式。单击【表单】按钮，插入表单元素。同时，依次插入文本表单元素，并分别设置每个表单元素的属性和 CSS 规则。

然后，在【性别】栏中插入【单选按钮组】表单，

在弹出的对话框中设置按钮组内容和值，并在【属性】面板中设置其 ID 和值。同时，在【问题类型】栏中插入一个选择表单对象，并在弹出的对话框中设置列表内容。

最后，在中间右侧区域内插入一个 Div 标签，定义该标签的 CSS 规则，同时在该标签内插入文本区域和按钮表元素，并分别设置其属性。

练习3：制作在线调查表

downloads\12\新手训练营\在线调查表

提示：在本练习中，首先新建空白文档，单击【页面属性】按钮，在弹出的【页面属性】对话框中，设置页面背景图像、字体大小、链接等属性。同时，在【代码】视图中，输入 CSS 规则代码。

```
19    a:link {
20        color: #333;
21        text-decoration: none;
22    }
23    a:visited {
24        color: #333;
25        text-decoration: none;
26    }
27    a:active {
28        color: #F90;
29        text-decoration: none;
30    }
31
32    a:hover {
33        text-decoration: underline;
34        color: #666;
35    }
36    #container {
37        margin-left:215px;
```

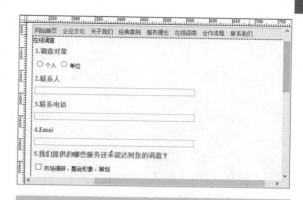

然后，切换到【设计】页面中，插入一个 Div 标签，然后在该标签内分别插入 4 个不同名称的 Div 标签。在最上面的 Div 标签内输入标题文本，并设置文本的字体格式。同时，在第 2 个 Div 标签内插入一个项目列表，输入列表文本并设置文本的链接地址。

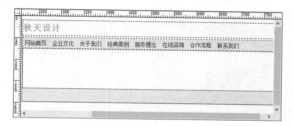

在第 3 个 Div 标签内输入问题文本，并设置文本的字体格式。同时，在每个问题文本下面插入相对应的表单元素，并设置每个表单元素的属性。最后，在第 4 个 Div 标签内输入版尾文本。

练习 4：添加日期和时间元素

downloads\12\新手训练营\日期和时间元素

提示：在本练习中，首先新建空白文档，单击【页面属性】按钮，在弹出的【页面属性】对话框中，设置页面背景颜色。然后，在文档中插入一个域集元素，同时在表单元素中插入一个日期和时间元素，并修改表单元素内的文本。最后，在其下方插入文本、密码、电子邮件、"提交"按钮和"重置"按钮。

第 **13** 章

XHTML 标记语言

在 Dreamweaver 软件中设计网页，除了可以通过可视化的界面操作，还可以在【代码】视图中使用标记语言。网页文档中每一个可视的元素都与 XHTML 中的标记相对应，例如图像元素可以用<img>标记表示、表格元素可以用<table>标记表示。对于熟练使用 XHTML 的用户而言，使用代码编写网页将更高效、更便捷。本章将详细介绍标记语言的文档结构、语法规范、元素分类，以及一些常用的元素，通过这些元素可以对网页进行简单布局。

13.1　XHTML 基本语法

相比于传统的 HTML 4 语言，XHTML 语言的语法更加严谨和规范，更易于各种程序的解析和判读。

13.1.1　XHTML 概述

XHTML（The Extensible HyperText Markup Language，可扩展的超文本标记语言，是由 HTML（Hyper Text Markup Language，超文本标记语言）发展而来的一种网页编写语言，也是目前网络中最常见的网页编写语言。

XHTML 用标记来表示网页文档中的文本及图像等元素，并规定浏览器如何显示这些元素，以及如何响应用户的行为。

例如，<img>标记表示网页中的一个图像元素，也就是说，除了执行【插入】|【图像】命令，或者单击【插入】面板中的【图像】按钮可以在网页中插入图像外，还可以直接在【代码】视图中要显示图像的位置输入<img>标记。

在 Dreamweaver 中，用户通常使用【属性】面板来设置网页元素的尺寸、样式等属性，而在标记中同样可以设置网页元素的属性。

例如设置图像的大小，通常的做法是在【属性】面板的【宽度】和【高度】文本框中输入像素值；而在<img>标记中只需加入 width 和 height 属性，并指定相应的值即可，如<img width = "300px" height = "200px">。

与其他的标记语言 HTML 和 XML 相比，XHTML 兼顾了两者的实际需要，具有如下特点。

（1）强大的扩展性　用户可以扩展元素，从而可以扩展功能，但目前用户只能够使用固定的预定义元素，这些元素基本上与 HTML 的元素相同，但删除了描述性元素的使用。

（2）良好的兼容性　能够与 HTML 很好地沟通，可以兼容当前不同的网页浏览器，实现正确浏览 XHTML 网页。

总之，XHTML 是一种标准化的语言，不仅拥有强大的可扩展性，还可以向下兼容各种仅支持 HTML 的浏览器，已经成为当今主流的网页设计语言。

13.1.2　XHTML 文档结构

作为一种有序的结构性文档，XHTML 文档具有固定的结构，其中包括定义文档类型、根元素、头部元素、主体元素 4 个部分。

在 Dreamweaver 中可以直接创建包含有 XHTML 文档结构的网页：执行【文件】|【新建】命令，新建一个空白的网页文档，单击【代码】按钮，即可看到 XHTML 的文档结构。

```
<!DOCTYPE html PUBLIC "-//W3C//DTD
XHTML 1.0 Transitional//EN" "http:
//www.w3.org/TR/xhtml1/DTD/
xhtml1-transitional.dtd">
<!-定义 XHTML 文档类型-->
<html xmlns="http://www.w3.org/
1999/xhtml">
<!-XHTML 文档根元素，其中 xmlns 属性声
明文档命名空间-->
<head><!-头部信息结构元素-->
<meta http-equiv="Content-Type"
content="text/html; charset=utf-
8" />
<!-设置文档字符编码-->
<title>无标题文档</title><!-设置文
档标题-->
</head>

<body>
<!-主体内容结构元素-->
</body>
</html>
```

在 XHTML 文档中，内容主要分为标签、属性和属性值三级。

1. 标签

标签是 XHTML 文档中的元素，其作用是为文档添加指定的各种内容。例如，输入一个文本段落，可以使用<p>段落标签等。

除此之外，在 XHTML 文档中，还有<html>根元素标签、<head>头部元素标签和<body>主体元素标签等。

2. 属性

属性是标签的定义，它可以为标签添加某个功能，几乎所有的标签都可添加各种属性。例如，为某个标签添加 CSS 样式、为标签添加 style 属性。

3. 属性值

属性值是属性的表述，用于为标签的定义设置具体的数值或内容程度。例如，"style="font-size:18px""属性中，"font-size:18px"为文字的样式属性值。

13.1.3 XHTML 文档类型声明

文档类型声明是说明当前文档的类型以及文档标签、属性等的使用范本，而文档类型声明的代码应放置在 XHTML 文档的最前端。

1. 过渡型声明

过渡型的 XHTML 文档在语法规则上最为宽松，允许用户使用部分描述性的标签和属性。其声明代码如下所述。

```
<!DOCTYPE html PUBLTC "-//W3C//DTD
XHTML 1.0 Transitional//EN"
"http//www.w3.org/TR/xhtml1/DTD/
xhtml1-transitional.dtd">
```

2. 严格型声明

严格型的 XHTML 文档在语法规则上最为严格，它不允许用户使用任何描述性的标签和属性。其声明代码如下所述。

```
<!DOCTYPE html PUBLTC "-//W3C//DTD
XHTML 1.0 Strict//EN" "http//www.
w3.org/TR/xhtml1/DTD/xhtml1-
transitional.dtd">
```

3. 框架型声明

框架的功能是将多个 XHTML 文档嵌入到一个 XHTML 文档中，并根据超链接确定文档打开的框架位置。框架型的 XHTML 文档具有独特的文档类型声明。其声明代码如下所述。

```
<!DOCTYPE html PUBLTC "-//W3C//DTD
XHTML 1.0 Frameset//EN" "http//www.
w3.org/TR/xhtml1/DTD/xhtml1-
transitional.dtd">
```

13.2 XHTML 语法规范和属性

XHTML 是根据 XML 语法简化而成的，因此它遵循 XML 的文档规范。而标准属性是绝大多数

XHTML 标签可使用的属性。因此，在使用 Dreamweaver 编辑 XHTML 代码之前，还需要了解 XHTML 语法规划和标准属性。

13.2.1 XHTML 语法规范

由于 XHTML 是根据 XML 语法简化而来的，因此在编写 XHTML 文档时还应遵循以下 8 条规范。

1．声明命名空间

在 XHTML 文档的根元素<html>中应该定义命名空间，即设置其 xmlns 属性，将 XHTML 各种标签的规范文档 URL 地址作为 xmlns 属性的值。

```
<!DOCTYPE html PUBLTC "-//W3C//DTD
XHTML 1.0 Transitional//EN" "http
//www.w3.org/TR/xhtml1/DTD/
xhtml1-transitional.dtd">
<html xmlns="http://www.w3.org/
1999/xhtml">
```

2．匹配标签

在 XHTML 中，通常习惯使用一些独立的标签，如<p>、<li>等。

而在 XHTML 文档中，这样做是不符合语法规范的，则必须使用相对应的</p>和</li>标签对其进行闭合。

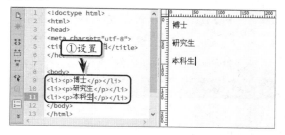

如果使用单独不成对的标签，应该在标签的最后加一个/（斜杠）对其进行闭合，如
、<img/>等。

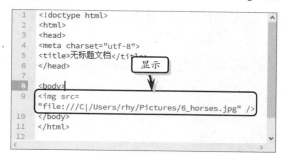

3．所有元素和属性都必须小写

XHTML 对大小写十分敏感，所有的元素和属性都必须是小写英文字母。例如，<html>和<HTML>表示不同的标签。

4．所有属性都必须用引号括起来

在 HTML 中，可以不需要为属性值添加引号，但是在 XHTML 中则必须添加引号。例如，<img src=" 7_horses.jpg" width="649" height="428" alt=""/>。

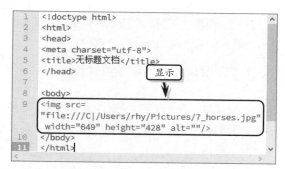

> **提示**
>
> 在某些特殊情况下（如引号做嵌套），可以在属性值中使用双引号"或单引号'。

5．合理嵌套标签

XHTML 要求具有严谨的文档结构，因此所有的嵌套标签都应该按顺序。也就是说，元素是严格按照对称的原则一层一层地嵌套在一起的。

错误嵌套：

```
<div><span></div></span>
```

正确嵌套：

```
<div><span></span></div>
```

6．所有属性都必须被赋值

在 HTML 中，允许没有属性值的属性存在，如<td mowrop>。

但是，在 XHTML 中，这种情况是不允许的。如果属性没有值，则需要使用自身来赋值。

```
<td mowrop="mowrop">
```

7. 所有特殊符号用编码表示

在 XHTML 中，必须使用编码来表示特殊符号，如小于符号<不是元素的一部分，必须被编码为 "<" 表示；而大于符号>也不是元素的一部分，必须被编码表示为 ">"。

不要在注释内容中使用--，该符号只能出现在 XHTML 注释的开头和结束。

8. 使用 id 属性作为统一的名称

XHTML 规范废除了 name 属性，而使用 id 属性作为统一的名称。

在 IE 4.0 及以下版本中应该保留 name 属性，使用时可以同时使用 name 和 id 属性。

13.2.2 XHTML 标准属性

在 XHTML 语法规范中，包含核心属性、语言属性和键盘属性三类标准属性。

1. 核心属性

核心属性的作用是为 XHTML 标签提供样式或提示的信息，主要包括以下 4 种。

属　　性	作　　用
class	标签添加类，供脚本或 CSS 样式表引用
id	标签添加编号名，供脚本或 CSS 样式引用
style	标签编写内联的 CSS 样式表代码
title	标签提供工具提示信息文本

在使用上述属性时，用户应该注意以下三点。

- ❏ **class 属性**　该属性值是以字母和下划线开头的字母、下划线与数字的集合。
- ❏ **id 属性**　该属性的值与 class 属性类似，但它在同一 XHTML 文档中是唯一的，不允许重复。
- ❏ **style 属性**　该属性的值为 CSS 代码。

提示

在 XHTML 中，base、head、html、meta、param、script、noscript 等标签无法使用核心属性。

2. 语言属性

XHTML 语言的语言属性主要包括 dir 属性和 lang 属性。

- ❏ **dir 属性**　该属性的作用是设置标签中文本的方向，其属性值包括 ltr（自左向右）和 rtl（自右向左）两种。
- ❏ **lang 属性**　该属性的作用是设置标签所使用的自然语言，其属性值包括 en-us（美国英语）、zh-cn（标准中文）和 zh-tw（繁体中文）等多种。

注意

在 XHTML 中，base、br、frame、frameset、hr、iframe、param、noscript 和 script 等标签无法使用语言属性。

3. 键盘属性

在 XHTML 语言中，键盘属性主要用于为 XHTML 标签定义响应键盘按键的各种参数。其中，属性包括 accesskey 和 tabindex 两种。

- ❏ **accesskey 属性**　该属性的作用是在浏览页面中设置访问标签的快捷键，而用户必须与 Alt 键共同使用。
- ❏ **tabindex 属性**　该属性的作用是用户在访问 XHTML 文档时，显示在网页中的内容，通过设置顺序（数字大小顺序），使用 Tab 键按照顺序切换选择位置。

注意

键盘属性与其他属性一样，也存在使用范围的限制，通常只有在浏览器中可见的网页标签可以使用键盘属性。

例如，在 index.html 文档的<body></body>标签之间，添加如下代码。

```
<a accesskey="Z"href="http://www.
baidu.com">百度主页</a>
```

而当浏览该文件时，用户可以按 Alt 键，同时按 Z 键，即可选择网页中的"百度主页"文本内容。

当用户通过快捷键，选择网页中的链接后，可以按 Enter 键来跳转到指定链接的网页中。

13.3　XHTML 常用元素

XHTML 网页是由块状元素、内联元素和可变元素组合在一起的。在设计网页之前，首先需要了解这些常用元素。

13.3.1　块状标签

块状标签是以块的方式（即矩形的方式）显示的标签，默认情况下块状标签占据一行的位置，相邻的两个块状标签无法显示在同一行中。而块状元素作为其他元素的容器，通常用来对网页进行布局。

1．<div>标签

div（division 的缩写）是指区划、分割区域。在网页文档中，<div>标签是将 XHTML 文档划分为若干个区域，使文档的结构更具有条理性。

绝大多数基于 Web 标准化规范的网页文档，都使用<div>标签为网页进行布局。

例如，用三个 div 元素划分了三大块区域，这些区域分别属于版头、主体和版尾。然后，在版头和主体区域分别又用了多个<div>标签再次细分更小的单元区域，这样便可以把一个网页划分为多个功能模块。

```
<div><!--[版头区域]-->
<div><!--[Logo]--></div>
    <div><!--[导航]--></div>
    ...
</div>
<div><!--[主体区域]-->
<div><!--[模块 1]--></div>
```

```
<div><!--[模块 2]--></div>
    ...
</div>
<div>
<!--[版尾区域]-->
</div>
```

2．<ul>、<ol>和<li>标签

<ul>、<ol>和<li>标签用来实现普通的项目列表，它们分别表示无顺序列表、有顺序列表和列表中的项目。但在通常情况下，结合使用<ul>和<li>定义无序列表，结合使用<ol>和<li>定义有序列表。

列表标签总是块状标签，其中的<li>标签显示为列表项，即 display:list-item，这种显示样式也是块状标签的一种特殊形式。

列表标签能够实现网页结构化列表，对于常常需要排列显示的导航菜单、新闻信息、标题列表等，使用它们具有较为明显的优势。

无序列表：

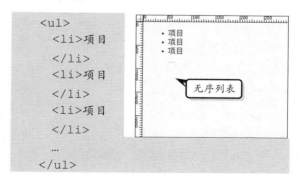

```
<ul>
 <li>项目
 </li>
 <li>项目
 </li>
 <li>项目
 </li>
 ...
</ul>
```

有序列表：

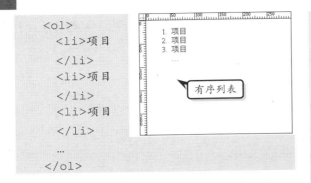

```
<ol>
  <li>项目
  </li>
  <li>项目
  </li>
  <li>项目
  </li>
  ...
</ol>
```

提示

列表标签一般不单独使用，因为单独的标签不能表示完整的语义，同时在样式呈现上会出现很多问题，所以不建议拆开列表项目单独使用。

3．<dl>、<dt>和<dd>标签

<dl>、<dt>和<dd>标签用来实现定义项目列表。定义项目列表原本是为了呈现术语解释而专门定义的一组标签，术语顶格显示、术语的解释缩进显示，这样多个术语排列时，显得规整有序，但后来被扩展应用到网页的结构布局中。

<dl>表示定义列表；<dt>表示定义术语，即定义列表的标题；<dd>表示对术语的解释，即定义列表中的项目。

定义列表：

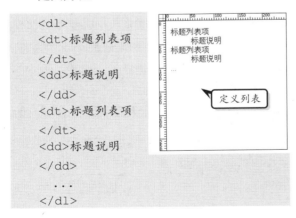

```
<dl>
  <dt>标题列表项
  </dt>
  <dd>标题说明
  </dd>
  <dt>标题列表项
  </dt>
  <dd>标题说明
  </dd>
  ...
</dl>
```

4．<p>标签

<p>标签用来设置段落。在默认情况下，每个文本段都定义了上下边界，具体大小在不同的浏览器中会有区别。

<p>关于"香港"地名的由来，有两种流传较广的说法。</p>

<p>说法一：香港的得名与香料有关。从明朝开始，香港岛南部的一个小港湾，为转运南粤香料的集散港，因转运产在广东东莞的香料而出名，被人们称为"香港"。</p>

<p>说法二：香港是一个天然的港湾，附近有溪水甘香可口，海上往来的水手经常到这里来取水饮用，久而久之，甘香的溪水出了名，这条小溪也就被称为"香江"，而香江入海冲积成的小港湾，也就开始被称为"香港"。</p>

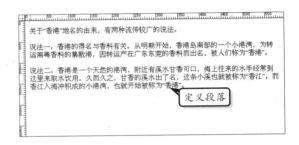

技巧

在 Dreamweaver 的【视图】模式中，按 Enter 键即可创建一个新的段落。

5．<h1>、<h2>、<h3>、<h4>、<h5>和<h6>标签

<h1>至<h6>标签的第 1 个字母 h 为 header（标题）的首字母缩写，后面的数字表示标题的级别。

使用<h1>至<h6>标签可以定义网页标题，其中<h1>表示一级标题，字号最大；<h2>表示二级标题，字号较小，其他元素以此类推。

标题标签是块状元素，CSS 和浏览器都预定义了<h1>至<h6>标签的样式，<h1>标签定义的标题字号最大，<h6>标签定义的标题字号最小。

```
<div align="center">
<h2>静夜思 </h2>
<p>床 前 明 月 光，
   疑 是 地 上 霜。</p>
<p> 举 头 望 明 月，
   低 头 思 故 乡。</p>
</div>
```

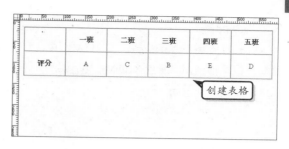

6．<table>、<tr>、<th>和<td>标签

<table>、<tr>和<td>标签被用来实现表格化数据显示，它们都是块状标签。

<table>标签表示表格，它主要用来定义数据表格的包含框。如果要定义数据表整体样式应该选择该标签来实现，而数据表中数据的显示样式则应通过<td>标签来实现。

<tr>标签表示表格中的一行，由于它的内部还需要包含单元格，所以在定义数据表格样式上，该标签的作用并不太明显。

<td>标签表示表格中的一个方格。该标签作为表格中最小的容器元素，可以放置任何数据和元素。但在标准布局中不再建议用 td 放置其他来实现嵌套布局，而仅作为数据最小单元格来使用。

```
<table width="580" border="1"
cellpadding="0" cellspacing="0">
 <tr>
   <td> </td>
   <td align="center"><strong>一
班</strong></td>
   <td align="center"><strong>二
班</strong></td>
   <td align="center"><strong>三
班</strong></td>
   <td align="center"><strong>四
班</strong></td>
   <td align="center"><strong>五
班</strong></td>
 </tr>
 <tr>
   <td align="center"><strong>评
分</strong></td>
   <td align="center">A</td>
   <td align="center">C</td>
   <td align="center">B</td>
   <td align="center">E</td>
   <td align="center">D</td>
 </tr>
</table>
```

13.3.2　内联标签

内联标签无固定形状，相邻的多个内联标签可以显示在同一行中，它不可以使用 CSS 定义大小、边框和层叠顺序等。

1．<a>标签

<a>标签用于表示超链接。在网页中，<a>标签主要有两种使用方法：一种是通过 href 属性创建从本网页到另一个网页的链接；另一种是通过 name 或 id 属性，创建一个网页内部的链接。

外部链接代码如下所述：

```
<a href="http://www.baidu.com">百
度一下</a>
```

内部链接代码如下所述：

```
<a href="#link">内部链接</a>
```

在<a>标签中，主要包含下表中的一些属性。

属性	值	作　用
charset	字符集名称	规定 URL 的字符编码
cords	坐标	规定链接的坐标
href	URL	链接的目标地址
hreflang	语言代码	规定 URL 的基准语言
name	section_name	规定锚的名称
rel	text	规定当前文档与目标 URL 之间的关系
rev	text	规定目标 URL 与当前文档之间的关系
shape	Default、rect、circle、poly	规定链接的形状
target	_blank _parent _self _top framename	在何处打开 URL
type	MIME 编码类型	规定目标 URL 的 MIME 类型

2．
标签

标签用于表示换行。在 HTML 中，
标签可以单独使用。但在 XHTML 中，
标签结束必须在结尾处关闭。

```
<br />
```

3．<img>标签

<img>标签用于表示在网页中的图像元素。与
标签相同，在 HTML 中，<img>标签可以单独使用。但在 XHTML 中，<img>标签必须在结尾处关闭。

```
<img alt="图像元素" src="image.
jpg" />
```

另外，在 XHTML 中，所有的<img>标签必须添加 alt 属性，也就是图像元素的提示信息文本。

4．<span>标签

<span>标签用于表示范围，是一个通用内联元素。该标签可以作为文本或内联标签的容器，通常为文本或者内联标签定义特殊的样式、辅助并完善排版、修饰特定内容或局部区域等。

```
<div>
<span><!--设置字体大小-->
<span title="标题">带标题的文本
</span>
<span><strong>加粗显示
</strong></span>
<span><em>斜体显示</em></span>
</span>
</div>
```

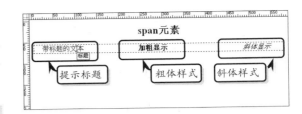

13.3.3　按钮标签

<button>标签是一种特殊的网页标签，用户既可以在该标签中输入文本、制作文本按钮，又可以在其中插入图像、制作图像按钮。

1．制作文本按钮

当<button>标签为文本时，该标签为内联标签。

```
<body>
<p>关于身体健康，对饮食又直接关系吗？
</p>
<p><button name="bu" type=
"submit" value="1">A．没有
</button></p>
<p><button name="bu" type=
"submit" value="2">B．有</button>
</p>
<p><button name="bu" type=
"submit" value="3">C.有一点
</button></p>
</body>
```

通过上述代码，可以在浏览器中看到创建的三个按钮。

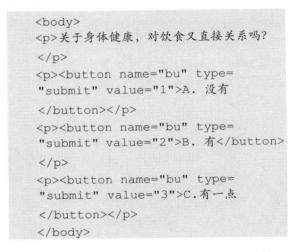

2．制作图像按钮

当<button>标签为图像时，则该标签为图像标签。

```
<body>
向左请点击: <button name=
"direction">
<img src="10.jpg" width="25"
height="30" /></button>>
向右请点击: <button name=
"direction">
<img src="4.png" width="25"
height="30" /><button>
</body>
```

通过上述代码，可以在浏览器中看到在按钮中添加了一个图片内容。

3. 按钮属性

在<button>标签中，可以添加一些属性，来标识按钮的信息及类型。

属性	值	作　　用
disabled	disabled	规定禁用此按钮
name	name	规定按钮的名称
type	button reset submit	规定按钮的类型
value	text	规定按钮的初始值

其中，用户可以在 type 属性中设置按钮的类型，即按钮的作用。

例如，创建两个按钮，一个是提交按钮，一个是重置按钮。

```
<form action="form_action.asp
method="get">
用户名: <input type="text"
name="fname">
密　码: <input type="text"
```

```
name="password">
<button type="submit" value="提交
">提交</button>
<button type="reset" value="重置">
重置</button>
</form>
```

通过上述代码，可以在浏览器中看到两个按钮，当用户单击【重置】按钮时，将清空文本框中的内容。

其中，在 sytp 属性中，各参数的含义如下表所述。

属　　性	作　　用
submit	表示提交按钮
button	表示可单击的按钮
reset	表示重置按钮（清除表单数据）

> **注意**
> 在 Internet Explorer 中，将提交<button>与</button>之间的文本，而其他浏览器将提交 value 属性内容。

13.3.4　内联框架标签

<iframe>标签也是一种特殊的网页标签，其作用是为网页文档嵌入外部的网页文档，从而实现内嵌的框架。

1. 嵌入网页

用户可以使用<iframe>标签嵌入网络中和站点中的网页，这两者的区别在于链接的路径不同。

例如，在框架中嵌入"必应"网页，其代码如下所述。

```
<iframe width="550" height="300"
src="http://www.bing.com"></
iframe>
```

通过上述代码，可以在浏览器中看到在设置的大小尺寸内，所链接的网页内容。

另外，用户也可以插入站点内的网页，例如先创建一个名为 Untitled-2.html 的文档，并将该文档保存在本地站点中。然后，在当前文档中嵌入框架代码。

```
<body>
<iframe width="550" height="200"
src="Untitled-2.html"></iframe>
</body>
```

通过上述代码，可以在浏览器中看到在设置大小尺寸内，所链接的本站点内的网页内容。

2．<iframe>属性标签

无论是嵌入外部网页，还是本站点内的网页，在其标签中都可以设置一些属性值。例如，设置框架的宽度、高度等。

属 性	作 用
align	根据周围的标签来对齐该框架。不赞同使用，可以使用样式代替
frameborder	规定是否显示框架周围的边框
height	定义<iframe>标签的高度
longdesc	规定一个页面，该页面包含有关<iframe>标签的较长描述
marginheight	定义顶部和底部的边框
marginwidth	定义左侧和右侧的边距
name	规定<iframe>标签的名称
scrolling	是否在<iframe>标签中显示滚动条
scr	显示文档的 URL
width	定义<iframe>标签的宽度

> **注意**
>
> 用户可以在<iframe>与</iframe>标签之间放置文本内容，以避免当浏览器无法理解<iframe>标签时所出现的错误显示。

13.4 练习：制作友情链接页面

友情链接一般以列表的形式直观地展现在互联网上，它可以提高网站的知名度和增加网站的访问量。有的列表前有序号有的没有序号。本练习将使用 Dreamweaver 软件制作一个有序列表的友情链接页面。

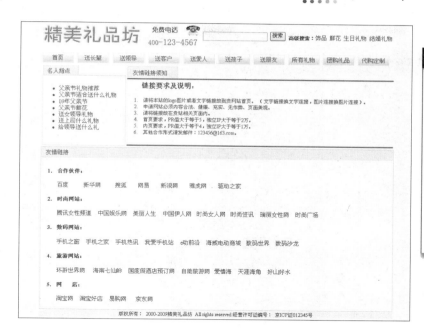

练习要点

- 添加 <table> 和 <td> 标签的属性并赋值
- 段落标签<p>的应用
- <ol><li>标签定义有序列表
- <ul><li>标签定义无序列表
- <img>标签的使用
- <a>标签定义超链接

操作步骤 ▶▶▶▶

STEP|01 启动 Dreamweaver，在欢迎界面中选择 HTML 选项，创建一个空白页面。

STEP|02 然后，在页面下方的【属性】面板中，单击【页面属性】按钮。

STEP|03 在弹出的【页面属性】对话框的【外观 (CSS)】选项卡中，设置页面文本大小和文本颜色。

STEP|04 打开【链接（CSS）】选项卡，设置链接字体的大小和各种链接颜色。

STEP|05 打开【标题/编码】选项卡，在【标题】文本框中输入页面标题，并单击【确定】按钮。

STEP|06 切换至【代码】视图，将光标放置在 <body></body>之间，通过插入<table>、<tr>和<td>

标签创建一个 5 行 × 2 列的表格。

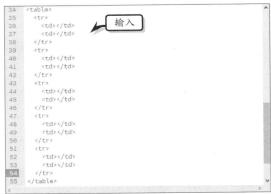

STEP|07 在 `<table>` 标签中添加 width、align、cellpadding 和 cellspacing 属性并设置相应的值。

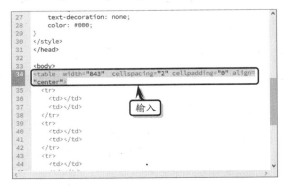

提示

代码中的 cellspacing="2" 定义表格中各个单元格之间的间距为 2。cellpadding="0" 定义单元格的内间距。align="center" 定义表格水平对齐方式为居中。

STEP|08 将光标放置在第 1 行第 1 列单元格 `<td></td>` 标签之间，分别插入两个 `<img>` 标签并设

置图像的高和宽。

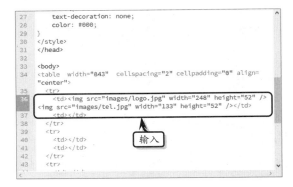

STEP|09 在第 1 行第 2 列单元格 `<td>` 标签中添加 width 属性及值，在 `<td></td>` 标签之间插入 `<input>` 和 `<button>` 标签并在标签中添加属性及值。

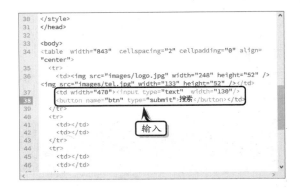

STEP|10 输入文本并为每个文本的前后插入超链接代码 `<a href="#"></a>`。

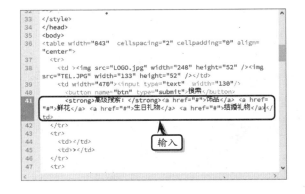

STEP|11 将光标放置在第 2 行第 1 列单元格 `<td>` 标签中，添加 colspan 属性及值，并删除第 2 行第 2 列 `<td></td>` 标签，以及合并第 3 行单元格。

STEP|12 然后，在<td></td>标签之间，通过插入<table>、<tr>和<td>标签创建一个 1 行×10 列的表格。

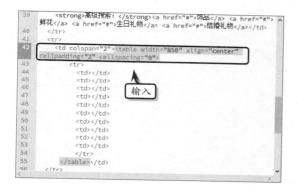

STEP|13 在每个单元格中插入<img>标签，并设置图像的高、宽和边框以及超链接代码。

STEP|14 使用同样的方法，合并第 3 行单元格，在合并后的单元格中插入标签创建一个 2 行×2 列的表格。

STEP|15 在第 1 行第 1 列单元格<td>标签中，添加 width、height 和 background 的属性及相应的值，并通过插入<ul>和<li>标签创建一个无序列表。

STEP|16 使用同样的方法，在第 1 行第 2 列单元格通过插入<ol>和<li>标签创建一个有序列表。

STEP|17 将光标放置在第 4 行第 1 列单元格<td>标签中，添加该单元格 height、colspan 和 background 属性及值，并删除第 4 行第 2 列单元格。

插入超链接代码<a href="#"></a>。

STEP|18 然后，在<td></td>标签之间，插入一个有序列表，输入友情链接文本并为每个文本的前后

13.5 练习：制作全景图像欣赏页面

在 Dreamweaver 软件中，使用<marquee>标签可以实现元素（图像和文字等）在网页中移动的效果，以达到动感十足的视觉效果。通过添加<marquee>标签，并设置其属性可以实现移动效果。本练习通过使用<marquee>标签制作一个 360° 风景欣赏页面。

> **练习要点**
> - <marquee>标签的应用
> - <marquee>标签的系列属性
> - <div></div>标签布局

操作步骤

STEP|01 设置页面属性。启动 Dreamweaver，在欢迎界面中选择 HTML 选项，创建一个空白页面。

STEP|02 然后，在页面下方的【属性】面板中，单击【页面属性】按钮。

STEP|03 在弹出的【页面属性】对话框中的【外观（CSS）】选项卡中，设置页面大小、文本颜色和背景颜色。

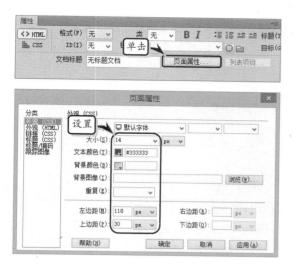

STEP|04 打开【链接（CSS）】选项卡，设置链接字体的大小和各种链接颜色。

STEP|05 切换至【代码】视图，将光标放置在 `<body></body>` 之间，然后，插入 `<div></div>` 标签，在页面中创建一个层。

STEP|06 在 `<div></div>` 标签之间插入 `<img>` 标签并设置图像的高和宽。

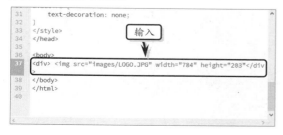

STEP|07 将光标放置在 `</div>` 标签后，插入 `<div></div>` 标签，在页面中创建第 2 个层。

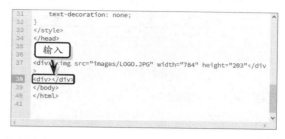

STEP|08 在 `<div></div>` 标签之间，插入 `<img>` 图像标签并设置图像的边框、高和宽，并为各个图像插入超链接代码。

STEP|09 同时，在 `<div>` 标签中，为该标签定义 style 属性。

STEP|10 将光标放置在第 2 个 `</div>` 标签后，插入 `<div></div>` 标签，在页面中创建第 3 个层。

STEP|11 在该层中输入文本，并为每个文本插入超链接代码。

STEP|12 使用相同的方法，在页面中创建第 4 个层。并在<div></div>标签中创建一个 1 行×2 列的表格。

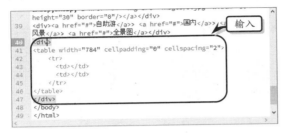

STEP|13 然后，在第 1 行第 1 列单元格中插入<img>标签及设置该标签的属性，为该单元格插入图像。

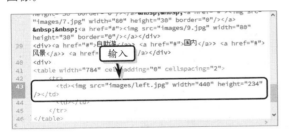

STEP|14 在第 1 行第 2 列单元格中插入<marquee></marquee>标签，定义图像滚动的样式。

STEP|15 将光标放置在第 4 个</div>标签后，插入<div></div>标签，在页面中创建第 5 个层，并输入版权文本。

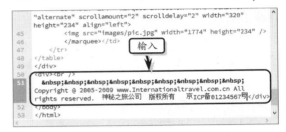

13.6 新手训练营

练习 1：使用 XHTML 制作嵌套列表

downloads\13\新手训练营\嵌套列表

提示：本练习中，将使用 XHTML 来制作一个项目列表和编号列表嵌套在一起的嵌套列表，其编号列表嵌套在项目列表中。

首先，创建一个空白文档，并切换到【代码】视图中。将光标放置在<body></body>标签之间，输入<ul></ul>标签，创建一个项目列表。

然后，在<ul></ul>标签之间输入文本"一、学历"，并在文本后面输入<ol></ol>标签。

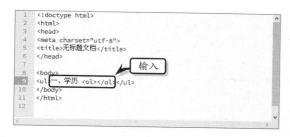

在<ol></ol>标签之间输入文本"1.博士",使用同样的方法,输入其他<ol></ol>标签和文本。

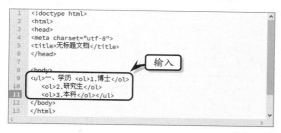

使用上述方法,制作第 2 个嵌套列表,并切换到【设计】视图中,查看最终效果。

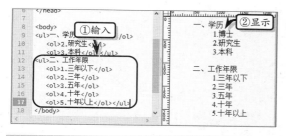

练习 2:使用 XHTML 制作特定表格

downloads\13\新手训练营\特定表格

提示:本练习中,将使用 XHTML 代码制作一个 3 行×4 列、宽度为 200 像素、边框粗细为 1、单元格边距和间距为 2,以及表格标题位于顶部的一个特定表格。

首先创建一个空白文档,并切换到【代码】视图中。将光标放置在<body></body>标签之间,输入定义表格基本属性的标签。

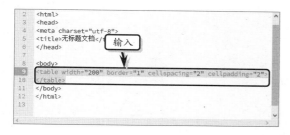

然后,输入<caption></caption>标签,并在标签之间输入表格标题"特定表格"。

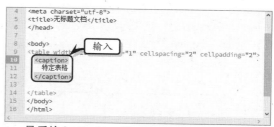

最后输入<tbody></tbody>、<tr></tr>、<td></td><th></th>标签,来定义表格和表格列组标题。

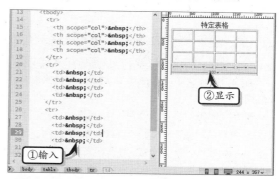

练习 3:使用 XHTML 制作选择列表

downloads\13\新手训练营\选择列表

提示:本练习中,将使用 XHTML 代码来制作一个具有下拉功能的选择列表。

首先创建一个空白文档,并切换到【代码】视图中。将光标放置在<body></body>标签之间,输入<form></form>标签,并输入用于定义表单属性的 id、name 和 method 属性。

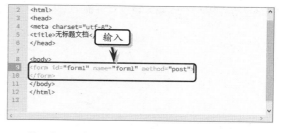

然后,在<form></form>标签中,输入<label></label>标签,定义选择列表的名称。

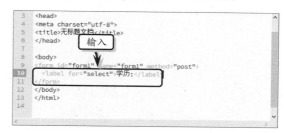

最后，在<label></label>标签下方，继续输入<select></select>标签，定义选择列表名称和 ID，同时在<option></option>标签中输入列表选项。

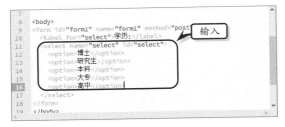

练习 4：使用 XHTML 制作日期选择器
downloads\13\新手训练营\日期选择器

提示：本练习中，将使用 XHTML 代码来制作一个日期选择器。

首先，创建一个空白文档，并切换到【代码】视图中。将光标放置在<body></body>标签之间，输入<form></form>标签，并输入用于定义表单属性的 id、name 和 method 属性。

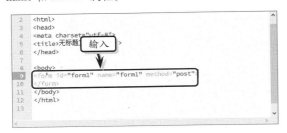

然后，在 <form></form> 标签中，输入<label></label>标签，定义日期选择器的名称。

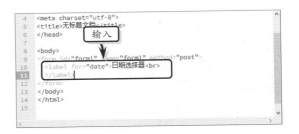

在<label></label>标签下方，继续输入<input type="date" name="date" id="date">，定义日期选择器。

最后，执行【文件】|【保存】命令，保存网页文档。同时，按 F12 键，在网页中预览日期选择器。

第 **14** 章

设计网页元素样式

在网页设计过程中，可通过设计网页元素的样式，来增加网页的美观性。在设计网页元素样式时，就需要使用 Dreamweaver 中内置的可视化的 CSS 技术了。CSS 技术为网页提供了一种新的设计方式，通过简洁、标准化和规范性的代码，不仅可以统一地控制 HTML 中各标签的显示属性，而且还可以更有效地控制网页外观。本章将详细介绍 CSS 样式的基本语法、使用范围，以及使用 CSS 样式表美化网页页面和布局等内容的基础知识和实用技巧。

14.1 CSS 样式概述

CSS 样式表是设计网页的一种重要工具，是 Web 标准化体系中最重要的组成部分之一。因此，只有了解 CSS 样式表，才能制作出符合 Web 标准化的网页。

14.1.1 了解 CSS 样式

CSS 样式在网页设计中，已经成为主导技术。许多网站开发中，都离不开 CSS 样式的应用。

1. 关于层叠样式表

层叠样式表（CSS）是一组格式设置规则，用于控制网页内容的外观。

通过使用 CSS 样式设置页面的格式，可将页面的内容与表示形式分离开。页面内容（即 HTML 代码）存放在 HTML 文件中，而用于定义代码表示形式的 CSS 规则存放在另一个文件（外部样式表）或 HTML 文档的另一部分（通常为文件头部分）中。

将内容与表示形式分离可使得从一个位置集中维护站点的外观变得更加容易，因为进行更改时无需对每个页面上的每个属性都进行更新。

将内容与表示形式分离还会可以得到更加简练的 HTML 代码，这样将缩短浏览器加载时间，并为存在访问障碍的人员简化导航过程。

使用 CSS 可以非常灵活并更好地控制页面的确切外观。使用 CSS 可以控制许多文本属性，包括特定字体和字大小，粗体、斜体、下划线和文本阴影，文本颜色和背景颜色，链接颜色和链接下划线等。通过使用 CSS 控制字体，还可以确保在多个浏览器中以更一致的方式处理页面布局和外观。

除设置文本格式外，还可以使用 CSS 控制网页面中块级别元素的格式和定位。块级元素是一段独立的内容，在 HTML 中通常由一个新行分隔，并在视觉上设置为块的格式。例如，<h1>标签、<p>标签和<div>标签都在网页上产生块级元素。

2. 关于 CSS 规则

CSS 格式设置规则由两部分组成：选择器和声明。其中，选择器主要用于标识已设置格式元素的术语（如 p、h1、类名称或 ID 等名称）。

而声明又称为"声明块"，用于定义样式属性。例如，在下面的 CSS 代码中，h1 是选择器，介于"大括号"（{}）之间的所有内容都是声明块：

```
h1 { font-size: 16 pixels; font-family: Helvetica; font-weight:bold; }
```

在声明块中，又包含属性（如 font-family）和值（如 Helvetica）两部分。

在前面的 CSS 规则中，已经为<h1>标签创建了特定样式：所有链接到此样式的<h1>标签的文本的【字号】为 16 像素、【字体】为 Helvetica、【字形】为【粗体】。

样式（由一个规则或一组规则决定）存放在与要设置格式的实际文本分离的位置。因此，可以将<h1>标签的某个规则一次应用于许多标签。通过这种方式，CSS 可提供非常便利的更新功能。若在一个位置更新 CSS 规则，使用已定义样式的所有元素的格式设置将自动更新为新样式。

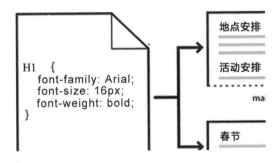

用户可以在 Dreamweaver 中定义以下样式类型。

- ❑ **类样式**　可以让样式属性应用于页面上的任何元素。
- ❑ **HTML 标签样式**　重新定义特定标签的

格式。如创建或更改<h1>标签的 CSS 样式时，则应用于所有<h1>标签。

- ❑ **高级样式**　重新定义特定元素组合的格式，或其他 CSS 允许的选择器表单的格式。高级样式还可以重定义包含特定 id 属性的标签的格式。

14.1.2　CSS 样式分类

根据 CSS 样式表存放的位置以及其应用的范围，可以将 CSS 样式表分为三种，即外部 CSS、内部 CSS 以及内联 CSS 等。

1．外部 CSS

外部 CSS 是一种独立的 CSS 样式，其一般将 CSS 代码存放在一个独立的文本文件中，扩展名为".css"。

这种外部的 CSS 文件与网页文档并没有什么直接的关系。如果需要通过这些文件控制网页文档，则需要在网页文档中使用 link 标签导入。

例如，使用 CSS 文档来定义一个网页的大小和边距，代码如下。

```
@charset "gb2312";
/* CSS Document */
body {
width:1003px;
margin:0px;
padding:0px;
font-size:12px
}
```

将 CSS 代码保存为文件后，即可通过 link 标签将其导入到网页文档中。例如，CSS 代码的文件名为 main.css，代码如下。

```
<!doctype html>
<html>
<head>
<meta charset="utf-8">
<title>导入 CSS 文档</title>
<link href="main.css" rel="stylesheet"
type="text/css" />
<!--导入名为 main.css 的 CSS 文档-->
</head>
```

```
<body>
</body>
</html>
```

在外部 CSS 文件中，通常需要在文件的头部创建 CSS 的文档声明，以定义 CSS 文档的一些基本属性。常用的文档声明包括 6 种，其具体情况如下表所述。

声明类型	作　用	声明类型	作　用
@import	导入外部 CSS 文件	@fontdef	定义嵌入的字体定义文件
@charset	定义当前 CSS 文件的字符集	@page	定义页面的版式
@font-face	定义嵌入 HTML 文档的字体	@media	定义设备类型

在多数 CSS 文档中，都会使用@charset 声明文档所使用的字符集。除@charset 声明以外，其他的声明多数可使用 CSS 样式来替代。

2．内部 CSS

内部 CSS 与内联 CSS 类似，都是将 CSS 代码放在文档中。但是内部样式并不放在其设置的标签中，而是放在统一的<style></style>标签中。

这样做的好处是将整个页面中所有的 CSS 样式集中管理，以选择器为接口供网页浏览器调用。

例如，使用内部 CSS 定义网页的宽度以及超链接的下划线等，代码如下：

```
<!doctype html>
<html>
<head>
<meta charset="utf-8">
<title>测试网页文档</title>
<!--开始定义 CSS 文档-->
<style type="text/css">
<!--
body {
width:1003px;
}
a {
```

```
text-decoration:none;
}
-->
</style>
<!--内部 CSS 完成-->
</head>
<!--…………-->
```

> **提示**
>
> 虽然，HTML 允许用户将<style>标签放在网页的任意位置，但在浏览器打开网页的过程中，通常会以从上到下的顺序解析代码。因此，将<style>标签放置在网页的头部，可提前下载和解析 CSS 代码，提高样式显示的效率。

3．内联 CSS

内联 CSS 是利用标签的 style 属性设置的 CSS 样式，又称嵌入式样式。内联式 CSS 与 HTML 中的标签描述一样，只能定义某一个网页元素的样式，是一种过渡型的 CSS 使用方法，在 HTML 中并不推荐使用。内部样式不需要使用选择器，如使用内联式 CSS 设置一个表格的宽度。

```
<table style="width:100px;">
<tr>
<td>宽度为 100px 的表格</td>
</tr>
</table>
```

14.1.3 CSS 书写规范

作为一种网页的标准化语言，CSS 有着严格的书写规范和格式。

1．CSS 代码规范

用户在书写 CSS 代码时，需要注意以下几点。

❑ 单位符号

在 CSS 中，如果属性值是一个数字，用户必须为这个数字匹配具体的单位。除非该数字是由百分比组成的比例或者数字为 0。

例如，分别定义两个层，其中第 1 个层为父容器，以数字属性值为宽度；第 2 个层为子容器，以百分比为宽度。

```
#parentContainer{
Width:1003px
}
#childrenContainer{
Width:50%
}
```

❑ 使用引号

多数 CSS 的属性值都是数字值或预先定义好的关键字。然而，有一些属性值则是含有特殊意义的字符串。这时，引用这样的属性值就需要为其添加引号。

典型的字符串属性值就是各种字体的名称。

```
Span{
font-family:"微软雅黑"
}
```

❑ 多重属性

如果在这条 CSS 代码中，有多个属性并存，则每个属性之间需要以"分号"（;）隔开。

```
.content{
color:#999999;
font-family:"新宋体";
font-size:14px;
}
```

❑ 大小写敏感空格

CSS 与 VBScript 不同，对大小写非常敏感。在 CSS 中，mainText 和 MainText 是两个完全不同的选择器。

除了一些字符串式的属性值（如英文字体 MS Serf 等）以外，CSS 中的属性和属性值必须小写。

为了便于判读和纠错，在编写 CSS 代码时，每个属性值之间添加一个空格。这样，如某条 CSS 属性有多个属性值，则阅读代码的用户可方便地将其分开。

2．添加注释

与多数编程语言类似，用户也可以对 CSS 代码进行注释。但与同样用于网页的 HTML 语言注释方式有所区别。

在 CSS 中，注释以"斜杠"（/）和"星号"（*）

开头，以"星号"（*）和斜杠"（/）结尾。

```
.text{
font-family:"微软黑体";
font-size:12px;
/*color:#ffcc00;*/
}
```

在 CSS 代码中，其注释不仅可用于单行，也可用于多行。

3．文档的声明

在外部 CSS 文件中，通常需要在文件的头部创建 CSS 的文档声明，以定义 CSS 文档的一些基本属性。常用的文档声明包括 6 种类型，其具体作用如下表所述。

声明类型	作　　用
@import	导入外部的 CSS 文件
@charset	定义当前 CSS 文件的字符集
@font-face	定义嵌入 HTML 文档的字体
@fontdef	定义嵌入的字体定义文件
@page	定义页面的版式
@media	定义设备类型

在多数 CSS 文档中，都会使用"@charset"声明文档所使用的字符集。除了"@charset"声明以外，其他的声明多数可以使用 CSS 样式来替代。

14.2　使用【CSS 设计器】面板

Dreamweaver 中的 CSS 样式被集成到一个独特的【CSS 设计器】面板中，包括源、@媒体、选择器和属性 4 个窗格。【CSS 设计器】面板类似于【插入】面板，可支持用户对 CSS 样式进行可视化的操作。

14.2.1　源

在【CSS 设计器】面板的最上部分为【源】窗格，在该窗格中主要列出了与文档相关的所有 CSS 样式表，以协助用户设置网页所使用的 CSS 样式。

1．创建新的 CSS 文件

创建新的 CSS 文件是在网页中创建一个新的 CSS 文件并将其附加到文档。在【CSS 设计器】面板的【源】窗格中，单击右上角的【添加 CSS 源】按钮，在其列表中选择【创建新的 CSS 文件】选项。

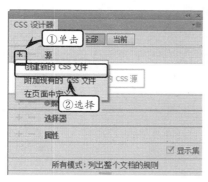

然后，在弹出的【创建新的 CSS 文件】对话框中，单击【浏览】按钮。

在弹出的【将样式表文件另存为】对话框中，设置保存位置和名称，单击【保存】按钮即可。

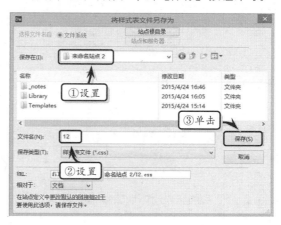

此时，系统会自动返回到【创建新的 CSS 文件】对话框中，选中【链接】选项，单击【确定】按钮即可创建并链接外部 CSS 样式表文件。

【创建新的 CSS 文件】对话框中，主要包括下列三个选项。

❏ **链接** 选中该选项，可以将 CSS 文件链接到文档。

❏ **导入** 选中该选项，可以将 CSS 文件导入到文档中。

❏ **有条件使用（可选）** 该选项用于指定要与 CSS 文件关联的媒体查询。

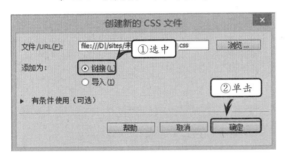

2．附加现有的 CSS 文件

附加现有的 CSS 文件是将现有的 CSS 文件附加到文档中。在【CSS 设计器】面板的【源】窗格中，单击右上角的【添加 CSS 源】按钮，在其列表中选择【附加现有的 CSS 文件】选项。在弹出的【使用现有的 CSS 文件】对话框中，单击【浏览】按钮。

在弹出的【选择样式表文件】对话框中，选择所需使用的 CSS 样式表文件，并单击【确定】按钮。

此时，系统会自动返回到【创建新的 CSS 文件】对话框中，选中【链接】选项，单击【确定】

按钮即可将所选 CSS 样式表文件附加到现有文档中。

3．在页面中定义

在【CSS 设计器】面板的【源】窗格中，单击左上角的【添加 CSS 源】按钮，在其列表中选择【在页面中定义】选项，系统即可创建一个内部的 CSS 样式，并在【源】窗格中添加一个<style>标签。

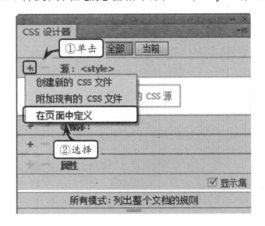

在网页中，切换到【代码】视图中，用户会发现代码中多出一个放置内部 CSS 样式的<style>标签，而所创建的内部 CSS 样式则会显示在<style>与</style>标签之间。

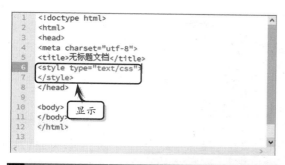

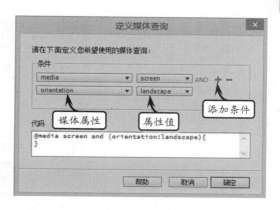

提示

当用户创建 CSS 样式之后，在【源】窗格中选择 CSS 样式，单击右上角的【删除 CSS 源】按钮，即可删除该 CSS 样式。

14.2.2　@媒体

用户可以在【@媒体】窗格中为相应的媒体类型设置不同的 CSS 样式。要设置@媒体，需要先在【源】窗格中选择一个 CSS 源，然后单击【@媒体】窗格左上角的【添加媒体查询】按钮。

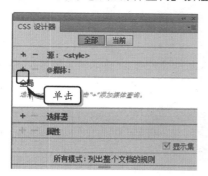

然后，在弹出的【定义媒体查询】对话框中，单击【媒体属性】下拉按钮，选择一种媒体属性；同时，单击其右侧的【属性值】下拉按钮，设置媒体属性值。除此之外，用户还可以通过单击【添加条件】按钮来添加多个媒体属性，或者通过单击【删除条件】按钮来删除所添加的媒体属性。

设置完媒体条件之后，单击【确定】按钮，即可创建媒体类型的 CSS 样式。

提示

在【@媒体】窗格中，目前对多个条件只支持 AND 运算。

其中，Dreamweaver 为用户提供了 23 种媒体属性，其具体情况如下所述。

❏ **media**　用于设置提交网页文档的媒体类型，可通过属性值来设置属性媒介。其中，screen 属性值表示计算机显示器，print 属性值表示打印机，handheld 属性值表示小型手持设备，aural 属性值表示语音和音频合成器，braille 属性值表示盲人用电子法触摸设备，projection 属性值表示幻灯片式的方案展示，tty 属性值表示固定密度字母栅格的设备，tv 属性值表示电视机类型的设备。

❏ **orientation**　用于设置目标显示器或纸张方向。

❏ **min-width**　用于设置目标显示区域的最小宽度，可直接在文本框中输入宽度值，并在其后的下拉列表中选择宽度单位。

❏ **max-width**　用于设置目标显示区域的最大宽度，可直接在文本框中输入宽度值，并在其后的下拉列表中选择宽度单位。

❏ **width**　用于设置目标显示区域的宽度，可直接在文本框中输入宽度值，并在其后的下拉列表中选择宽度单位。

❏ **min-height**　用于设置目标显示区域的最小高度，可直接在文本框中输入高度值，并在其后的下拉列表中选择高度单位。

❏ **max-height**　用于设置目标显示区域的最大高度，可直接在文本框中输入高度值，并在其后的下拉列表中选择高度单位。

❏ **height**　用于设置目标显示区域的高度，

可直接在文本框中输入高度值，并在其后的下拉列表中选择高度单位。

❏ **min-resolution**　用于设置媒体的最小像素密度，可直接在文本框中输入像素值，其单位包括 dpi、dpcm 和 dppx。

❏ **max-resolution**　用于设置媒体的最大像素密度，可直接在文本框中输入像素值，其单位包括 dpi、dpcm 和 dppx。

❏ **resolution**　用于设置媒体的像素密度，可直接在文本框中输入像素值，其单位包括 dpi、dpcm 和 dppx。

❏ **min-device-aspect-ratio**　用于设置媒体 device-width/ device-height 的最小比率。

❏ **max-device-aspect-ratio**　用于设置媒体 device-width/ device-height 的最大比率。

❏ **device-aspect-ratio**　用于设置媒体 device-width/ device-height 的比率。

❏ **min-aspect-ratio**　用于设置目标显示区域的最小宽度和高度比。

❏ **max-aspect-ratio**　用于设置目标显示区域的最大宽度和高度比。

❏ **aspect-ratio**　用于设置目标显示区域的宽度和高度比。

❏ **min-device-width**　用于设置媒体的最小宽度。

❏ **max-device-width**　用于设置媒体的最大宽度。

❏ **device-width**　用于设置媒体的宽度。

❏ **min-device-height**　用于设置媒体的最小高度。

❏ **max-device-height**　用于设置媒体的最大高度。

❏ **device-height**　用于设置媒体的高度。

14.2.3　选择器

在【CSS 设计器】面板中的【选择器】窗格中，单击右上角的【添加选择器】按钮，系统会自动在窗格中显示一个文本框，输入选择器名称即可。

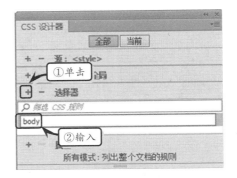

另外，在文本框中输入第 1 个字母后，系统会自动列出有关第 1 个字母的所有选择器名称，以供用户进行选择。

除此之外，用户在列表框中选择选择器名称，单击右上角的【删除选择器】按钮，即可删除所选选择器。而对于列表框中存在大量选择器的现象，则可以通过在【筛选 CSS 规则】文本框中输入选择器名称的方法，来搜索选择器。

> **注意**
>
> 在【选择器】窗格中，用户可以创建任意类型的选择器，其选择器的类型将在下面的章节中进行介绍。

14.2.4　属性

在【CSS 设计器】面板的【属性】窗格中，可以为指定的 CSS 样式设置属性。

在【属性】窗格中，主要包括下列 5 种类型的属性。

❏ **布局**　在该选项卡中，可以设置 CSS 样式的布局样式，包括宽度、高度、最小宽度等属性。

❏ **文本**　在该选项卡中，可以设置 CSS 样式的文本格式，包括字体大小、字体颜色、字体变形等属性。

❏ **边框**　在该选项卡中，可以设置 CSS 样式的边框格式，包括所有边、顶部、右侧等属性。

❏ **背景**　在该选项卡中，可以设置 CSS 样式的背景格式，包括背景位置、背景大小、背景颜色等属性。

❏ **自定义**　在该选项卡中，可以自定义除内置的布局、文本、边框和背景属性之外的 CSS 样式属性。

14.3　CSS 选择器和方法

虽然用户已通过 CSS 样式概述和【CSS 设计器】面板等基础知识对 CSS 样式有了进一步的了解，但为了可以更好地设置 CSS 样式表，还需要继续了解 CSS 选择器和 CSS 选择方法等基础知识。

14.3.1　CSS 选择器

在网页制作中，用户可以通过 CSS 选择器，来实现 CSS 对 HTML 页面中的元素一对一、一对多或者多对一的控制。

CSS 选择器的名称只允许包含字母、数字以及下划线，系统不允许将数字放在选择器名称的第 1 位，也不允许选择器使用与 HTML 标签重复的名称，以免出现混乱。

在 CSS 语法规则中，主要包括标签选择器、类选择器、ID 选择器、伪类选择器和伪对象选择器 5 种选择器。

1．标签选择器

CSS 提供了标签选择器，并允许用户直接定义多数 XHMTL 标签样式。

例如，定义网页中所有无序列表的符号为空，可直接使用项目列表的标签选择器。

```
ol{
list-style:none;
}
```

当用户使用标签选择器定义某个标签样式后，其整个网页中的所有该标签都会自动应用这一样式。CSS 在原则上不允许对同一标签的同一个属性进行重复定义，但在实际操作中将会以最后一次定义的属性值为准。

2．类选择器

CSS 样式中的类选择器可以把不同类型的网页标签归为一类，并为其定义相同的样式，以简化 CSS 代码。

在使用类选择器时，需要在类选择器名称的前面添加类符号"圆点"（.）。

而在调用类的样式时，则需要为 HTML 标签添加 class 属性，并将类选择器的名称作为 class 属性的值。

> **注意**
>
> 在通过 class 属性调用类选择器时，不需要在属性值中添加类符号"."，直接输入类选择器的名称即可。

例如，网页文档中有三个不同的标签，一个是层（div）、一个是段落（p）、一个是无序列表（ul）。如果使用标签选择器为这三个标签定义样式，使其中的文本变为红色，则需要编写三条 CSS 代码。

```
div{/*定义网页文档中所有层的样式*/
color:#ff0000;
}
p{/*定义网页文档中所有段落的样式*/
color:#ff0000;
}
ul{/*定义网页文档中所有层的样式*/
color:#ff0000;
}
```

使用类选择器，则可以将上述三条 CSS 代码合并为 1 条。

```
.redText{
color:#ff0000;
}
```

然后，即可为 div、p 和 ul 等标签添加 class 属性，应用类选择器的样式。

```
<div class="redText">红色文本</div>
<p class="redText">红色文本</p>
<ul class="redText">
<li>红色文本</li>
</ul>
```

一个类选择器可以对应于文档中的多种标签或多个标签，充分体现了 CSS 代码的可重复性。

类选择器与标签选择器都具有各自的用途，但相对于标签选择器来讲，类选择器可以指定某一个范围内的应用样式，具有更大的灵活性。除此之外，对于类选择器来讲，其标签选择则具有操作简单和定义方便的优点，使用标签选择器可以在不需要为标签添加任何属性的前提下应用样式。

3．ID 选择器

ID 选择器是一种只针对某一个标签的、唯一性的选择器，它不像标签和类选择器那样可以设定多个标签的 CSS 样式。

在 HTML 文档中，用户可以为任意一个标签

设定 ID 属性，并通过该 ID 定义 CSS 样式。但是，HTML 文档并不允许两个标签使用同一个 ID。

在创建 ID 选择器时，需要在选择器名称前面添加"井号"（#）。但是，在为 HTML 标签调用 ID 选择器时，则需要使用其 id 属性。

例如，通过 ID 选择器，分别定义某个无序列表中三个列表项的样式。

```
#listLeft{
float:left;
}
#listMiddle{
float:inherit;
}
#listRight{
float:right;
}
```

然后，便可使用标签的 id 属性，应用三个列表项的样式。

```
<ul>
<li id="listLeft">左侧列表</li>
<li id="listMiddle">中部列表</li>
<li id="listRight">右侧列表</li>
</ul>
```

技巧

在编写 HTML 文档的 CSS 样式时，通常在布局标签所使用的样式（这些样式通常不会重复）中使用 ID 选择器，而在内容标签所使用的样式（这些样式经常会多次重复）中使用类选择器。

4．伪类选择器

伪选择器与普通的选择器不同，它通常不能应用于某个可见的标签，只能应用于一些特殊标签的状态。其中，最常见的伪选择器就是伪类选择器。

在定义伪类选择器之前，必须首先声明定义的是哪一类网页元素，并将这类网页元素的选择器写在伪类选择器之前，中间使用"冒号"（:）隔开。

```
selector:pseudo-class{property:v
```

```
alue}
/*选择器: 伪类{属性: 属性值: }*/
```

在 CSS 标准中，共包含下表所示的 7 种伪类选择器。

伪类选择器	作用
:link	未被访问过的超链接
:hover	鼠标滑过超链接
:active	被激活的超链接
:visited	被访问过的超链接
:focus	输入焦点时的对象样式
:first-child	第 1 个子对象的样式
:first	第 1 页使用的样式

例如，当需要去除网页中所有超链接在默认状态下的下划线时，就需要使用伪类选择器。

```
a:link{
/*定义超链接文本的样式*/
text-decoration:none;
/*去除文本下划线*/
}
```

5. 伪对象选择器

伪对象选择器也是一种伪选择器，其主要作用是为某些特定的选择器添加效果。

在 CSS 标准中，共包含下表所示的 4 种伪对象选择器。

伪对象选择器	作用
:first-letter	定义选择器所控制的文本第一个字或字母
:first-line	定义选择器所控制的文本第一行
:after	定义某一对象之后的内容
:before	定义某一对象之前的内容

伪对象选择器的使用方法与伪类选择器类似，都需要先声明定义的是哪一类网页元素，并将这类网页元素的选择器写在伪对象选择器之前，并使用"冒号"（:）隔开。

例如，定义某一个段落文本中第 1 个字为 2em，即可使用伪对象选择器。

```
p{
```

```
font-size:12px;
}
p:first-letter{
font-size:2em;
}
```

14.3.2　CSS 选择方法

通过 CSS 选择方法，可以对各种网页标签进行复杂的选择操作，以提高 CSS 代码的效率。

在 CSS 语法中，存在多种选择方法，最常用的选择方法有包含选择、分组选择和通用选择。

1. 包含选择

包含选择通常应用于定义各种多层嵌套网页元素标签的样式，可根据网页元素标签的嵌套关系，来帮助浏览器精确地查找该元素的位置。

在使用包含选择方法时，需要将具有包含选择关系的各种标签按照指定的顺序写在选择器中，并以空格来分开这些选择器。例如，在网页中，有三个标签的嵌套关系如下所示。

```
<tagName1>
<tagName2>
<tagName3>innerText.</tagName3>
</tagName2>
</tagName1>
<tagName3>outerText</tagName3>
```

如上述代码中，tagName1、tagName2 和 tagName3 分别代表三个不同的标签。其中，tagName3 标签在网页中出现两次。如果直接通过 tagName3 的标签选择器定义 outerText 文本的样式，则势必会影响外部 outerText 文本的样式。

因此，用户如果需要定义 innerText 文本的样式且不影响 tagName3 以外的文本样式，则可以通过包含选择方法进行定义，其代码如下所述。

```
tagName1 tagName2 tagName3{property:
value;}
```

在上面的代码中，以包含选择的方式定义了包含 tagName1 和 tagName2 标签中的 tagName3 标签的 CSS 样式。同时，该 CSS 样式不会影响 tagName1

标签外的 tagName3 标签的样式。

包含选择的方法不仅可以将多个标签选择器组合起来使用，而且还适用于 ID 选择器、类选择器等多种选择器。

2．分组选择

分组选择是一种用于同时定义多个相同 CSS 样式的标签时所使用的选择方法，定义时需要将选择器以"逗号"（,）分开。

```
selector1,selector2{property:val
ue;}
```

在上面的代码中，selector1 和 selector2 分别表示应用于相同样式的两个选择器，而 Property 则表示 CSS 样式属性，value 表示 CSS 样式属性值。

例如，在定义网页中的<body>标签，以及所有的段落、列表的行高均为 18px 时，其代码如下所述。

```
body,p,ul,li,ol{
line-height:18px;
}
```

在编写网页的 CSS 样式时，使用分组选择方法可以定义多个 HTML 元素标签的相同样式，提高代码的重用性。

3．通用选择

通用选择方法的作用是通过通配符"*"，对网页标签进行选择操作。

使用通用选择方法，可以方便地定义网页中所有元素的样式，其代码如下所述。

```
*{property:value;}
```

在上面的代码中，通配符*可以替换网页中所有的元素标签。例如，定义网页中所有标签的文本大小为 12px，其代码如下所述。

```
*{font-size:12px;}
```

同理，使用通用选择也可以定义某一个网页标签中嵌套的所有标签样式。例如，定义 id 为 testDiv 的层中所有文本的行高为 30px，其代码如下所述。

```
#testDiv*{line-height:30px;}
```

> **注意**
>
> 使用通用选择方法时，会影响所有的元素，不慎使用的话，则会影响整个网页的布局。由于通用选择方法的优先级是最低的，因此在为各种网页元素设置专有的样式后，需取消通用选择方法的定义。

14.4 设置 CSS 样式

在 Dreamweaver 中，通过 CSS 样式可以定义页面元素的文本、背景、边框、背景等外观效果。用户可通过【CSS 设计器】面板，对 CSS 样式属性进行可视化操作。

14.4.1 设置布局样式

布局样式主要用来设置网页元素的位置属性，包括大小、填充、边距等。

在【属性】窗格中，打开【布局】选项卡，设置新选择器样式的各属性。

其中，在【布局】选项卡中，主要包括下列一些属性。

❑ **width** 用于设置元素的宽度，默认为 auto，单击该选项，可在列表中选择其他选项，并根据选项类型输入宽度值。

❑ **height** 用于设置元素的高度，默认为 auto，单击该选项，可在列表中选择其他选项，并根据选项类型输入高度值。

❑ **min-width** 用于设置元素的最小宽度。

❑ **min-height** 用于设置元素的最小高度。

❑ **max-width** 用于设置元素的最大宽度，默认为 none，单击该选项，可在列表中选择其他选项，并根据选项类型输入宽度值。

❑ **max-height** 用于设置元素的最大高度，默认为 none，单击该选项，可在列表中选择其他选项，并根据选项类型输入高度值。

❑ **display** 用于设置元素的显示方式，默认为 inline，可单击该选项，在其列表中选择相应的显示方式。

❑ **box-sizing** 用于以特定的方式定义匹配指定区域的特定元素。

❑ **margin** 用于设置元素的边界，当为元素设置边框时，该选项表示边框外侧的空白区域。用户可通过设置上下左右值来调整元素的边界，或者直接在【设置速记】文本框中输入设置边距的速记值。

❑ **padding** 用于设置元素的填充，当为元素设置边框时，该选项表示边框和内容之间的空白区域。用户可通过设置上下左右值来调整元素的填充，或者直接在【设置速记】文本框中输入设置填充的速记值。

❑ **position** 用于设置元素的定位方式，其中，static（静态）选项为默认选项，表示无特殊定位；absolute（绝对）选项表示绝对定位，其左上角的顶点为元素的定位原点，可通过设置 top、right、bottom 和 left 选项控制元素相对于原点的位置；fixed（固定）选项表示固定位置，其位置将保持不变；relative（相对）选项表示相对定位，可通过设置 top、right、bottom 和 left 选项控制元素相对于网页中的位置。

❑ **float** 用于设置元素的浮动定位，也就是对象的环绕效果。其中 Left ▨选项表示对象居左，其文字等内容从另一侧进行环绕；Right ▨选项表示对象居右，其文字等内容从另一侧进行环绕；而 none ▨选项表示取消环绕效果。

❑ **clear** 用于清除元素的浮动效果。其中，Left ▨表示清除元素左侧的浮动效果，Right ▨选项表示清除元素右侧的浮动效果，Both ▨选项表示清除元素左侧和右侧的浮动效果,none ▨选项表示不清除浮动效果。

❑ **overflow-x/y** 用于设置元素水平溢出和垂直溢出的行为方式。

❑ **visibility** 用于设置元素的可见性。其中，inherit 选项用于设置嵌套元素，其主元素会继承父元素的可见性；visible 选项表示元素始终处于可见状态；hidden 选项表示元素始终处于隐藏状态。

❑ **z-index** 用于设置元素的堆积顺序。

❑ **opacity** 用于设置元素的不透明度。

14.4.2 设置文本样式

文本是网页中最基础的元素之一，通过【CSS 设计器】面板中的【属性】窗格，不仅可以设置文本的字体样式，而且还可以设置文本的阴影效果。

1. 设置字体样式

字体样式主要用于设置字体的外观样式，包括文本颜色、字体系列、字体样式等一系列的属性选项。

其中，各种属性选项的具体含义如下所述。

❑ **color** 用于设置字体颜色，单击【设置颜色】按钮 ▨，可在展开的颜色选择窗口中设置字体颜色，也可以在文本框中直接输入颜色值。

❏ **font-family** 用于设置字体系列，单击属性值，可在其列表中选择一种字体组合系列。另外，还可通过选择【管理字体】选项，来管理本地字体系列。

❏ **font-style** 用于设置字体样式，其 normal 选项表示标准的字体样式，italic 选项表示带有斜体变量的字体所使用的斜体，oblique 选项表示无斜体变量的字体所使用的倾斜。

❏ **font-variant** 用于设置字体变形效果，其 normal 选项表示标准的字体样式，small-caps 选项表示小型大写字母的字体样式。

❏ **font-weight** 用于设置字体的粗细程度。

❏ **font-size** 用于设置字体的大小，可通过单击属性值来设置字体大小的单位，并输入相应的大小值。

❏ **line-height** 用于设置文本的行高，可通过单击属性值来设置文本行高的单位，并输入相应的行高值。

❏ **text-align** 用于设置文本的对齐方式，其中 left 选项▤表示文本左对齐，center 选项▤表示文本居中对齐，right 选项▤表示文本右对齐，justify 选项▤表示文本两端对齐。

❏ **tetxt-decoration** 用于设置文本的修饰效果，其中▨none 选项表示不对文本进行任何修饰，underline 选项▣表示对文本添加下划线，overline 选项▣表示对文本添加上划线，line-through 选项▣表示对文本添加删除线。

❏ **text-indent** 用于设置文本的首行缩进，可以直接输入缩进值。

2．设置字体阴影

字体阴影效果为 CSS 3.0 中新增的属性，主要用于设置文本的水平阴影、垂直阴影和阴影颜色等阴影效果。

其中，有关字体阴影属性的各选项的具体含义如下所述。

❏ **h-shadow** 用于设置文本的水平阴影，其属性值允许负值的存在。

❏ **v-shadow** 用于设置文本的垂直阴影，其属性值允许负值的存在。

❏ **blur** 用于设置文本阴影的模糊半径。

❏ **color** 用于设置文本的阴影颜色。

3．其他字体样式

在【属性】窗格中，除了普通的字体样式和阴影样式之外，还包括一些其他的字体样式。例如，设置列表项目标记类型、设置垂直对齐方式等字体样式。

其中，有关其他字体样式属性的各选项的具体含义如下所述。

❏ **text-transfom** 用于设置英文字体的大小写格式，其中 none 选项▨表示标准样式，capitalize 选项▣表示每个单词以大写字母开头，uppercase 选项▣表示每个单词都以大写字母进行显示，lowercase 选项▣表示每个单词都以小写字母进行显示。

❏ **letter-spadng** 用于设置文本中字符之间的空格。

❏ **word-spadng** 用于设置单词之间的距离。

❏ **white-space** 用于设置源代码中空格的显示状态，其中 normal 选项表示忽略所有空格，nowrap 选项表示不自动换行，pre 选项表示保留源代码中的所有空格，pre-line 选项表示忽略空格并保留代码中的换行，pre-wrap 选项表示保留源代码中的空格并正常换行。

- **vertical-align** 用于设置垂直对齐方式。
- **list-style-position** 用于设置列表对象位置。
- **list-style-image** 用于设置列表样式图像。
- **list-style-type** 用于设置列表项目的标记类型。

14.4.3 设置边框样式

边框样式主要用于设置边框的高度、颜色和圆角边框效果等边框属性，相对于旧版本的边框样式，新版本的更加简单直观。

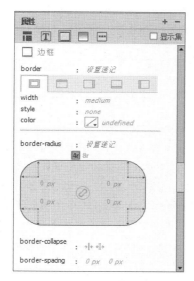

在【边框】选项卡中，系统为用户划分了所有边、顶部、右侧、底部和左侧 5 种不同的边框样式，用户可根据设计需求来设置不同的边框样式。除此之外，用户还可以通过 border 选项，来快速设置边框的速记值，使其应用到所有边框选项中。

Dreamweaver 中的 5 种边框样式具有相同的属性选项，下面根据【所有边】边框样式来详细介绍边框属性选项的具体含义。

- **width** 用于设置边框的宽度。
- **style** 用于设置边框的样式，包括 none（无）、dotted（点划线）、dashed（虚线）、solid（实线）、double（双线）、groove（槽状线）、ridge（脊状线）、inset（凹进）、outset（凸出）和 hidden（隐藏）。

- **color** 用于设置边框线的颜色。
- **border-radius** 用于设置圆角边框效果，除了可以通过设置边框半径的速记值来快速设置圆角效果之外，还可以通过分别设置上边框和下边框的左右半径值，来设置圆角效果。
- **border-collapse** 用于设置边框的合成效果，其中 collapse 选项表示合并单一的边框，separate 选项表示分开边框。
- **border-spadng** 用于设置相邻边框之间的距离，第 1 个属性值表示垂直距离，第 2 个属性值表示水平距离。

14.4.4 设置背景样式

通过 CSS 样式中的背景属性，可以协助用户制作出漂亮的网页背景。例如，设置背景颜色、渐变颜色、背景大小、背景剪辑、背景滚动模式等。

【背景】选项卡中各属性选项的具体含义，如下所述。

- **background-color** 用于设置背景颜色。
- **background-image** 用于设置背景图像样式，用户可以在 url 文本框中输入图像的文件地址，或者单击文本框右侧的【浏览】按钮来选择图像路径。另外，可通过 gradient 属性，来设置图像的渐变颜色。

- **background-position** 用于设置背景图像的水平和垂直位置。

- **background-size** 用于设置背景图像的大小。

- **background-clip** 用于设置背景裁剪区域，其中 padding-box 选项表示从 padding 区域向外裁剪区域，border-box 选项表示从 border 区域向外裁剪区域，content-box 表示从 content 区域向外裁剪区域。

- **background-repeat** 用于设置背景的平铺方式，其中 repeat 选项▨表示可以在水平和垂直方向的平铺，repeat-x 选项▨表示只能在水平方向上平铺，repeat-y 选项

▨表示只能在垂直方向上平铺，no-repeat 选项▨表示不对背景进行平铺。

- **background-origin** 用于设置背景的绘制区域。

- **background-attachment** 用于设置背景的滚动模式。

- **box-shadow** 用于设置背景的阴影效果，h-shadow 选项用于设置水平阴影，v-shadow 选项用于设置垂直阴影，blur 选项用于设置框阴影的模糊半径，spread 选项用于设置框阴影的扩散半径，color 选项用于设置阴影颜色，inset 选项用于转换外部和内部投影。

14.5 使用 CSS 过渡效果

在 Dreamweaver 中，除了可以视觉性地创建 CSS 样式表之外，还可以通过创建 CSS 过渡效果，来突出网页元素的动态效果。

14.5.1 创建 CSS 过渡效果

首先，执行【窗口】|【CSS 过渡效果】命令，打开【CSS 过渡效果】面板，单击【新建过渡效果】按钮。

然后，在弹出的【新建过渡效果】对话框中，设置目标规则、过渡效果开启等选项，并单击【创建过渡效果】按钮。

在该对话框中，主要包括下列 10 个选项。

- **目标规则** 用于设置选择器的名称，其选择器可以为任意类型的 CSS 选择器。

- **过渡效果开启** 用于设置应用过渡效果的状态，其中 active 选项表示单击或激活，

checked 选项表示选中状态，disabled 选项表示禁用状态，enabled 选项表示启用状态，focus 选项表示获得焦点状态，hover 选项表示鼠标经过或悬停状态，indeterminate 选项表示不确定状态，target 选项表示打开超链接状态。

- **对所有属性使用相同的过渡效果** 选择该选项，可以为需要过渡的所有 CSS 属性指定相同的【持续时间】、【延迟】和【计时功能】选项。

- **对每个层使用不同的过渡效果** 选择该选项，可以为所需要过渡的每个 CSS 属性指定不同的【持续时间】、【延迟】和【计时功能】选项。

- **持续时间** 用于设置过渡效果的持续时

间，其单位可以为秒（s）或毫秒（ms）。

❑ **延迟**　用于设置过渡效果开始之前的间隔时间，其单位可以为秒(s)或毫秒(ms)。

❑ **计时功能**　用于设置过渡效果的样式。

❑ **属性**　用于显示 CSS 属性，可通过单击加号按钮 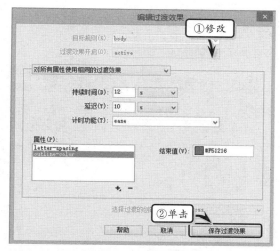 来添加 CSS 属性，通过单击减号按钮 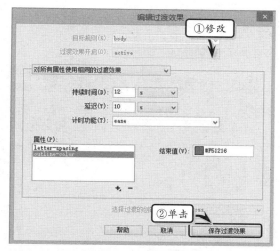 删除 CSS 属性。

❑ **结束值**　用于设置过渡效果的结束值。

❑ **选择过渡的创建位置**　用于设置过渡效果的嵌入位置。

14.5.2　编辑 CSS 过渡效果

创建 CSS 过渡效果之后，用户可以对该过渡效果进行相应的编辑操作，包括修改效果值、删除过渡效果等内容。

1．修改过渡效果值

在【CSS 过渡效果】面板中选择某个过渡效果，单击【编辑所选过渡效果】按钮。

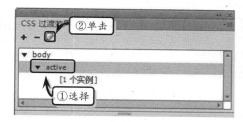

然后，在弹出的【编辑过渡效果】对话框中，修改相应的效果选项，单击【保存过渡效果】按钮即可。

2．删除过渡效果

当用户创建重复或多余的 CSS 过渡效果时，可通过删除功能，来删除无用的 CSS 过渡效果。

在【CSS 过渡效果】面板中，选择一个过渡效果，单击【删除 active 伪装】按钮。

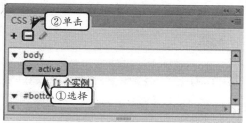

然后，在弹出的【删除过渡效果】对话框中，选择所需删除的规则内容，单击【删除】按钮即可。

14.6　练习：制作多彩时尚页

网页中的文本样式不可能是一成不变的，那样会使网页显得枯燥无味。此时，用户可以根据标题类型或网页颜色来设置文本，以增加网页的美观性和可读性。在本练习中，将运用 Dreamweaver 中的

CSS 样式功能，来制作一份多彩时尚页。

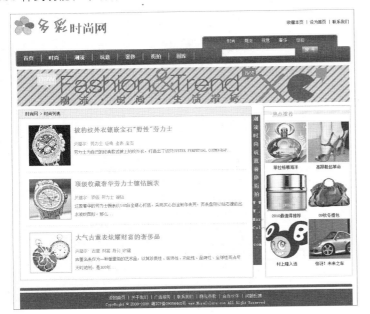

操作步骤 >>>>>

STEP|01 关联 CSS 文件。执行【窗口】|【CSS 设计器】命令，单击【添加 CSS 源】按钮，选择【附加现有的 CSS 文件】选项。

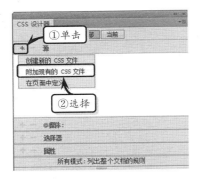

STEP|02 在弹出的【使用现有的 CSS 文件】对话框中，单击【浏览】按钮。

STEP|03 在弹出的【选择样式表文件】对话框中，选择 CSS 文件，单击【确定】按钮。

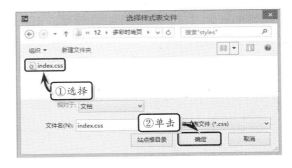

STEP|04 制作版头内容。在【设计】视图中，执行【插入】|Div 命令，在弹出的【插入 Div】对话框中，输入 ID 名称，并单击【确定】按钮。

STEP|05 删除标签内的文本，在该标签内插入一个名为 logo 的 Div 层，删除标签文本并插入 logo

图像。

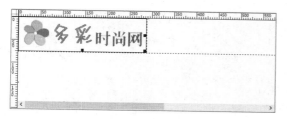

STEP|06 然后，在 Div 层 header 中插入一个名为 daohang 的 Div 层，删除标签文本并输入导航文本。

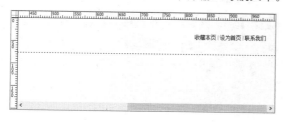

STEP|07 制作导航栏。切换到【代码】视图中，在 Div 层 header 下方插入一个名为 nav 的 Div 层，并删除标签内的文本。

```
2   <html>
3   <head>
4   <meta charset="utf-8">
5   <title>多彩时尚网档</title>
6   <link href="index.css" rel="stylesheet" type="text/css">
7   </head>
8
9   <body>
10  <div id="header">
11    <div id="logo"><img src="images/logo.png" width="288" height
      ="76" alt=""/></div>
12    <div id="daohang">收藏本页    联系我们</div>
13  </div>
14  <div id="nav"></div>         输入
15  </body>
16  </html>
17
```

STEP|08 在 nav 层中插入一个名为 navLeft 的 Div 层，输入项目列表内容，并创建列表链接。

```
13      </div>
14  <div id="nav">
15    <div id="navLeft"><ul>
16      <li><a href="javascript:void(null);" title="首页">首页</a
        ></li>
17      <li><a href="javascript:void(null);" title="时尚">时尚</a
        ></li>
18      <li><a href="javascript:void(null);" title="潮流">潮流</a
        ></li>
19      <li><a href="javascript:void(null);" title="玩意">玩意</a
        ></li>
20      <li><a href="javascript:void(null);" title="奢侈">奢侈</a
        ></li>
21      <li><a href="javascript:void(null);" title="街拍">街拍</a
        ></li>
22      <li><a href="javascript:void(null);" title="图库">图库</a
        ></li>
23      </ul></div>
```

STEP|09 然后，在 nav 层中插入一个名为

navRight 的 Div 层，在该层内插入一个 3 行 2 列的表格，设置单元格属性并分别设置单元格内容。

```
24    <div id="navRight">
25      <table width="391" border="0" cellspacing="0" cellpadding=
        "0">
26        <tr>
27          <td width="391" height="34"><ul>
28            <li><a href="javascript:void(null);" title="时尚">
时尚</a></li>
29            <li><a href="javascript:void(null);" title="潮流">
潮流</a></li>
30            <li><a href="javascript:void(null);" title="玩意">
玩意</a></li>
31            <li><a href="javascript:void(null);" title="奢侈">
奢侈</a></li>
32            <li><a href="javascript:void(null);" title="街拍">
街拍</a></li>
33          </ul></td>
34        </tr>
35        <tr>
36          <td height="25" align="center" valign="bottom"><input
```

STEP|10 制作导航图片。在 Div 层 nav 下方插入一个名为 banner 的 Div 层，用于显示导航图片。

STEP|11 制作时尚列表内容。在 Div 层 banner 方法插入一个名为 content 的 Div 层。然后，在该层中嵌套一个名为 leftmain 的 Div 层，同时再嵌套一个名为 title 的 Div 层，并输入标题文本。

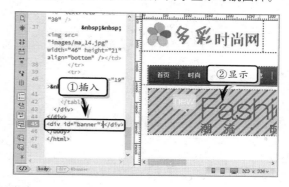

STEP|12 在 title 层下方插入一个 Div 层，并将该层的 Class 设置为 rows。同时，在该层中嵌入一个名为 pic 的 Div 层，并插入层图像。

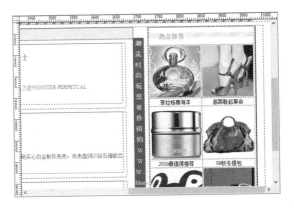

STEP|13 然后，在 pic 层下方嵌入一个关联 detail CSS 样式的 Div 层，输入介绍性文本，并设置文本的字体格式和链接地址。使用同样的方法，制作其他时尚列表内容层。

STEP|15 制作版尾内容。在 Div 层 content 下方，插入一个名为 footer 的版尾层，在该层内插入一个 3 行 1 列的表格，设置单元格的属性并为其添加内容。

STEP|14 制作间隔栏和热点推荐。紧接着，插入一个名为 centermain 和 rightmain 的 Div 层，输入文本并设置文本样式和插入图像。

14.7 练习：制作图片新闻页

在图片新闻网页中，通常提供新闻事件的各种照片、分析图像等内容，以作为吸引读者阅读新闻内容的媒介。在本练习中，将通过制作图片新闻页，来详细介绍 CSS 样式表的使用方法。

练习要点

- 关联 CSS 文件
- 嵌套 Div 层
- 添加链接
- 插入图像
- 设置文本样式

操作步骤 ▶▶▶▶

STEP|01 关联 CSS 文件。新建空白文档，执行【窗口】|【CSS 设计器】命令，单击【添加 CSS 源】按钮，选择【附加现有的 CSS 文件】选项。

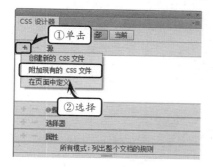

STEP|02 在弹出的【使用现有的 CSS 文件】对话框中，单击【浏览】按钮。

STEP|03 在弹出的【选择样式表文件】对话框中，选择 CSS 文件，单击【确定】按钮。

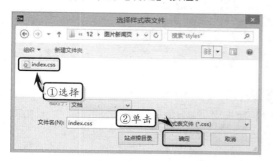

STEP|04 制作导航栏部分。执行【插入】|Div 命令，插入一个名为 header 的 Div 层，并在该层内容插入 logo 图片。

STEP|05 然后，插入一个名为 nav 的 Div 层，在该层中嵌套一个名为 newTitle 的 Div 层，并输入文本"图片新闻"。

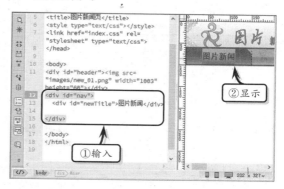

STEP|06 紧接着插入一个名为 navText 的 Div 层，单击【属性】面板中的【项目列表】按钮，输入项目列表内容并分别添加其链接地址。

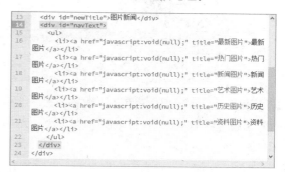

STEP|07 制作主体结构。在网页的空白区域，插入一个名为 newsbody 的 Div 层，并在其中嵌套名为 newsAnmail 和 newsMonth 的 Div 层。

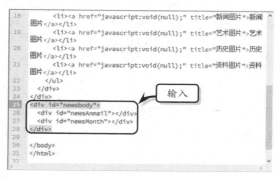

STEP|08 在 Div 层 newsAnmail 中，插入一个名为 bigpic 的 Div 层，插入图片，输入文本并设置文本的字体格式。

STEP|09 然后，插入一个 Div 层，在【属性】面板中，将 Class 设置为 smallpic。

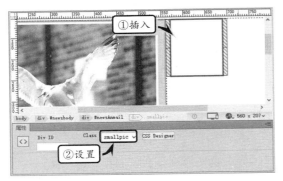

STEP|10 在该 Div 层中再插入一个 Div 层，在【属性】面板中将 Class 设置为 pic，并在其中插入一张图片。

STEP|11 同时，在该层的下方插入一个 Div 层，在【属性】面板中将 Class 设置为 picTest，并在其中输入说明性文本。使用同样的方法，制作其他图片层。

STEP|12 制作每月精选内容。在 Div 层 newsMonth 中插入名为 monthText 的 Div 层，并输入标题文本。

STEP|13 在其下方插入一个 Div 层，在【属性】面板中，将 Class 设置为 mPic。

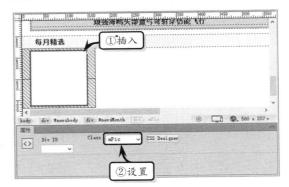

STEP|14 在该 Div 层中嵌入一个 Div 层，在【属性】面板中，将 Class 设置为 smPic，并为其添加相应的图像。

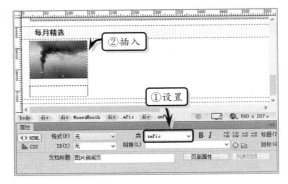

STEP|15 然后，在该 Div 层中嵌入一个 Div 层，在【属性】面板中，将 Class 设置为 mpicText，并为其输入说明性文本。使用同样的方法，分别制作其他精选内容。

STEP|16 制作版尾内容。在网页的空白区域，插入一个名为 footer 的 Div 层，在其中输入版尾文本即可。

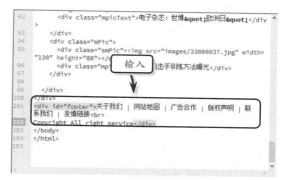

14.8 新手训练营

练习 1：布局产品信息页面

downloads\14\新手训练营\布局产品信息页面

提示：本练习中，首先新建空白文档，设置页面属性，并在【代码】视图中的<head>标签处输入 CSS 规则代码。同时，在【设计】视图中，插入版头和导航栏 Div 标签层，插入版头图像，输入导航栏文本并设置文本的链接属性。

然后，插入一个总主体内容的 Div 层。同时，在该层中嵌套两个 Div 层，并分别关联 CSS 规则。在左侧的 Div 层中再次嵌入两个嵌套 Div 层，分别关联 CSS 规则并输入相应文本。

在总主体内容 Div 层的右侧层中，也嵌入两个嵌套 Div 层，并分别关联 CSS 规则。同时，在不同的层中分别输入文本和插入图片。最后，插入一个版尾 Div 层，并输入相关文本。

练习 2：布局个人博客页面

downloads\14\新手训练营\布局个人博客页面

提示：本练习中，首先新建空白文档，设置页面属性，并在【代码】视图中的<head>标签处输入 CSS 规则代码。在网页中插入一个包含版头图片的 Div 层，同时，插入导航栏 Div 层，输入文本并设置文本的链接属性。

在网页空白区域插入一个主体机构的 Div 层，同时通过嵌套 Div 层和插入表格，以及关联 CSS 样式等操作，来布局主体内容，插入图像，输入文本并设置文本的字体格式。

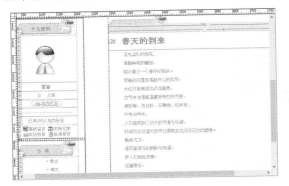

最后，在网页的底部插入一个版尾 Div 层，在该层中插入一个 1 行 1 列的表格，设置表格属性并输入表格内容。

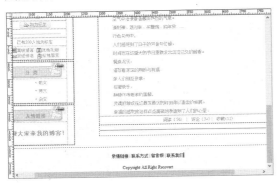

练习 3：制作文章页面

downloads\14\新手训练营\文章页面

提示：在本练习中，首先打开素材文件，将光标定位在 leftmain Div 层中，插入一个名为 title 的 Div 层，输入标题文本并设置文本的链接属性。同时，在其下方插入一个名为 homeText 的 Div 层，并嵌入

homeTitle 和 mainHome Div 层。

然后，将光标定位在 homeTitle 层中，分别嵌入 htitle、publish 和 mark 三个层。在 publish 层中再嵌入三个 Div 层，关联 CSS 规则并输入内容文本，而在 htitle 和 mark 层中关联 CSS 规则并输入相应的文本。

```
61        <div id="title"><a href="#">时尚网 </a>> <a href="#">时尚指
标</a> >穿出地中海浪漫情怀28款经典搭配</div>
62        <div id="homeText">穿出地中海浪漫情怀28款经典搭配</div>
63        <div id="homeTitle">
64            <div id="htitle">穿出地中海浪漫情怀28款经典搭配</div>
65            <div id="publish">
66                <div class="font2" id="zz">作者：</div>
67                <div class="font2" id="times">发布时间:2009-8-4
12:15:28</div>
68                <div class="font2" id="pl">发表评论：0条点评</div>
69            </div>
70            <div id="mark"><span class="font2">标签关键字</span>：
<span class="font3">韩国 世界 潮流 浪漫 搭配 纯美 魅力 独特 享受 </
span></div>
71        </div>
72        <div id="mainHome"></div>
73    </div>
74    </div>
```

最后，将光标定位在 mainHome Div 层中，输入说明性文本，并设置文本的字体格式。

```
72        <div id="mainHome">
73            <p>地中海蔚蓝色的浪漫情怀，海天一色、艳阳高照的纯美自然
，只有身体验过的人才知道它的真正内涵；北极的渺茫冰冷、广阔无垠，
只有置身北极的人才能真正的感受到它凛冷的气息；同样，MSVI卓越完
美的设计必然要通过舒适天然的亲肤体验才能顺利的传达给消费者。</p>
74            <p>MSVI在今天的韩国、今天的世界，已经不再是一个简单的英
文字母组成的品牌名称了，它代表的优雅、睿智、雕琢和灵动已经成为
了全世界年轻女性的时尚之选。</p>
75            <p>MSVI的设计宗旨是追求搭配的经典和极致，追求服装搭配的
多样性和适应性。&ldquo;最经典的款式即为最经典的流行&rdquo;MSVI的精英
设计团队运用经典的款式配合时尚的细节设计、舒适的面料以及时下流
行的各种时尚元素设计出最易搭配的款式，设计师更将时尚的触角伸向
世界各地，将生活的感悟和细节融入服装的设计，只希望能使每一位
选择MSVI品牌的女性都能利用衣橱中MSVI的时装来达到最搭配出属于自
己的风格。</p>
76            <p>MSVI的品牌核心理念就是        &ldquo;选择快乐、定义自我&rdquo;
，希望选择MSVI的女人更是快乐自信的女人，选择MSVI任何一款的同时
，也定义了此时自己独特的气质与魅力。自信的女人最美丽，MSVIVI更
```

第 15 章

布局网页

    <div>标签是 HTML 众多标签中的一个，它相当于一个容器或一个方框，用户可以将网页中的文字、图片等元素放到这个容器中。然后，使用 CSS 样式，统一且方便地控制这些容器性标签，为网页内容进行布局，从而可以更有效地控制网页外观，使整个网站看起来更具有条理性。本章将详细介绍标准化的 Web 布局技术、CSS 盒状模型技术以及<div>标签的使用方法，帮助用户更好地掌握标准化的 Web 制作方式。

15.1 应用 Div 标签

CSS 页面布局使用层叠样式表格式（而不是传统的 HTML 表格或框架），用于组织网页上的内容。CSS 布局的基本构造块是<div>标签，它是一个 HTML 标签，在大多数情况下用作文本、图像或其他页面元素的容器。

15.1.1 了解 Div 标签

<div>标签是用来为 HTML 文档内大块（block-level）的内容提供结构和背景的元素。<div>起始标签和结束标签之间的所有内容都是用来构成这个块的，其中所包含元素的特性由<div>标签的属性来控制，或者通过使用样式表格式化这个块来进行控制。

而<div>标签则用于设置文本、图像、表格等网页对象的摆放位置。当用户将文本、图像，或其他对象放置在<div>标签中，则可称作为 DIV block（层次）。

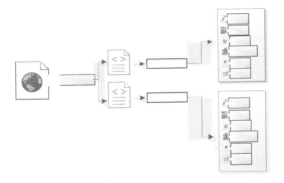

<div>标签可以把文档分割为独立的、不同的部分。它可以用作严格的组织工具，并且不使用任何格式与其关联。如果用 id 或 class 属性来标记<div>，那么该标签的作用会变得更加有效。

15.1.2 插入 Div 标签

Div 布局层是网页中最基本的布局对象，也是最常见的布局对象。它可以结合 CSS 强大的样式定义功能，比表格更简单、更自由地控制页面版式和样式。

首先，在网页中定位插入 Div 标签的位置。然后，在【插入】面板的【HTML】选项卡中，单击【Div】按钮。

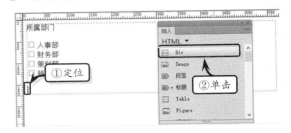

在弹出的【插入 Div】对话框中，可以命名<div>标签或者 Div 层的名称，并单击【确定】按钮。

> **提示**
>
> 其【插入】选项会随着网页插入位置所在的内容的改变而改变，例如当用户将 Div 的插入点定在表单元素内时，其【插入】选项内容则增加【在标签前】和【在标签后】两项

其中，【插入 Div】对话框中各选项的具体含义，如下表所述。

选 项		含 义
插入	在插入点	将<div>标签插入到当前光标所指示的位置
	在标签开始之后	将<div>标签插入到选择的开始标签之后
	在标签结束之前	将<div>标签插入到选择的开始标签之前

续表

选 项	含 义
开始标签	如在【插入】的下拉列表中选择【在标签开始之后】或【在标签结束之前】选项后，即可在此列表中选择文档中所有的可用标签，作为开始标签
Class	定义\<div>标签可用的 CSS 类
ID	定义\<div>标签在网页中唯一的编号标识
新建 CSS 规则	根据该\<div>标签的 CSS 类或编号标记等，为该\<div>标签建立 CSS 样式

此时，文档中会显示所插入的\<div>标签，并在 Div 层中显示一段文本以方便用户选择该层。

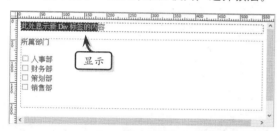

提示

用户也可以执行【插入】|Div 命令，在弹出的【插入 Div】对话框中设置属性，并插入\<div>标签。

15.1.3 编辑 Div 标签

插入\<div>标签之后，便可以对其进行相应的操作了，例如添加文本、添加 Div 层等。

1. 查看 Div 层

将指针移到\<div>标签上时，Dreamweaver 将高亮显示此标签。如果用户选择该 Div 层时，则边框将以"蓝色"显示。

另外，当用户在【插入 Div】对话框中创建 CSS 规则之后，选择\<div>标签既可以在【CSS 设计器】面板中查看和编辑它的规则。

2. 插入文本

在 Dreamweaver 中，可以向\<div>标签中插入文本。即选择该标签，将插入点放在标签中，然后直接输入文本内容即可。

3. 插入多个 Div 层

Dreamweaver 允许用户在网页中插入多个\<div>层。首先，将光标定位在已经插入\<div>层的边框外。然后，在【插入】面板的 HTML 选项卡中，单击 Div 按钮。

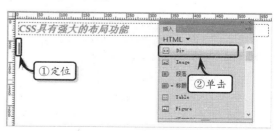

然后，在弹出的【插入 Div】对话框中，设置各项选项，并单击【确定】按钮。

此时，在文档中将显示所插入的 Div 层。用户可以使用该方法，依次添加更多的 Div 层。

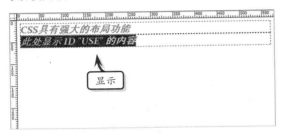

4．插入嵌套 Div 层

用户还可以在 Div 层中，插入其他 Div 层，并实现层与层之间的嵌套。

首先，将光标置于已插入的 Div 层中，并在【插入】面板的【常用】选项卡中，单击 Div 按钮。

然后，在弹出的【插入 Div】对话框中，设置各项选项，并单击【确定】按钮。

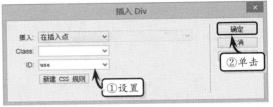

此时，可以看到所插入的 ID 为 use 层，嵌套在第 1 个 Div 层的内部。

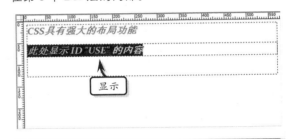

> **提示**
>
> 嵌套 Div 层时，其被嵌套的二级 Div 层中的 CSS 样式将会使用第一级的 Div 层 CSS 样式。

15.2　CSS 盒模型

盒模型是一种根据网页中的块状标签结构抽象化而得出的一种理想化模型，它是控制页面元素的重要工具。

15.2.1　盒模型概述

用户可以将网页中所有块状标签看作是一个矩形的盒子，而 CSS 盒模型正是描述这些标签在网页布局中所占的空间和位置的基础。

用户可通过 CSS 样式表定义盒子的高度、宽度、填充和边框等属性，从而实现网页布局的标准化。

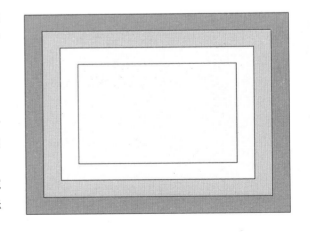

CSS 盒模型是由内容（content）、填充（padding）、边框（border）、边界（margin）等元素组成的。用户可通过 CSS 样式表，方便地定义盒模型各部分的属性。其中包括以下几种属性。

- ❏ **内容（content）属性**　主要用来设置文字、图像等网页元素。
- ❏ **填充（padding）属性**　主要用来设置内容与边框之间的距离。
- ❏ **边框（border）属性**　主要用来设置边框的粗细、颜色等边框样式。
- ❏ **边界（margin）属性**　主要用来设置网页内容与内容之间的距离。

了解盒模型的基本概念之后，用户在制作网页时还需要了解下列一些使用盒模型的注意事项。

- ❏ **内容**　盒模型内容决定了盒模型的大小，当盒模型中不存在内容时，即使用户定义了盒子大小，实际也不会显示盒模型。
- ❏ **边框**　可以将盒模型的边框设置为隐藏状态。
- ❏ **属性值**　在设置盒模型的属性时，其填充和边界值不可以为负数。
- ❏ **内联元素**　在定义内联元素的上、下边界时，其属性值不会影响到行高。
- ❏ **块级元素**　对于未浮动的块级元素，其垂直相邻元素的上、下边界值会出现叠加现象，系统会依边界值最大的一个边界来设定元素间的实际边距值。
- ❏ **浮动元素**　对于浮动元素来讲，其相邻元素的上、下边界值不会出现叠加的现象。

15.2.2　设置盒模型属性

盒模型属性决定了盒模型的整体布局，用户可通过设置其属性值的方法，来调整盒模型。

1．设置内容（content）属性

CSS 样式表允许用户定义盒模型中的内容（content）属性，包括宽度、高度、最大宽度、最大高度等属性。

属　　性	作　　用
width	可以定义内容区域的宽度
height	可以定义内容区域的高度
min-width	可以定义内容区域的最小宽度
max-width	可以定义内容区域的最大宽度
min-height	可以定义内容区域的最小高度
max-height	可以定义内容区域的最大高度

上述表格中的各属性的属性值均为关键帧 auto 或长度值，而 auto 为所有属性的默认属性值。

在 CSS 中，width 和 height 指的是内容区域的宽度和高度。增加内边距、边框和外边距不会影响内容区域的尺寸，但是会增加元素框的总尺寸。

假设框的每个边上有 10px 的外边距和 5px 的内边距，如果这个元素框达到 100px，就需要将内容的宽度设置为 70px。

```
#box{
width:70px;
margin:10px;
padding:5px;
}
```

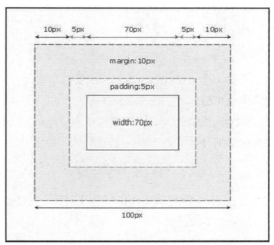

例如，定义网页标签的宽度在 100～200px 之间，则可以使用内容区域的最大宽度和最小宽度属性，其代码如下所述。

```
min-widht:100px;
max-widht:200px;
```

2．设置填充（padding）属性

填充（padding）属性是网页标签边框线内部的一种扩展区域，主要用于显示网页标签内容和边框之间的距离。

在 CSS 样式表中，用户可以通过下表中的 5 种属性来定义网页标签的填充尺寸。

属　　性	作　　用
padding	定义网页标签 4 个方向的填充尺寸
padding-top	定义网页标签顶部的填充尺寸
padding-right	定义网页标签右侧的填充尺寸
padding-bottom	定义网页标签底部的填充尺寸
padding-left	定义网页标签左侧的填充尺寸

上表内各属性的属性值均表示填充尺寸的长度值，其 padding 属性可以使用 1~4 个长度值作为属性值。

当 padding 属性值为一个独立的长度值时，表示所有 4 个方向的填充尺寸均为该长度值。例如，定义某个标签 4 个方向的填充尺寸为 20px，其代码如下所述。

```
padding:20px;
```

当 padding 属性值是以空格隔开的两个长度值时，则第 1 个长度值表示顶部和底部的填充尺寸，第 2 个长度值表示左侧和右侧的填充尺寸。例如，定义某个标签顶部和底部填充尺寸为 20px、左侧和右侧的填充尺寸为 15px，其代码如下所述。

```
padding:20px 15px;
```

当 padding 属性值是以空格隔开的三个长度值时，则第 1 个长度值表示顶部的填充尺寸，第 2 个长度值表示左侧和右侧的填充尺寸，第 3 个长度值表示底部的填充尺寸。例如，定义某个标签顶部填充尺寸为 20px、左侧和右侧的填充尺寸为 15px、底部的填充尺寸为 0px，其代码如下所述。

```
padding:20px 15px 0px;
```

当 padding 属性值是以空格隔开的 4 个长度值时，则分别表示网页标签的顶部、右侧、底部和左

侧 4 个方向的填充尺寸。例如，定义某个网页标签顶部填充尺寸为 30px、底部填充尺寸为 20px、左侧填充尺寸为 15px、右侧的填充尺寸为 15px，其代码如下所述。

```
padding:30px 20px 15px 15px;
```

3．设置边框（border）属性

边框（border）属性主要用于区分内边框和外边距，其外边表示元素的最外围。

在 CSS 样式表中，用户可以通过下表中的三种属性来定义网页标签的边框属性。

属　　性	作　　用
border-style	定义边框的样式
border-width	定义边框的宽度
border-color	定义边框的颜色

边框（border）属性中的各属性组值也需要使用空格进行隔开，分别表示边框样式、边框宽度和边框样式。例如，定义某个网页标签边框的样式为实线、边框宽度为 10px、边框颜色为红色时，其代码如下所述。

```
border:solid 10px #F51216;
```

4．设置补白属性

补白是网页标签边框线外部的一种扩展区域，它可以使网页标签与其父标签和其他同级标签拉开距离，从而实现各种复杂的布局效果。

CSS 样式表提供了下表所示的 5 种补白属性，用于定义网页标签的补白尺寸。

属　　性	作　　用
margin	定义网页标签 4 个方向的补白尺寸
margin-top	定义网页标签顶部的补白尺寸
margin-right	定义网页标签右侧的补白尺寸
margin-bottom	定义网页标签底部的补白尺寸
margin-left	定义网页标签左侧的补白尺寸

上表中 5 种补白属性的属性值都与填充属性相同，均为补白尺寸的长度值。其中，margin 属性可以使用 1~4 个长度值作为属性值。

当 margin 属性值为一个独立长度值时,表示 4 个方向的补白尺寸均为该长度值。例如,定义某个标签在 4 个方向的填充尺寸均为 20px 时,其代码如下所述。

```
margin:20px;
```

当 margin 属性值是以空格隔开的两个长度值时,则第 1 个长度值表示顶部和底部的补白尺寸,第 2 个长度值表示左侧和右侧的补白尺寸。例如,定义某个标签顶部和底部补白尺寸为 30px、左侧和右侧的补白尺寸为 20px 时,其代码如下所述。

```
margin:30px 20px;
```

当 margin 属性值是以空格隔开的三个长度值时,则分别表示顶部、左侧和右侧、底部的补白尺寸。例如,定义某个标签顶部补白尺寸为 25px、左侧和右侧的补白尺寸为 20px、底部的补白尺寸为 30px 时,其代码如下所述。

```
margin:25px 20px 30px;
```

当 padding 属性值是以空格隔开的 4 个长度值时,则分别表示顶部、右侧、底部和左侧的补白尺寸。例如,定义某个网页标签的顶部补白尺寸为 30px、右侧的补白尺寸为 25px、底部的补白尺寸为 20px、左侧的补白尺寸为 10px 时,其代码如下所述。

```
margin:30px 25px 20px 10px;
```

15.2.3　CSS 3.0 新增盒模型属性

CSS 3.0 新增了弹性盒模型,主要用于控制网页元素在盒模型中的布局方式和可用空间的处理方式,以帮助用户设计出适应各种浏览器窗口的网页布局样式。其中,新增的弹性盒模型中包括 6 个盒模型属性,每种属性的具体说明如下所述。

1．取向属性

取向是指盒子内部各元素的横排或竖排两种流动布局方向,而取向属性主要通过 box-orient 属性进行控制。

在 CSS 样式表中,用户可以通过下表所示的 5 种属性值来定义盒子取向属性。

属性值	作　　用
horizontal	在一条水平线上从左到右显示盒子元素的子元素
vertical	在一条处置线上从上到下显示盒子元素的子元素
inline-axis	沿着内联轴显示盒子元素的子元素
block-axis	沿着块轴显示盒子元素的子元素
inherit	盒子元素继承父元素的相关属性

2．顺序属性

顺序属性主要用来控制盒子元素的排列顺序,可以通过 box-direction 属性进行控制。而在 CSS 样式表中,用户可以通过下表所示的三种属性值来定义盒子顺序属性。

属性值	作　　用
normal	定义盒子元素的排列顺序为正常顺序
reverse	定义与 normal 相反的显示顺序
inherit	定义继承上级元素的显示顺序

3．位置属性

位置属性主要用来控制盒子元素的具体显示位置,可以通过 box-ordinal-group 属性进行控制。box-ordinal-group 属性的语法格式如下所述。

```
box-ordinal-group:<integer>
```

在 CSS 样式表中,用户可以通过 integer 属性值来定义盒子的位置属性。其中,integer 属性值代表一个从 1 开始的自然数,主要用来设置元素的位置序号。

一般情况下,子元素会根据 integer 属性值从大到小进行排列。而当系统不确定属性值时,则会将其属性值默认为 1,相同序号的元素会按照文档加载的顺序进行排列。

4．弹性空间属性

弹性空间属性主要用于控制子元素在盒子中的宽度、高度及子元素所在栏目的宽度等一些子元素的显示空间,用户可以通过 box-flex 属性进行控制。box-flex 属性的语法格式如下所述。

```
box-flex:<number>
```

在 CSS 样式表中,用户可以通过 number 属性值来定义盒子的弹性空间属性，而 number 属性值则表示一个整数或小数。当用户为盒子中多个 box-flex 属性定义属性值之后，浏览器会自动计算 box-flex 属性值的总值，并根据每个 box-flex 属性值占总值的比例来分配盒子的剩余空间。

5. 空间管理属性

空间管理属性主要用于控制盒子空间的分配情况，以防止同时使用弹性元素和非弹性元素进行混合排版所出现的盒子空间分配不均的情况，用户可通过 box-pack 和 box-align 属性来管理空间属性。

其中，box-pack 属性可通过下表所示的 4 种属性值，来控制盒子空间管理属性。

属性值	作　　用
start	定义所有子容器分布在父容器的左侧，右侧留空
end	定义所有子容器分布在父容器的右侧，左侧留空
center	定义所有子容器平均分布，为默认值
justify	定义平均分配父容器的剩余空间

而 box-align 属性主要用于控制子容器在竖轴上的空间分配情况，可通过下表所示的 5 种属性组进行控制。

属性值	作　　用
start	定义子容器从父容器的顶端开始排列
end	定义子容器从父容器的底端开始排列
center	定义子容器横向居中排列
baseline	定义所有盒子沿着基线开始排列
stretch	定义所有子容器和父容器保持同一高度

6. 空间溢出管理属性

在网页设计过程中，经常会出现盒子中的元素出现空间溢出的情况。此时，用户可以通过 box-lines 属性避免溢出现象，而 box-lines 属性则可以通过下列两种属性值进行控制。

- ❑ **single**　定义子元素全部单行或单列显示。
- ❑ **multiple**　定义子元素全部多行或多列显示。

15.3　CSS 布局方式

CSS 布局方式是一种比较新的排版理念，它主要通过<div>标签对网页进行分块，并通过 CSS 样式表对块进行定位，用户只需修改 CSS 属性便可以修改网页布局样式。

15.3.1　流动布局

流动布局是将网页中各种布局元素按照其在 HTML 代码中的顺序，以类似水从上到下的流动一样依次显示。

在流动布局的网页中，用户无需设置网页各种布局元素的补白属性。

例如，一个典型的 HTML 网页，其<body>标签中通常包括头部、导航条、主题内容和版尾 4 个部分，使用 div 标签建立这 4 个部分的层后，其代码如下所述。

```
<div id="header"></div>
```

```
<!--网页头部的标签。这部分主要包含网页
的 logo 和 banner 等内容-->
<div id="navigator"></div>
<!--网页导航的标签。这部分主要包含网页的
导航条-->
<div id="content"></div>
<!--网页主题部分的标签。这部分主要包含
网页的各种版块栏目-->
<div id="footer"></div>
<!--网页版尾的标签。这部分主要包含尾部
导航条和版权信息等内容-->
```

在上面的 HTML 网页中，用户只需定义 <body>标签的宽度、外补丁，然后根据网页的设计，来定义各种布局元素的高度，即可实现各种上下布局或上中下布局。

例如，定义网页的头部高度为 100px、导航条高度为 30px、主题部分高度为 500px、版尾部分高

度为 50px, 其代码如下所述。

```
body {
width:1003px;
margin:0px
}//定义网页的 body 标签宽度和补白属性
#header {height:100px;}
//定义网页头部的高度
#navigator {height:30px;}
//定义网页导航条的高度
#content {height:50px;}
//定义主题内容部分的高度
#footer {height:50px;}
//定义网页版尾部分的高度
```

另外, 为了方便查看其布局效果, 用户可在不同的定义中添加边框样式。

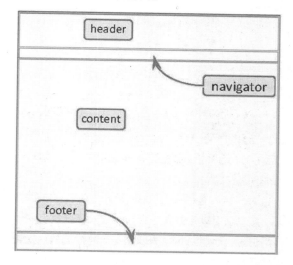

流动布局的方式特点是结构简单、兼容性好, 所有的网页浏览器对流动布局方式的支持都是相同的, 不需要单独为某个浏览器编写样式。

> **提示**
>
> 在【效果控件】面板中, 用户可以通过拖动各个视频效果来实现调整其排列顺序的目的。

虽然, 流动布局无法实现左右分栏的样式, 所以只能制作上下布局或上中下布局, 具有一定的应用局限性。

15.3.2　浮动布局

浮动布局是将所有的网页标签设置为块状标签的显示方式, 然后再进行浮动处理。最后, 通过定义网页标签的补白属性来实现布局。

浮动布局可以将各种网页标签紧密地分布在页面中, 不留空隙, 同时还支持左右分栏等样式, 是目前最主要的布局手段。

在使用浮动布局方式时, 用户需要先将网页标签设置为块状显示。即设置其 display 属性的值 block。然后, 还需要使用 float 属性, 定义标签的浮动显示。

float 属性是定义网页布局标签在脱离网页的流动布局结构后, 所显示的方向。

在网页设计中主要可应用于两个方面, 即实现文本环绕图像或实现浮动的块状标签布局。float 属性主要包括下表中的 4 个关键字属性值。

属性值	作　　用
none	定义网页标签以流动方式显示, 不浮动
left	定义网页标签以左侧浮动的方式脱离流动布局
right	定义网页标签以右侧浮动的方式脱离流动布局
inherit	定义网页标签继承其父标签的浮动

float 属性通常和 display 属性结合使用, 先使用 display 属性定义网页布局标签以块状方式显示。再使用 float 属性定义左右浮动, 其代码如下所述。

```
display:block;
float:left;
```

在默认状态下, 块状的 div 布局标签在网页中会以上下流动的方式显示。

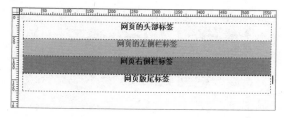

在将布局标签设置为块显示方式，并定义其尺寸后，这些标签仍然会以流动的方式显示。

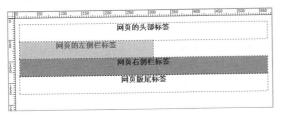

在为【网页左侧栏标签】和【网页右侧栏标签】两个标签定义浮动属性后，即可使其左右分列布局。

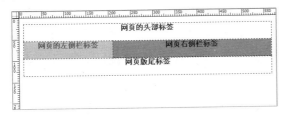

在上图的布局中，左侧栏标签的 CSS 样式代码如下所述。

```
display:block;
float:left;
width:150px;
height:60px;
line-height:60px;
background-color:#C8C2C2;
```

右侧栏标签的 CSS 样式代码如下所述。

```
display:block;
float:left;
width:1350px;
height:60px;
line-height:60px;
background-color: #D56466;
```

15.3.3 绝对定位布局

绝对定位布局为每一个网页标签进行定义，精确地设置标签在页面中的具体位置和层次次序。

绝对定位使元素的位置与文档流无关，因此不占据空间。这一点与相对定位不同，相对定位实际上被看成普通流定位模型的一部分，因为元素的位置是相对于它在普通流中的位置。

普通流中其他元素的布局就像绝对定位的元素不存在一样。

```
#box-relative{
position:absolute;
left:30px;
top:20px
}
```

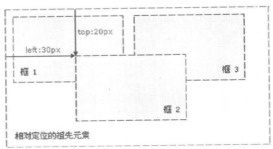

绝对定位的元素的位置相对于最近的已定位祖先元素（父元素），如果元素没有已定位的祖先元素（父元素），那么它的位置相对于最初的包含块。

对于定位的主要问题是要记住每种定位的意义。其中，相对定位是"相对于"元素在文档中的初始位置，而绝对定位是"相对于"最近的已定位祖先元素（父元素），如果不存在已定位的祖先元素（父元素），那么"相对于"最初的包含块。

1. 设置精确位置

设置网页标签的精确位置，可使用 CSS 样式表中的 position 属性先定义标签的性质。

position 属性的作用是定义网页标签的定位方式，其属性值为下表所示的 4 个关键字。

属性值	作　　用
static	默认值，无特殊定位，遵循网页布局标签原来的定位方式
absolute	绝对定位方式，定义网页标签按照 left、top、bottom 和 right 4 种属性定位

续表

属性值	作　用
relative	定义网页布局标签按照 left、top、bottom 和 right 4 种属性定位，但不允许发生层叠，即忽视 z-index 属性设置
fixed	修改的绝对定位方式，其定位方式与 absolute 类似，但需要遵循一些规范，例如 position 属性的定位是相对于 body 标签的，fixed 属性的定位则是相对于 html 标签的

将网页布局标签的 position 属性值设置为 relative 后，可以通过设置左侧、顶部、底部和右侧 4 个 CSS 属性，定义网页标签在网页中的偏移方式。

而这种设置结果与通过 margin 属性定义网页布局标签的补白类似，都可以实现网页布局的相对定位。

将网页布局标签的 position 属性定义为 absolute 之后，会将其从网页当前的流动布局或浮动布局中脱离出来。

此时，用户必须最少定义其左侧、上方、右侧和下方 4 种针对<body>标签的距离属性中的一种，来实现其定位，否则 position 的属性值将不起作用（通常需要定义顶部和左侧）。

例如，定义网页布局标签距离网页顶部为 100px、左侧为 30px，其代码如下所述。

```
position:absolute;
top:100px;
lift:30px;
```

提示

属性为 absolute 对象的 z-index 属性可以设置层叠显示的次序，它是直接有效的；而属性值为 relative 对象的 z-index 属性在设置时需要注意，把当前对象的 z-index 设置为 0 以上，否则在 firefox 中它无法显示。

position 属性中的 fixed 属性值是一种特殊的属性值。

在网页设计过程中，绝大多数的网页布局标签

定位（包括绝对定位）都是针对网页中的<body>标签。而 fixed 属性值所定义的网页布局标签则是针对<html>标签，所以可以设置网页标签在页面中漂浮。

2. 设置层叠次序

使用 CSS 样式表，除了可以精确地设置网页标签的位置之外，还可以设置网页标签的层叠顺序。首先，需要通过 CSS 样式表中的 position 属性定义网页标签的绝对定位，然后再使用 CSS 样式表的 z-index 属性。

在层叠后，将按照用户定义的 z-index 属性决定层叠位置，或自动按照其代码在网页中出现的顺序依次层叠显示。z-index 属性的值为 0 或任意正整数，无单位。z-index 属性值越大，则网页布局标签的顺序越高。

例如，两个 id 分别为 div1 和 div2 的层，其中 div1 覆盖在 div2 上方，则代码如下所述。

```
#div1 {
position:absolute;
z-index:2;
}
#div2 {
position:absolute;
z-index:1;
}
```

3. 可视化布局

可视化布局是指通过 CSS 样式表，来定义各种布局标签在网页中的显示情况。

在 CSS 样式表中，允许用户使用 visibility 属性，定义网页布局标签的可视化性能。该属性包括下表所示的 4 种关键字属性值。

属性值	作　用
visible	默认值，定义网页布局标签可见
hidden	定义网页布局标签隐藏
collapse	定义表格的行或列隐藏，但可被脚本程序调用
inherit	从父网页布局标签中继承可视化方式

在 visibility 属性中，用户可以方便地通过

visible 和 hidden 属性值切换网页布局标签的可视化性能，使其显示或隐藏。

用户在设置 visibility 属性与 display 属性时，有一定的区别。如设置 display 属性的值为 none 之后，被隐藏的网页布局标签往往不会在网页中再占据相应的空间。通过设置 visibility 属性定义 hidden 的网页布局标签，则会保留其占据的空间，除非将其设置为绝对定位。

4．布局剪切

在 CSS 样式表中，还提供了一种可剪切绝对定位布局标签的工具，将所有位于显示区域外的部分剪切掉，使其无法在网页中显示。

在剪切绝对定位的标签时，需要使用 CSS 样式表中的 clip 属性，其属性值包括矩形、auto 和 inherit。

auto 属性值是 clip 属性的默认属性值，其作用为不对网页布局标签进行任何剪切操作，或剪切的矩形与网页布局标签的大小和位置相同。

矩形属性值与颜色、URL 类似，都是一种特殊的属性值对象。在定义矩形属性值时，需要为其使用 rect() 方法，同时将矩形与网页的 4 条边之间的距离作为参数，填写到 rect() 方法中。

例如，定义一个距离网页左侧 20px、顶部 45px、右侧 30px，底部 26px 的矩形，其代码如下所述。

```
rect(20px 45px 30px 26px)
```

用户可以方便地将上述代码应用到 clip 属性中，以绝对定位的网页布局标签进行剪切操作，其代码如下所述。

```
position:absolute;
clip:rect(20px 45px 30px 26px);
```

15.4 练习：制作企业网页

企业门户网站作为企业的网上名片，其重要性毋庸质疑。而在制作企业网页时，则有许多子页面，其网页的结构和框架内容非常类似，用户可以通过模板来快速创建其他页面。在本练习中，将运用 Dreamweaver 中的模板功能，制作一个基于模板的企业产品网页。

练习要点

- 另存为模板
- 基于模板创建文档
- 插入表格
- 嵌套表格
- 插入图像
- 设置表格属性
- 创建可编辑区域

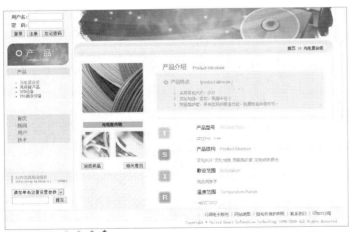

操作步骤 ▶▶▶

STEP|01 保存为模板。打开素材文件，执行【文件】|【另存为模板】命令，在弹出的【另存模板】对话框中设置模板名称，单击【保存】按钮。

STEP|02 将光标放置在网页的右侧，执行【插入】|【模板】|【可编辑区域】命令，在弹出的对话框

中设置名称，并单击【确定】按钮。

STEP|03 基于模板创建文件。执行【文件】|【新建】命令，选择【产品内容】选项，并单击【创建】按钮。

STEP|04 制作网页内容。将光标定位在可编辑区域，执行【插入】|【表格】命令，在弹出的【表格】对话框中设置表格尺寸，单击【确定】按钮。

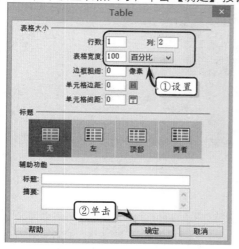

STEP|05 将光标放置在该表格的第 1 列中，执行【插入】|【表格】命令，在对话框中设置表格尺寸。

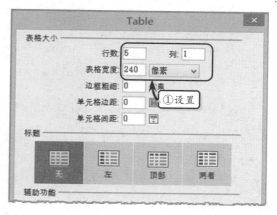

STEP|06 选择第 1 行，在【属性】面板中设置【高】和【水平】属性，并在其中插入相应的图像。

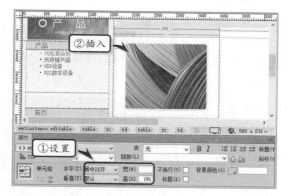

STEP|07 使用同样的方法，设置其他行的高度值，并在其中插入图片、按钮或嵌套表格。

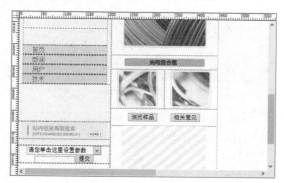

STEP|08 在第 2 列中插入一个 12 行 2 列、宽度为 550 像素的表格。合并第 1 行中的所有单元格，设置其高度值并插入相应的图像。

STEP|09 合并第 2 行中的所有单元格，设置其高度值。然后，切换到【代码】视图中，输入"background="images/product14.jpg""。使用同样的

方法，分别合并其他相应单元格，并插入相应的图片及输入内容文本。

15.5 练习：制作家居网页

网页的色调与布局是决定网站美观性的主要因素，而家居网站一般都是以暖色调为主色调来布局网页的，从而可以在视觉上给人以舒适和自然的感觉。在本练习中，将使用绝对定位布局来制作一个以棕黄色为主色调的家居网页。

练习要点
- CSS 浮动定位
- CSS 绝对定位
- 使用无序列表
- 应用 float 属性
- 创建 CSS 规则
- 插入 Div 层

操作步骤

STEP|01 设置页面属性。新建空白文档，单击【属性】面板中的【页面】属性按钮，在弹出的【页面属性】对话框中，设置大小、文本颜色和背景颜色。

STEP|02 打开【链接（CSS）】选项卡，设置各种链接选项。

STEP|03 打开【标题/编码】选项卡，在【标题】文本框中输入网页标题，并单击【确定】按钮。

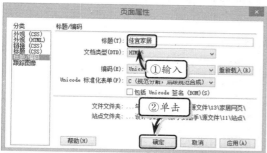

STEP|04 插入总 Div 层。执行【插入】|Div 命令，在弹出的【插入 Div】对话框中，输入 ID 名称，单击【新建 CSS 规则】按钮。

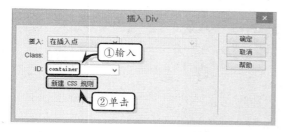

STEP|05 在弹出的【新建 CSS 规则】对话框中，单击【确定】按钮。

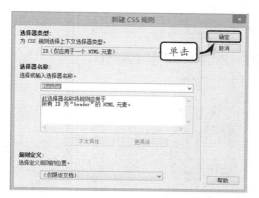

STEP|06 在弹出的【#container 的 CSS 规则定义】对话框中，打开【背景】选项卡，设置层的背景填充图片。

STEP|07 打开【定位】选项卡，设置层的高度、宽度等属性值，并单击【确定】按钮。

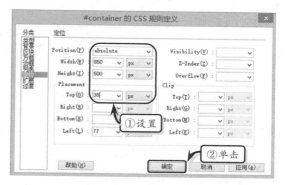

STEP|08 制作主体内容。在页面中插入一个名为 nav 的 Div 层，并定义其 CSS 样式。

```
33    color: #fc6;
34  }
35
36  #container {
37    background: url(images/background.jpg);
38    position: absolute;
39    height: 506px;
40    width: 858px;
41    left: 77px;
42    top: 38px;
43  }
44
45  #nav {
46    position:absolute;
47    width:629px;
48    height:26px;
49    left: 187px;
50    top: 33px;
51  }
```

STEP|09 然后，单击【属性】面板中的【项目列表】按钮，插入项目列表并输入列表内容。

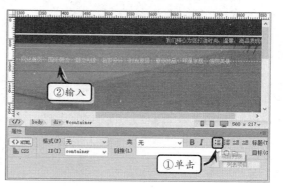

STEP|10 在网页中插入一个名为"main"的 Div 层，并定义其 CSS 样式。

```
49        left: 187px;
50        top: 33px;
51  }
52
53  #container #nav ul li {
54        display: inline;
55        padding-left: 5px;
56  }
57
58  #main {
59        position:absolute;
60        width:186px;
61        height:305px;
62        z-index:1;
63        margin: 0px;
64        padding: 0px;
65        left: -22px;
66        top: 78px;
67  }
68
```

STEP|11 然后，单击【属性】面板中的【项目列表】按钮，插入项目列表并输入列表内容，并定义其 CSS 样式。

```
118           <div id="main">
119                 <ul>
120  <li><h5 style="border-bottom:#fc0 1px dashed">
121  风格分类
122  </h5>
123  </li>
124  <li>
125  古典风格 (豪华富裕)</li>
126  <li>
127  朴素风格 (随心所欲)</li>
128  <li>
129  精致风格 (高贵庄重)</li>
130  <li>
131  田园风格 </li>
132  <li>
133  地中海风格 </li>
134  <li>
135  现代简约风格 </li>
136  <li>
```

STEP|12 在网页中插入一个名为 mrtit 的 Div 层，定义其 CSS 样式，并在该层中输入文本。

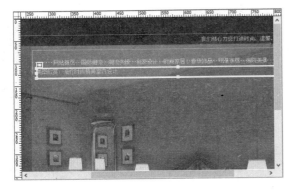

STEP|13 在页面中插入一个名为 mainright 的 Div 层，定义其 CSS 样式，并单击【属性】面板中的【项目列表】按钮。

```
146  <li>
147  优雅风格 (恬静温柔)</li>
148  <li>
149  都市风格 (独立个性)</li>
150  <li>
151  清新风格 (轻淡写意)</li>
152  </ul>
153  </div>
154  <div id="mrtit">美图欣赏：流行时尚精类V内设计</div>
155  <div id="mainright">
156        <ul>
157            <li></li>
158            </ul>
159  </div>
160
161  </div>
162  </body>
163  </html>
164
```

输入

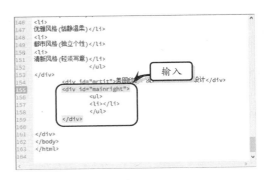

STEP|14 然后，在项目列表中插入相应的图片，按 Enter 键依次插入其他列表图片。

```
149  都市风格 (独立个性)</li>
150  <li>
151  清新风格 (轻淡写意)</li>
152  </ul>
153  </div>
154        <div id="mrtit">美图欣赏：流行时尚精类V内设计</div>
155        <div id="mainright">
156            <ul>
157  ="104"></li>          <li><img src="images/1.jpg" width="150" height
158  ="104"></li>          <li><img src="images/2.jpg" width="150" height
159  ="104"></li>          <li><img src="images/3.jpg" width="150" height
160  ="104"></li>          <li><img src="images/4.jpg" width="150" height
161  ="104"></li>          </ul>
162  </div>
163
```

输入

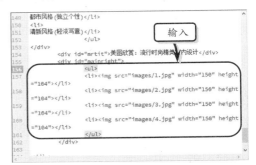

STEP|15 制作版尾内容。在页面中插入一个名为 footer 的 Div 层，并定义 CSS 样式。

```
87        top: 92px;
88  }
89
90  #container #mainright ul {
91        margin: 0px;
92        padding: 0px;
93  }
94
95  #container #mainright ul li {
96        display: inline;
97        padding: 2px;
98  }
99  #footer {
100       position:absolute;
101       width:513px;
102       height:22px;
103       z-index:1;
104       left: 338px;
105       top: 505px;
106  }
```

STEP|16 然后，在该 Div 层中输入版尾文本，完成整个页面的制作。

15.6　新手训练营

练习 1：制作环境保护页

提示：本练习中，首先新建空白文档，关联外部 CSS 样式表文件。在网页中插入一个 Div 层，关联 CSS 样式，并在其中嵌入 Div 层，用以显示导航图片和导航文本。

然后，在网页中插入一个包含所有主体内容的 Div 层。在该层中嵌套两个 Div 层，分别关联相对应的 CSS 规则，并在不同的层中插入相应的图片，并输入相应的文本。

最后，在网页中插入一个版尾 Div 层，输入相应文本，并添加锚记链接。

练习 2：制作咖啡主页

提示：本练习中，首先新建空白文档，关联外部 CSS 样式表文件。在网页中插入名为 page 的 Div 层，同时在其中嵌套两个 Div 层，插入图片输入文本并设置文本的链接属性。

然后，在网页中插入一个主体内容的 Div 层，在其中嵌入三个并列 Div 层，分别插入图像，文本并设置文本的链接属性。

最后，制作网页的版尾部分。在网页中插入一个 Div 层，嵌套 Div 层，设置其样式并输入版尾文本。

练习 3：制作经典三列布局

提示：本练习中，首先新建空白文档，关联外部 CSS 样式表文件。在网页中插入一个总 Div 层，并在该层中嵌入三个下属层，分别为左层、右层和版尾层。在左层中，分别在对应的位置中插入图片、表单元素和项目列表，并设置其链接属性和 CSS 样式。然后，在右层中嵌入多个 Div 层，分别制作导航栏和各种列表栏，并为层元素设置链接属性和 CSS 样式。最后，在版尾层中嵌入一个 Div 层，插入项目列表，输入列表内容和链接属性，以及版本信息等文本。

练习 4：制作商品展示页

downloads\15\新手训练营\商品展示页

提示： 本练习中，首先新建空白文档，关联外部 CSS 样式表文件。在网页中，插入嵌套 Div 层，插入图像和表单元素，输入标题文本来制作版头内容。然后，插入一个名为 menu 的层，指定 CSS 样式，输入文本并设置文本的链接属性，用以显示导航栏内容。

接着，在网页中插入 contentwrap 层，并在其中嵌套多个 Div 层，根据设计需求在不同的层中插入图像和表单元素，为图像和表单元素指定 CSS 规则，同时输入文本并设置文本的样式。最后，在网页中插入 bottom 层，嵌套各个 Div 层，分别为其插入图片，输入文本，指定 CSS 样式，并设置文本的字体样式。

第 16 章

网页行为特效

　　为了丰富网页内容，使网页新颖有风格，设计者在制作网页时通常会添加各种特效。网页中的特效一般是由 JavaScript 脚本代码完成的，对于没有任何编程基础的设计者而言，可以使用 Dreamweaver 中内置的行为。行为丰富了网页的交互功能，它允许访问者通过与页面的交互来改变网页内容，或者让网页执行某个动作。本章将详细介绍行为的概念，以及 Dreamweaver 中常用内置行为功能的使用方法，使用户能够在网页中添加各种行为以实现与访问者的交互功能。

16.1 网页行为概述

行为是用来动态响应用户操作、改变当前页面效果或者执行特定任务的一种方法，可以使访问者与网页之间产生一种交互。

16.1.1 什么是行为

行为是由某个事件和该事件所触发的动作组成的，任何一个动作都需要一个事件激活，两者是相辅相成的。

Dreamweaver 行为将 JavaScript 代码放置到文档中，这样访问者就可以通过多种方式更改网页，或者启动某些任务。行为可以被添加到各种网页元素上，如图像、文本、多媒体文件等，除此之外还可以被添加到 HTML 标签中。

1．事件

事件是浏览器生成的消息，它指示该页的访问者已执行了某种操作。不同的页面元素定义了不同的事件。例如，在大多数浏览器中，onMouseOver 和 onClick 是与链接关联的事件，而 onLoad 是与图像和文档的 body 部分关联的事件。

单个事件可以触发多个不同的动作，用户可以指定这些动作发生的顺序。

2．动作

动作是一段预先编写的 JavaScript 代码，可用于执行诸如打开浏览器窗口、显示或隐藏 AP 元素、播放声音或停止播放 Adobe Shockwave 影片等任务。

当行为添加到某个网页元素中后，每当该元素的某个时间发生时，行为就会调用与这一事件关联的动作（JavaScript 代码）。例如，将【弹出消息】动作附加到一个链接上，并制定它将由 onMouseOver 事件触发，则只要将指针放在该链接上，就会弹出消息。

Dreamweaver 所提供的动作提供了最大程度的跨浏览器兼容性。

16.1.2 行为面板概述

用户可以在【行为】面板中，先指定一个动作，然后指定触发该动作的事件，以此将行为添加到页面中。

在 Dreamweaver 中，执行【窗口】|【行为】命令，即可打开【行为】面板。

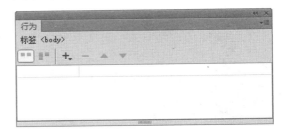

在【行为】面板中，除了可以显示当前的标签名称和所添加的行为信息之外，还提供了用于编辑网页行为的 6 个按钮。

名　　称	图标	作　　用
显示设置事件	▤▤	显示添加到当前文档中的事件
显示所有事件	▤▤	显示所有添加的行为事件
添加行为	+.	单击弹出行为菜单，添加行为
删除事件	—	从当前行为表中删除所选行为
增加事件值	▲	动作项向前移，改变执行顺序
降低事件值	▼	动作项向后移，改变执行顺序

单击【添加行为】按钮 +. 后，用户即可在弹出的菜单中选择相关的网页行为，并通过设置属性，将其添加到网页中。

而在【按下】下方的列表框中，则显示了当前标签中已经添加的所有行为，以及触发这些行为的事件类型。

对于网页中已存在的各种行为,可以在列表框中选择该行为,单击【删除事件】按钮 ➖ 将其删除。

如网页中存在多个行为,用户可以选择某个行为,通过单击【增加事件值】按钮 🔺 或【降低事件值】按钮 🔻 来调整行为的顺序,从而改变这些行为在网页中的执行顺序。

除此之外,用户还可以通过双击行为名称,对行为本身进行编辑,或者单击触发行为的事件,在弹出的列表中修改事件的类型。

16.2 设置文本信息行为

通过 Dreamweaver 内置的各种 JavaScript 脚本,用户可以方便地添加和更改各种 HTML 容器、网页浏览器状态栏等内部的文本信息。

16.2.1 设置容器文本

容器是网页中包含内容的标签的统称,典型的容器包括各种定义 ID 的表格、层、框架、段落等块状标签。

首先,在网页中插入一个包含 CSS 样式的 Div 元素,然后选择该元素,在【行为】面板中单击【添加行为】按钮,在弹出的菜单中选择【设置文本】|【设置容器的文本】选项。

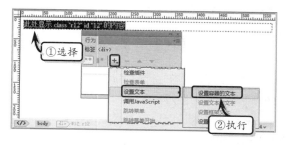

弹出的【设置容器的文本】对话框中的【容器】选项,主要用于设置网页中可以包含文本或其他元素的任何元素,用户可通过单击下拉按钮,来选择容器。而【新建 HTML】选项,则用于输入在容器中所需要显示的相关内容。

> **提示**
>
> 在【设置容器的文本】对话框中,用户可以单击【容器】选项后面的下拉按钮,在其下拉列表中选择所需设置的容器名称。

设置【容器】和【新建 HTML】选项之后,单击【确定】按钮,即可创建一个文本信息行为。此时,在【行为】面板中将显示新创建的行为。

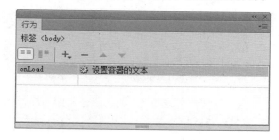

此时,用户可通过 IE 浏览器查看网页中的内容。当执行该文档时,其源内容将被【新建 HTML文本】文本框中的内容替换。

16.2.2 设置文本域文字

"文本域文字"行为可以将指定的内容替换表单文本域中的内容。

首先,在网页中插入一些表单元素,例如插入表单、文本和密码等表单元素。

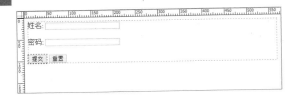

然后，在【行为】面板中单击【添加行为】按钮，在弹出的菜单中选择【设置文本】|【设置文本域文字】选项。在弹出的【设置文本域文字】对话框中，单击【文本域】选项下拉按钮，设置文本域类型。同时，在【新建文本】文本框中输入所显示的文本内容，单击【确定】按钮即可。

提示

在【文本域】选项的下拉列表中，将显示当前页面中所有的文本域。

此时，用户可通过 IE 浏览器查看网页中的内容。当鼠标移动出表单时，可以看到在【新建文本】文本框中所输入的内容。

![浏览器窗口截图]

16.2.3　设置状态栏文本

状态栏是在浏览器窗口的底部，用于显示当前网页的打开状态、鼠标所滑过的网页对象 URL 地址等情况的一种特殊浏览器工具栏。

在 Dreamweaver 中，选择\<body\>标签。然后，单击【行为】面板中的【添加行为】按钮，在弹出

的菜单中选择【设置文本】|【设置状态栏文本】选项。

在弹出的【设置状态栏文本】对话框中，输入所需显示的文本内容，并单击【确定】按钮。

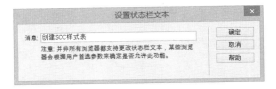

此时，在【行为】面板中将显示新创建的行为信息。其中，该行为的默认触发事件为 onMouseOver，为保证行为的正常执行，还需要选择单击触发事件，在其列表中选择 onLoad 事件。

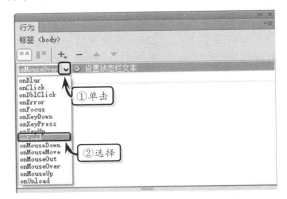

16.2.4　设置框架文本

"设置框架文本"行为主要用来设置网页框架结构中的文本、显示和内容。

在包含框架的页面中选择某个对象，单击【行为】面板中的【添加行为】按钮，在弹出的菜单中选择【设置文本】|【设置框架文本】选项。然后，在弹出的【设置框架文本】对话框中设置各选项，单击【确定】按钮即可。

在【设置框架文本】对话框中，主要包括下列

4 种选项。

- ❑ **框架** 用于选择用于显示设置文本的目标框架。
- ❑ **新建 HTML** 用于设置在选定框架中所要显示的内容。

- ❑ **获取当前 HTML** 单击该按钮,可以复制目标框架的 body 部分的当前内容。
- ❑ **保留背景色** 启用该复选框,可以保留原有框架中的背景色。

16.3 设置网页信息行为

Dreamweaver 为用户内置了多种网页信息行为,包括常用的窗口弹出信息、打开浏览器窗口,以及交互图像、改变属性、跳转菜单等行为。

16.3.1 设置窗口信息行为

在 Dreamweaver 内置的行为中,窗口信息行为主要包括弹出信息和打开浏览器窗口两种窗口交互行为。

1. 弹出信息

"弹出信息"行为的作用是显示一个包含指定文本信息的消息对话框。

一般信息对话框只要一个【确定】按钮,所以使用此行为可以强制用户提供信息,但不能为用户提供选择操作。

在 Dreamweaver 中,选择网页中的<body>标签。单击【行为】面板中的【添加行为】按钮,在弹出的菜单中选择【弹出信息】选项。然后,在弹出的【弹出信息】对话框中,输入信息内容,并单击【确定】按钮。

当用户保存网页并在浏览器中打开该网页时,系统会自动弹出消息对话框。而在该对话框中,将会显示在【弹出信息】对话框中所输入的内容。

2. 打开浏览器窗口

在 Dreamweaver 中,用户可以方便地为网页

中的各种对象添加打开浏览器窗口的行为。

首先,选择网页中的<body>标签。单击【行为】面板中的【添加行为】按钮,在弹出的菜单中选择【打开浏览器窗口】选项。然后,在弹出的【打开浏览器窗口】对话框中,设置各项选项,并单击【确定】按钮。

在【打开浏览器窗口】对话框中,主要包括下表中的一些选项。

选 项	含 义
要显示的 URL	用于输入网页文档的 URL 地址,包括文档路径和文件名,或者单击【浏览】按钮,选择网页文档
窗口宽度	以像素为单位指定新窗口的宽度
窗口高度	以像素为单位指定新窗口的高度

选　项		含　　义
属性	导航工具栏	启用该复选框，可在浏览器上显示后退、前进、主页和刷新等标准按钮的工具栏
	菜单条	启用该复选框，可在新窗口中显示菜单栏
	地址工具栏	启用该复选框，可在新窗口中显示地址栏
	需要时使用滚动条	启用该复选框，在页面的内容超过窗口大小时，浏览器会自动显示滚动条
	状态栏	启用该复选框，可在新窗口底部显示状态栏
	调整大小手柄	启用该复选框，可以显示调整窗口大小的手柄
窗口名称		用于设置新窗口的名称

16.3.2　设置图像信息行为

包括交换图像、恢复交换图像、预先载入图像三种图像交互行为。

1．交换图像

Dreamweaver 行为中的"交换图像"行为比鼠标经过图像的功能更加强大。不仅能够制作鼠标经过图像，而且还可以使图像交换的行为响应任意一种网页浏览器支持的事件，包括各种焦点事件、键盘事件、鼠标事件等。

选择页面中的图像，单击【行为】面板中的【添加行为】按钮，在弹出的菜单中选择【交换图像】选项。然后，在弹出的【交换图像】对话框中，单击【设定原始档为】选项右侧的【浏览】按钮。

在弹出的【选择图像源文件】对话框中选择图像文件，并单击【确定】按钮。

最后，在【交换图像】对话框中，单击【确定】按钮即可。

2．恢复交换图像

"恢复交换图像"行为是将最后一组交换的图像恢复为未交换之前的原状态，它只能在应用"交换图像"行为后才可以使用。

在【行为】面板中，单击【添加行为】按钮，在弹出的菜单中选择【恢复交换图像】选项。然后，在弹出的【恢复交换图像】对话框中，单击【确定】按钮即可。

3．预先载入图像

"预先载入图像"是对在页面打开之处不会立即显示的图像（例如通过行为或 JavaScript 换入的图像）进行缓存，从而缩短显示时间。

单击【行为】面板中的【添加行为】按钮，在弹出的菜单中选择【预先载入图像】选项。然后，在弹出的【预先载入图像】对话框中，单击【浏览】按钮，选择需要载入的图像文件。然后，单击对话框中的【添加项】按钮，可以继续添加需要预先载入的图像文件。设置完所有选项之后，单击【确定】按钮即可。

16.3.3　设置跳转信息行为

在 Dreamweaver 内置的行为中，跳转信息行为主要包括跳转菜单、跳转菜单开始、转到 URL 三种图像交互行为。

1．跳转菜单

"跳转菜单"是链接的一种形式，它是从表单中发展而来的。

首先，将光标定位在表单域中，单击【行为】面板中的【添加行为】按钮，在弹出的列表中选择【跳转菜单】选项。然后，在弹出的【跳转菜单】对话框中，设置各选项，单击【确定】按钮即可。

在【跳转菜单】对话框中，主要包括下列一些选项。

❑ **添加项**　单击该按钮，可以添加菜单项，以继续添加其余菜单项。

❑ **删除项**　单击该按钮，可以删除在【菜单项】列表框中已选中的菜单项。

❑ **在列表中下移项**　选择【菜单项】列表框中的菜单项，单击该按钮可向下移动该选项的顺序。

❑ **在列表中上移项**　选择【菜单项】列表框中的菜单项，单击该按钮可向上移动该选项的顺序。

❑ **菜单项**　用于显示所添加的菜单项。

❑ **文本**　用于设置菜单项中所显示的文本。

❑ **选择时，转到 URL**　用于设置所需跳转的网页地址，也可以单击【浏览】按钮，来选择所需链接的文件。

❑ **打开 URL 于**　用于设置文件打开的位置，

其中【主窗口】选项表示在同一窗口中打开文件，而【框架】选项则表示在所选框架中打开文件。

❑ **更改 URL 后选中第一个项目**　启用该复选框，可以使用菜单选择提示。

2．跳转菜单开始

"跳转菜单开始"行为所产生的下拉菜单比一般的下拉菜单多出一个跳转按钮，其跳转按钮可以为各种形式。

在网页中选择作为跳转菜单的元素，单击【行为】面板中的【添加行为】按钮，在弹出的菜单中选择【跳转菜单开始】选项。然后，在弹出的【跳转菜单开始】对话框中，设置【选择跳转菜单】选项，单击【确定】按钮即可。

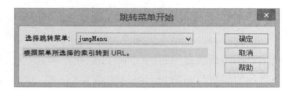

3．转到 URL

"转到 URL"行为可在当前窗口或指定的框架中打开一个新页面，适用于通过一次单击更改两个或多个框架内容。

在页面中选择任意一个元素，单击【行为】面板中的【添加行为】按钮，在弹出的菜单中选择【转到 URL】选项。然后，在弹出的【转到 URL】对话框中，设置 URL 选项，单击【确定】按钮即可。

> **提示**
>
> 在 URL 选项中，可以直接输入链接地址，也可以单击【浏览】按钮定位需要跳转的文件。另外，在【打开在】列表框中，如果页面中不存在框架，则只显示【主窗口】选项。

此时，在【行为】面板中将显示新添加的转到 URL 行为。用户可以单击事件名称，在弹出的列表中选择 onMouseOver（鼠标经过时）选项，更改触发事件。

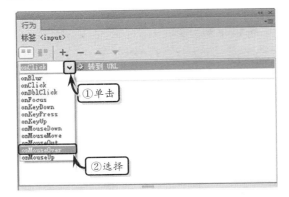

16.3.4 设置其他网页信息行为

Dreamweaver 除了为用户内置了窗口信息、图像信息和跳转信息等行为之外，还为用户内置了一些常用的网页信息行为，包括拖动 AP 元素、改变显示、检查表单等行为。

1．拖动 AP 元素

"拖动 AP 元素"行为可以让访问者拖动绝对定位的（AP）元素，以达到相互访问的目的。"拖动 AP 元素"行为主要用于创建拼板游戏、滑块控件和其他可移动的界面元素。

首先，在页面中插入一个名为 apDiv1 的 Div 标签，设置其 CSS 样式，并在 Div 标签中插入一个图片元素。选择该图片，并选中 apDiv1 标签，在【属性】面板中将【Z 轴】设置为 1。

单击【行为】面板中的【添加行为】按钮，在弹出的菜单中选择【拖动 AP 元素】选项。并在弹出的【拖动 AP 元素】对话框的【基本】选项卡中，设置各选项。

在【基本】选项卡中，主要包括下列一些选项。

❑ **AP 元素** 用于选择页面中的 AP 元素。

❑ **移动** 用于设置 AP 元素的移动方式，其中【不限制】选项适用于拼板游戏和其他拖放游戏，而【限制】选项则适用于滑块控制和可移动布局。

❑ **放下目标** 用于设置相对于 AP 元素起始位置的绝对位置。

❑ **获得目前位置** 单击该按钮，可以使用 AP 元素的当前放置位置自动填充文本框。

❑ **靠齐距离** 用于确定访问者必须将 AP 元素拖到距离拖放目标多近时，才能使 AP 元素靠齐到目标。

然后，打开【高级】选项卡，定义 AP 元素的拖动控制点、跟随触发动作、移动触发动作等选项，并单击【确定】按钮。

【高级】选项卡中，主要包括下列一些选项。

❑ **拖动控制点** 用于设置元素的拖动方式，当选择【整个元素】选项时，表示可以通过单击 AP 元素中的任意位置来拖动 AP 元素；而选择【元素内的区域】选项时，则表示只有单击 AP 元素的特定区域才能拖动 AP 元素，而且设置左和上坐标以及拖动控制点的宽度和高度值。

❑ **拖动时** 如果 AP 元素在拖动时应该移动

到堆叠顺序的最前面，则需要启用【将原始置于顶层】复选框，并在其后的菜单中设置 AP 元素所保留的堆叠顺序中的原位置。

- ❏ **呼叫 JavaScript**　用于输入在拖动 AP 元素时反复执行的 JavaScript 代码或函数。
- ❏ **放下时，呼叫 JavaScript**　用于输入在放下 AP 元素时执行的 JavaScript 代码或函数。
- ❏ **只有在靠齐时**　启用该复选框，表示只有在 AP 元素到达拖放目标时才执行 JavaScript。

2．改变属性

"改变属性"行为可更改某个属性（例如 div 的背景颜色或表单的动作）的值。

在网页中选择某个元素，单击【行为】面板中的【添加行为】按钮，在弹出的菜单中选择【改变属性】选项。然后，在弹出的【改变属性】对话框中，设置各选项，单击【确定】按钮即可。

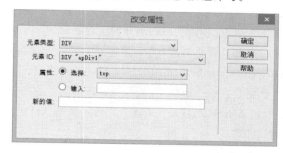

【改变属性】对话框中，主要包括下列 4 个选项。

- ❏ **元素类型**　用于选择需要修改属性的元素类型，以显示该类型的所有标识的元素。
- ❏ **元素 ID**　用来选择需要修改属性的元素名称。
- ❏ **属性**　用来设置改变元素的属性值，如选中【选择】选项，则可以在其下拉列表中选择属性值；如选中【输入】选项，则可以在文本框中输入属性。
- ❏ **新的值**　用于设置属性的新值。

3．显示-隐藏元素

"显示-隐藏元素"行为可以显示、隐藏或恢复一个或多个页面元素的默认可见性，主要用于在用户与页面进行交互时所显示的信息。例如，当用户

将鼠标指针移到一个图像上时，可以显示一个页面元素，该页面元素给出有关该图像的基本信息。

在【行为】面板中，单击【添加行为】按钮，在弹出的菜单中选择【显示-隐藏元素】选项。然后，在弹出的【显示-隐藏元素】对话框中选择元素，单击【显示】或【隐藏】按钮，并单击【确定】按钮。

> **提示**
>
> "显示-隐藏元素"仅显示或隐藏相关元素，在元素已隐藏的情况下，它不会从页面中实际删除此元素。

4．检查插件

"检查插件"行为可根据访问者是否安装了指定的插件这一情况将它们转到不同的页面。

在【行为】面板中，单击【添加行为】按钮，在弹出的菜单中选择【检查插件】选项。然后，在弹出的【检查插件】对话框中，设置相应选项，单击【确定】按钮即可。

其中，在【检查插件】对话框中，主要包括下列一些选项。

- ❏ **插件**　用于设置检测插件类型，选中【选中】选项则可以在列表中选择内置插件，而选中【输入】选项则需要在文本框中输入插件名称。
- ❏ **如果有，转到 URL**　用于设置为安装指定插件的访问者指定（跳转）一个 URL。

- ❑ **否则，转到 URL** 用于设置为未安装指定插件的访问者指定（跳转）一个 URL。

- ❑ **如果无法检测，则始终转到第一个 URL** 启用该选项，当浏览器无法检测插件时直接跳转到上面所设置的第一个 URL 中。

5．检查表单

"检查表单"行为可检查指定文本域的内容以确保用户输入的数据类型正确，以防止在提交表单时出现无效数据。

在【行为】面板中，单击【添加行为】按钮，在弹出的菜单中选择【检查表单】选项。然后，在弹出的【检查表单】对话框中，设置各项选项，单击【确定】按钮即可。

【检查表单】对话框中，主要包括下列一些选项。

- ❑ **域** 用于显示页面中的所有文本域，便于用户进行选择。

- ❑ **值** 启用【必需的】复选框，表示浏览者必需填写此项目。

- ❑ **可接受** 用于设置用户填写内容的要求，当选中【任何东西】选项时，检查必需域

中包含数据，数据类型不限；选中【数字】选项，检查域中只包含数字；选中【电子邮件地址】选项，检查域中包含一个@符号；选中【数字从】选项，表示检查域中包含特定范围的数字。

> **提示**
>
> 使用"检查表单"行为在浏览器中所产生的提示框中的文本为英文文本，此时用户可通过【代码】视图修改代码的方法，将英文修改为中文。

6．调用 JavaScript

"调用 JavaScript"行为可以在事件发生时执行自定义的函数或 JavaScript 代码。

在【行为】面板中，单击【添加行为】按钮，在弹出的菜单中选择【调用 JavaScript】选项。然后，在弹出的【调用 JavaScript】对话框中，准确地输入所需执行的 JavaScript 或函数名称。

例如，若要创建一个"后退"按钮，可以输入 if (history.length>0){history.back()}。如果用户已将代码封装在一个函数中，则只需输入该函数的名称（例如 hGoBack()）。完成输入之后，单击【确定】按钮即可。

16.4 设置 jQuery 效果

Dreamweaver CC 在【行为】面板中新增加了一种"效果"行为，它隶属于 jQuery 效果，不仅可以创建动画过渡效果，而且还可以以可视化操作的方式来修改页面元素。

16.4.1 设置 Blind 效果

Blind 效果可以实现网页元素的折叠隐藏或显示效果。

在【行为】面板中，单击【添加行为】按钮，在弹出的菜单中选择【效果】|Blind 选项。然后，在弹出的 Blind 对话框中，设置各项选项，单击【确定】按钮即可。

Blind 对话框中，主要包括下列 4 种选项。

- ❑ **目标元素** 用于选择需要添加折叠隐藏或显示效果的元素。

- ❑ **效果持续时间** 用于设置效果所持续的

时间，以毫秒为单位。

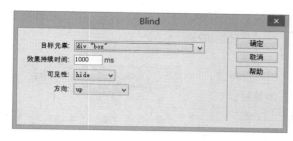

- ❏ **可见性**　用于设置效果的显示类型，选择 hide 选项表示实现隐藏效果，选择 show 选项表示实现显示效果，选择 toggle 选项表示隐藏或显示效果。
- ❏ **方向**　用于设置效果的方向，包括 up（上）、down（下）、left（左）、right（右）、vertical（垂直）和 horizontal（水平）6 个方向。

16.4.2　设置 Highlight 效果

Highlight 效果可以实现高光颜色过渡到渐隐渐现的效果。

在【行为】面板中，单击【添加行为】按钮，在弹出的菜单中选择【效果】|Highlight 选项。然后，在弹出的 Highlight 对话框中设置各项选项，单击【确定】按钮即可。

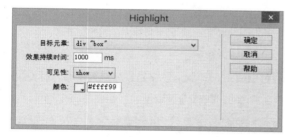

其中，在 Highlight 对话框中，主要包括下列 4 个选项。

- ❏ **目标元素**　用于选择需要添加折叠隐藏或显示效果的元素。
- ❏ **效果持续时间**　用于设置效果所持续的时间，以毫秒为单位。
- ❏ **可见性**　用于设置效果的显示类型，选择 hide 选项表示实现隐藏效果，选择 show 选项表示实现显示效果，选择 toggle 选项表示隐藏或显示效果。
- ❏ **颜色**　用于设置效果显示的背景颜色，可通过单击【颜色框】在展开的拾取器中选择背景颜色。

16.4.3　其他 jQuery 效果

在 Dreamweaver CC 中，除了新增了 Blind 和 Highligh 效果行为之外，还包括下列 10 种效果。

- ❏ **Bounce**　用于实现元素的抖动效果，可以设置抖动的可见性、效果持续时间、方向、频率和幅度。
- ❏ **Clip**　用于实现元素的收缩隐藏效果，可以设置收缩隐藏的方向、效果持续时间和可见性。
- ❏ **Drop**　用于实现元素向某个方向渐隐或渐现的效果，可以设置该效果的持续时间、可见性和方向。
- ❏ **Fade**　用于实现元素在当前位置渐隐或渐现的效果，可以设置该效果的持续时间和显可见性。
- ❏ **Fold**　用于实现元素在垂直或水平方向上的动态隐藏或显示，可以设置该效果的持续时间、可见性、水平优先和大小。
- ❏ **Puff**　用于实现元素逐渐放大并渐隐或渐现的效果，可以设置该效果的持续时间、可见性和百分比。
- ❏ **Pulsate**　用于实现元素在原位置闪烁并过渡到渐隐或渐现的效果，可设置该效果的持续时间、可见性和闪烁次数。
- ❏ **Scale**　用于实现元素按比例地进行缩放并过渡到渐隐或渐现的效果，可以设置该效果的持续时间、可见性、方向、原点 X、原点 Y、百分比和小数位数。
- ❏ **Shake**　用于实现元素在原位置晃动的效果，可以设置该效果的持续时间、方向、次数和距离。
- ❏ **Slide**　用于实现元素向指定方向移动一定距离并过渡到隐藏或显示的效果，可设置该效果的可持续时间、可见性、方向和距离。

16.5 练习：制作网页导航

Dreamweaver 内置的行为可以轻松地实现一些常用的网页特效，如"交换图像"行为可以实现动态导航条效果，而"打开浏览器窗口"行为则可以实现弹出广告效果。在本练习中，将通过制作网页导航来详细介绍网页行为特效的设置方法。

练习要点

- 插入表格
- 设置表格属性
- 设置单元格属性
- 插入图像
- 使用"交换图像"行为
- 使用"打开浏览器"行为

操作步骤 ▶▶▶▶

STEP|01 设置页面属性。新建空白文档，单击【属性】面板中的【页面属性】按钮，设置外观 CSS。

STEP|02 打开【外观（HTML）】选项卡，将【上边距】设置为 20。

STEP|03 打开【链接（CSS）】选项卡，设置大小和链接颜色。

STEP|04 打开【标题/编码】选项卡，输入标题文本，并单击【确定】按钮。

STEP|05 插入表格和图像。执行【插入】|【表格】命令，在弹出的 Table 对话框中，设置表格尺寸，

并单击【确定】按钮。

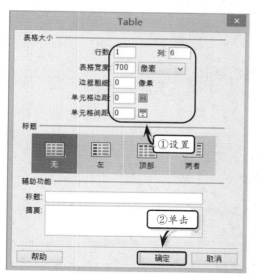

STEP|06 选择表格,在【属性】面板中将 Align 设置为【居中对齐】。

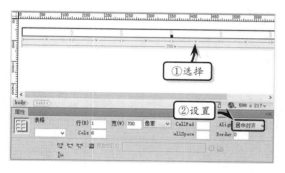

STEP|07 将光标放置于第 1 行中,执行【插入】|【图像】命令,选择图像文件,单击【确定】按钮。用同样的方法,分别插入其他图像。

STEP|08 选择"首页"图像,将【属性】面板中

的 ID 设置为 home。用同样的方法,为其他图片设置 ID。

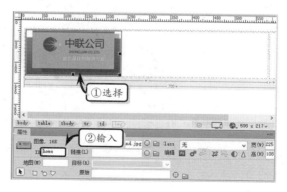

STEP|09 添加其他内容。在网页空白区域插入一个 3 行 2 列、宽度为 700 像素的表格,并在【属性】面板中将 Align 设置为【居中对齐】。

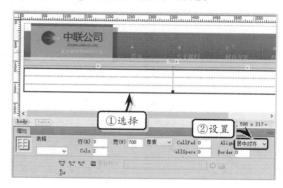

STEP|10 将光标定位在第 1 行第 1 列单元格中,执行【插入】|【图像】|【图像】命令,在单元格中插入一个图像。

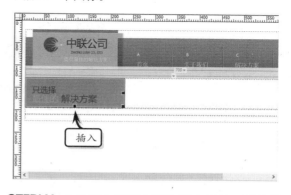

STEP|11 合并第 2 行第 2 列和第 3 行第 2 列的单元格,执行【插入】|【图像】|【图像】命令,在单元格中插入一个图像。

STEP|12 在第 2 行第 2 列单元格中插入一个图像，同时合并第 3 行中的所有单元格，并为其插入相应的图像。

STEP|13 在网页的空白区域，插入一个 2 行 1 列的表格，设置表格和单元格属性并输入版尾文本。

STEP|14 添加交换图像行为。执行【窗口】|【行为】命令，在【行为】面板中，单击【添加行为】按钮，选择【交换图像】选项。

STEP|15 在弹出的【交换图像】对话框中，选择【图像】列表框中的图形文件，并单击【浏览】按钮。

STEP|16 然后，在弹出的【选择图像源文件】对话框中，选择图像文件，并单击【确定】按钮。用同样的方法，分别为其他图像添加交换图像行为。

STEP|17 添加打开浏览器行为。单击【添加行为】按钮，选择【打开浏览器窗口】选项。在弹出的【打开浏览器窗口】对话框中，单击【浏览】按钮。

STEP|18 在弹出的【选择文件】对话框中，选择浏览器窗口文件，并单击【确定】按钮。

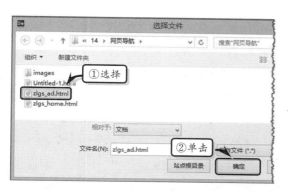

将【窗口宽度】设置为 385、【窗口高度】设置为 239，并单击【确定】按钮。

STEP|19 然后，在【打开浏览器窗口】对话框中，

16.6 练习：制作企业首页

Dreamweaver 内置的行为功能，可以更改一个或多个页面元素的可见属性。当鼠标指向或离开一个页面对象时，显示或隐藏包含该对象相关信息的页面元素，即增加了网页的美观性又体现了网页的交互性。在本练习中，将通过制作包含动态图像导航条的企业首页网页，来详细介绍 Dreamweaver 行为的使用方法。

练习要点

- 插入 Div
- 插入图像
- 插入表格
- 设置表格属性
- 添加"显示-隐藏"行为

操作步骤 >>>>

STEP|01 设置页面属性。新建空白文档，单击【属性】面板中的【页面属性】按钮，在弹出的对话框中设置大小和文本颜色。

STEP|02 打开【外观（HTML）】选项卡，将【上边距】设置为 20。

STEP|03 打开【链接（CSS）】选项卡，设置大小和链接颜色。

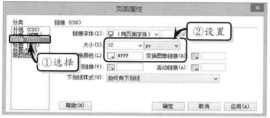

STEP|04 打开【标题/编码】选项卡，输入标题文本，并单击【确定】按钮。

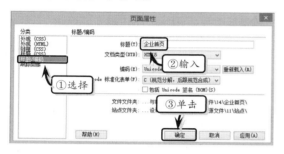

STEP|05 制作版头内容。执行【插入】|【表格】命令，在弹出的 Table 对话框中，设置表格尺寸，并单击【确定】按钮。

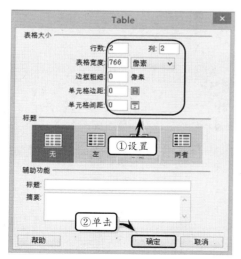

STEP|06 选择表格，在【属性】面板中，将 Align 设置为【居中对齐】。

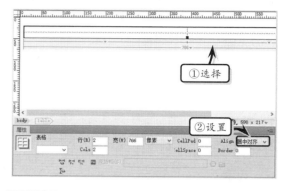

STEP|07 将光标定位在第 1 行第 1 列单元格中，在【属性】面板中，设置其【宽】、【水平】和【背景颜色】属性。

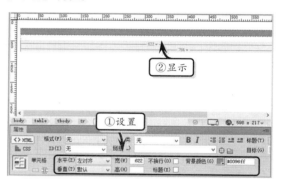

STEP|08 然后，在【代码】视图中，输入全角空格符及文本，并设置文本的链接属性。

STEP|09 在【设计】视图中，选择第 1 行第 2 列单元格，执行【插入】|【图像】命令，为该单元格插入图像。

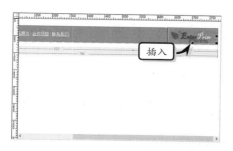

STEP|10 合并第 2 行中的所有单元格，在【属性】面板中设置【高】和【背景颜色】属性值。

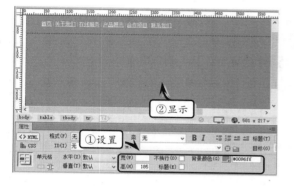

STEP|11 执行【插入】|Div 命令，在弹出的【插入 Div】对话框中，输入 ID 名称，并单击【新建 CSS 规则】按钮。

STEP|12 在弹出的【新建 CSS 规则】对话框中，直接单击【确定】按钮。

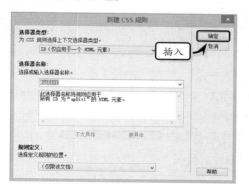

STEP|13 在弹出的【# apDiv1 的 CSS 规则定义】对话框中，打开【背景】选项卡，单击【浏览】按钮，选择背景图片。

STEP|14 打开【定位】选项卡，设置 Div 的宽度、高度等选项。

STEP|15 打开【方框】选项卡，禁用 Margin 复选框，设置相应选项并单击【确定】按钮。

STEP|16 使用同样的方法，在该单元格中插入名为 apDiv2、apDiv3、apDiv4 和 apDiv5 的 Div 层，并分别设置其 CSS 规则。

STEP|17 制作导航条。在网页空白区域插入一个 1 行 6 列的表格，并在【属性】面板中设置其 Align 属性。

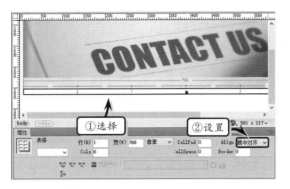

STEP|18 选择第 1 列单元格，执行【插入】|【图像】命令，为其插入图像。使用同样的方法，分别在其他单元格中插入相应的图像。

STEP|19 制作主体内容。在网页的空白区域插入一个 5 行 2 列的表格，并在【属性】面板中设置 Align 属性。

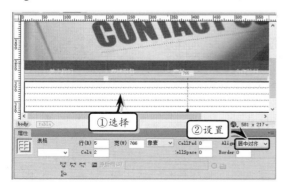

STEP|20 选择第 1 行第 1 列单元格，执行【插入】|【图像】命令，为该单元格插入相应的图像。使

用同样的方法，分别为该列中的其他单元格插入图像。

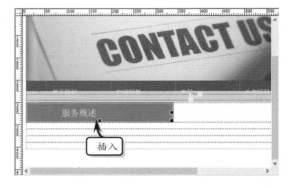

STEP|21 合并第 2 列中前 4 行的单元格，在【属性】面板中设置单元格的背景颜色和宽度值。

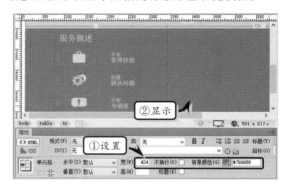

STEP|22 在该单元格内插入一个 Div 标签，新建标签 CSS 规则，并在其内输入相应的文本信息。

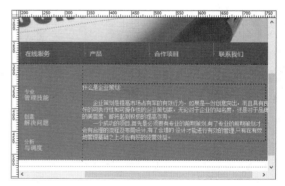

STEP|23 合并第 5 行中的所有单元格，在【属性】面板中设置单元格的基本属性，并为其添加文本。

STEP|24 添加交互行为。选择"关于我们"图像，在【属性】面板中将其 ID 设置为 about_us。使用同样的方法，分别设置其他图像的 ID。

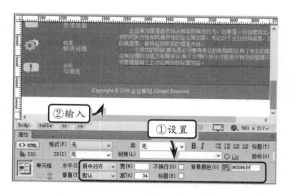

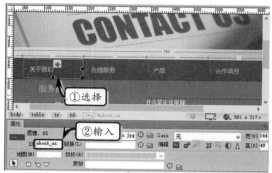

STEP|25 在【行为】面板中，单击【添加行为】按钮，选择【显示-隐藏元素】选项。在弹出的【显示-隐藏元素】对话框中，选择相应的元素，并单击【确定】按钮。

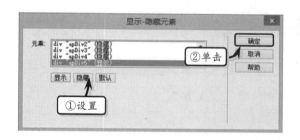

STEP|26 然后，在【行为】面板中，单击【事件】

下拉按钮，选择 onMouseOver 事件。

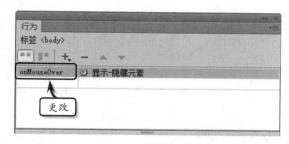

STEP|27 单击【添加行为】按钮，选择【交换图像】选项。在弹出的【交换图像】对话框中，选择图像文件，单击【浏览】按钮。

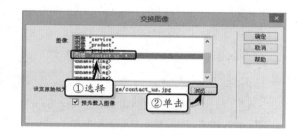

STEP|28 然后，在弹出的【选择图像源文件】对话框中选择图像文件，并单击【确定】按钮。使用同样的方法，为其他元素添加交互行为。

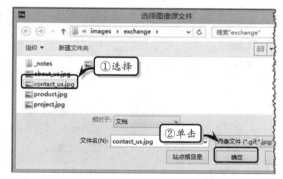

16.7 新手训练营

练习 1：制作多方面产品展示

⊙downloads\14\新手训练营\多方面产品展示

提示：本练习中，首先打开素材文件，选择第 1 个计算机图像，单击【添加行为】按钮，选择【交换

图像】选项。然后，在弹出的【交换图像】对话框中，选择列表框中的目标图像，单击【浏览】按钮设置替换图像，单击【确定】按钮即可。最后，在【行为】面板中定义行为的触发事件即可。

练习 2：制作产品详细介绍

⊙ downloads\14\新手训练营\产品详细介绍

提示：在本练习中，首先打开素材文件，选择"更多详情"图像，单击【添加行为】按钮，选择【打开浏览器窗口】选项。然后，在弹出的【打开浏览器窗口】对话框中，设置相应的选项，单击【确定】按钮。最后，使用同样的方法，分别为其他"更多详情"图像添加交互行为。

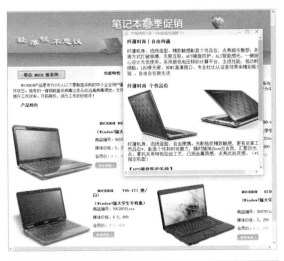

练习 3：制作拼图游戏

⊙ downloads\14\新手训练营\拼图游戏

提示：在本练习中，首先设置页面属性，添加页

面背景。然后，在网页中插入一个名为 apDiv1 的 Div 层，并新建该层的 CSS 样式。使用同样的方法，分别插入其他 8 个类似的 Div 层和 1 个外边框 Div 层，并分别创建其 CSS 规则。最后，单击【添加行为】按钮，选择【拖动 AP 元素】选项，在弹出的对话框中设置相应的选项即可。

练习 4：制作豪宅别墅网站

⊙ downloads\14\新手训练营\豪宅别墅网站

提示：在本练习中，首先在【代码】视图中，输入框架代码，制作网站框架。然后关闭框架文档，打开相应的素材文件，通过插入 Div 层，创建 CSS 规则，以及插入文本等操作，来制作网站首页。

然后，打开相应的框架模板，通过插入 Div 层、表格、图像、文本，以及定义 CSS 规则等方法，来制作网站的详细页面。

练习5：制作时尚饰品店网站

downloads\14\新手训练营\时尚饰品网店

　　提示：在本练习中，首先通过设置页面属性，插入 Div 层，定义层 CSS 规则，以及插入图像，插入鼠标经过图像和输入 HTML 代码等方法，来制作固定页面。

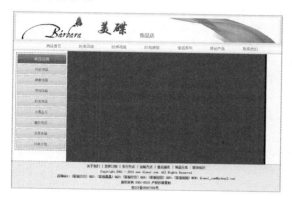

　　然后，根据导航栏的链接文本，分别制作内容页面，使该网站在不弹出页面的情况下从主页面链接到其他副页面。

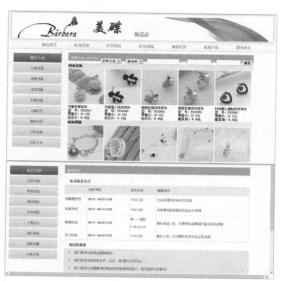